高等职业教育社区管理与服务专业系列教材

社区管理实务

主 编 刘 燕 韩 晋

副主编 廖 敏 皮湘林 程 金

参 编 张云英 王 鹏 郭志巧

主 审 黄永红

机械工业出版社

本书严格按照教育部有关职业教育文件精神，坚持"理论够用，实务为主"的原则，尽量将传统教材中大篇幅的理论描述精简化，突出实务知识，强化教学中的实训环节，体现高职教育的特色和目标。

全书共分 4 个模块：社区管理认知模块包括社区分析、社区管理模式认知、社区管理评估认知 3 个项目；社区组织管理模块包括社区党政组织管理、社区居民自治组织管理、社区经济组织管理和社区民间组织管理 4 个项目；社区人口管理模块包括社区常住人口管理、社区流动人口管理、社区特殊人群服务与管理 3 个项目；社区环境管理模块包括社区文化环境管理、社区卫生环境管理、社区治安环境管理 3 个项目。

本书不仅可以作为高等职业院校公共管理类尤其是社区管理与服务专业学生的教材和教学参考书，也可以作为民政系统管理人员、研究人员的参考用书。

为方便教学，本书配备了电子课件等教学资源。凡选用本书作为教材的教师均可登录机械工业出版社教育服务网 www.cmpedu.com 免费下载。如有问题请致电 010-88379375 联系营销人员。

图书在版编目（CIP）数据

社区管理实务/刘燕，韩晋主编. —北京：机械工业出版社，2012.6（2025.8 重印）
高等职业教育社区管理与服务专业系列教材
ISBN 978-7-111-38471-7

Ⅰ. ①社⋯　Ⅱ. ①刘⋯ ②韩⋯　Ⅲ. ①社区管理—高等职业教育—教材　Ⅳ. ①C916

中国版本图书馆 CIP 数据核字（2012）第 104866 号

机械工业出版社（北京市百万庄大街 22 号　邮政编码 100037）
策划编辑：徐春涛　责任编辑：徐春涛
封面设计：张　静　责任印制：刘　媛
北京富资园科技发展有限公司印刷
2025 年 8 月第 1 版第 14 次印刷
184mm×260mm · 14.5 印张 · 354 千字
标准书号：ISBN 978-7-111-38471-7
定价：42.00 元

电话服务　　　　　　　　　网络服务
客服电话：010-88361066　　机　工　官　网：www.cmpbook.com
　　　　　010-88379833　　机　工　官　博：weibo.com/cmp1952
　　　　　010-68326294　　金　书　网：www.golden-book.com
封底无防伪标均为盗版　机工教育服务网：www.cmpedu.com

前　言

"社区管理实务"是社区管理与服务专业的主干课程。相对于传统社区管理实务教材而言，本书具有如下特色：

（1）本教材的编写工作不仅跨院校合作，而且邀请社区管理实务经验丰富的行业专家参与进来，因此编写内容和编写形式的实用性和可操作性更强。

（2）全书分成社区管理认知、社区组织管理、社区人口管理和社区环境管理4个模块，每个模块包括3～4个项目，每个项目分设3～5个任务。模块的分类概括了社区管理的各个方面，而且项目和任务的划分也具体地指出了在社区管理各个工作中的重点和要点，可操作性非常强，让学生在学习过程中，能很好地理论联系实际，迅速切入到社区管理实务工作中。

（3）在传统社区管理类教材编写内容的基础上，结合目前社区管理工作的时代特点和需求，新增"社区经济组织管理"项目以及"创新我国新型城市社区管理模式"、"了解社区居委会的考核机制"、"了解社区人口信息管理系统"、"社区流动人口子女服务与管理"等任务，并将社区文化管理、社区卫生管理、社区治安管理整合为"社区环境管理"，这种新的结构和体例，更能切合快速发展的社区管理实务教学和实践的需求。

本书由刘燕、韩晋担任主编，负责全书的统稿和定稿工作。具体编写分工如下：项目一、项目二由刘燕（长沙民政职业技术学院）编写；项目三、项目四由张云英（长沙市天心区金盆岭街道工委书记）、王鹏（长沙市天心区金盆岭街道芙蓉南路社区主任）编写；项目五、项目十一由廖敏（长沙民政职业技术学院）编写；项目六由皮湘林（长沙民政职业技术学院）编写；项目七、项目十由程金（上海工会管理职业学院）编写；项目八、项目九由郭志巧（上海工会管理职业学院）编写；项目十二、项目十三由韩晋（上海工会管理职业学院）编写。

本书的编写工作不仅得到了机械工业出版社的大力支持，而且得到了许多从事社区管理教学与研究的教师、从事社区管理实践的社区工作者的指点和帮助，在此深表感谢！

本书所编写内容如有疏漏、不当之处，请各位行业专家、同仁不吝批评指正！

刘　燕

目 录

模块（一）

社区管理认知

项目一

社区分析

项目概述

社区概念在理论和实践上存在一定的差距。本项目要求学生通过查找文献、社区观摩和实地走访调查，了解社区的内涵、构成要素和社区资源等，重点培养学生建立关系、收集信息与观察思考的能力。

背景介绍

"社区"是我们所熟悉的一个概念，但社区到底是什么？对于这一问题，人们似乎并不清楚。在社区走访中，居民对社区的看法不一："社区就是新建的住宅、宿舍和居民区"；"社区就是在一个区域范围内，搞一些集体活动"；"社区就是以前的街道和社区居委会"；"社区就是人住的地方"……。社区到底是什么？社区由哪些因素构成？社区发挥着怎样的功能？这些问题都需要大家在实践中去探索。

任务一　走访社区

任务描述

了解社区，管理社区，我们必须从最基本的走访社区开始。通过有目的地走访社区，我们可以从中获得关于社区的最基本的感性认识。

任务实施

走访砂子塘社区

这次社区走访实训课程，我们组选择了走访雨花区砂子塘社区。我们之所以选择该社区，一是由于交通便利，距学校较近，二是由于我们组有成员在该社区中做兼职，对砂子塘有一定基础的了解。在此次社区走访中，我们首先观察了砂子塘社区的基本环境、设施等。在观察过程中我们向街头下棋聊天的老人询问了社区公共设施的使用等一些基本情况，并向社区的居委会干部进行了了解。我们主要走访的是赤黄路以南的部分社区。通过走访南砂子塘社区的大街小巷，了解到了南砂子塘社区的地理环境、生活水平、社区的居民楼分布状况，以及居住状况、基础设施状况。南砂子塘社区位于运动巷之西，绍山南路之东，赤黄路之南，北接梨子山社区机电厂。社区主要由砂小巷、砂子塘巷以及多个小巷组成。在社区内大概有61栋市建居民楼，4栋中医学院楼，2栋九芝堂药厂楼，新锐湘都的南北两栋楼和都市金领，还有砂子塘小学。社区内有两处健身场地，分别在市建6栋的南边和新锐湘都的东边。这两处健身器材已使用了十几年，都已老坏、陈旧，周围的居民已不再使用。他们平时是通过玩扑克牌、麻将牌等娱乐活动来消遣时间的。新锐湘都楼盘里设有健身器材，且新建不久，使用率很高。

在此次走访中，我们还注意到，砂子塘社区有社区服务中心、社区居家养老服务中心、砂子塘幼儿园、新锐湘都幼儿园（私营）、砂子塘社区卫生服务站以及各种营利性的社区服务店。通过走访调查，我们了解到砂子塘小学周围托管林立，但这些托管都是私人承办，既无正规经营执照，主办者文化程度又低，经营和管理中存在很多问题。

（资料来源：长沙民政职业技术学院社会工作系社会工作专业0733班范俊瑞同学提供，曹启挺老师督导）

任务引导

走访社区，一方面可以训练学生掌握建立良好人际关系的技巧，另一方面能让学生了解社区的内涵及构成要素。走访社区具体包括：一是访谈社区居委会负责人，了解社区的发展状况、社区的区域特征、社区的人口规模和社区成员的互动状况等；二是访谈不同类型的社区居民，了解社区居民对"社区"的心理认同感；三是通过实地考察，了解社区的发展状况及存在的主要问题。

基础知识

1. 社区

"社区"一词，渊源久远。法国社会学家波顿和波里考特认为，第一次在技术意义上使用社区一词的学者是2300多年前的哲人亚里士多德，他在论及作为政治组织范式的城市时就谈到了社区。社区自古以来就是人类生活的基本场所，但作为社会学的一个基本概念、学术用语使用则要归功于德国社会学家滕尼斯。F. 滕尼斯在1887年出版了他的成名作《Gemeinschaft und Gesellschaft》，英文版译为《Community and Society》，中文可译为《共同体与社会》或《社区与社会》。在这本书中，滕尼斯首次提出了"社区"一词，认为社区是指那些有着相同价值取向、人口同质性较强的社会共同体，其体现的人际关系是一种亲密无间、守望相助、服从权威且具有共同信仰和共同风俗习惯的人际关系；这种共同体关系不是社会分工的结果，而是由传统的血缘、地缘和文化等自然造成的；这种共同体的外延主要限于传统的乡村社区。他还认为，"社区"的概念不同于"社会"，社会总是和劳动分工、法理性的契约联系在一起，其体现的人际关系是一种自私自利的、缺乏感情交流与关怀照顾的人际关系，其外延则是指人口异质性特征鲜明、价值取向多元化的城市社会群体。

社区一词从滕尼斯提出以后，随着西方国家工业化和城市化的发展，人们纷纷涌进城市，许多传统的东西被打破，城市人口的高度流动性和异质性，使得人际关系淡化。这种情况使得城市居民越来越远离滕尼斯原意的社区，人们使用社区这一概念时赋予它许多新的含义。正是由于理解和认识上的不同，社会学界对"社区"概念的定义也是意见纷呈，莫衷一是。美国学者桑德斯曾据此将国外对社区概念的理解分成4种类型：①定性的理解，把社区视为一个居住地方。②人类生态学的理解，把社区视为一个空间单位。③人类学的理解，把社区视为一种生活方式。④社会学的理解，把社区视为一种社会互动。

汉语的"社区"一词诞生的时间要稍晚一些，而其由来则应归功于当代中国社会学大家费孝通先生。它最初是由费孝通先生用来翻译英文 community 一词的。1948 年 10 月 16 日，费孝通在学术刊物《社会研究》第 77 期上发表了一篇论文《二十年来之中国社区研究》。在该论文中，费孝通谈到 20 世纪 30 年代初期翻译 F. 滕尼斯著作及汉译词汇"社区"的形成过程："当初，community 这个词介绍到中国来的时候，那时的译法是'地方社会'，而不是'社区'。当我们翻译 F. 滕尼斯的 community 和 society 两个不同概念时，感到 community 不是 society，成了互相矛盾的不解之辞，因此，我们感到'地方社会'一词的不恰当，那时，我还在燕京大学读书，大家谈到如何找一个确切的概念。偶然间，我就想到了'社区'这么两个字样，最后大家援用了，慢慢流行。这就是'社区'一词的来由。"它的含义简单地说，是指以地区为范围，人们在地缘基础上结成的互助合作的群体，用以区别在血缘基础上形成的互助合作亲属群体。血缘群体最基本的是家庭、家族，地缘群体最基本的是邻里，邻里在农村发展成村和乡，在城市则发展成胡同、里弄和街道、居委会。

从社区概念的由来与演变可以看出：社区是社会，但与社会不同，它是地域范围的社会；社区是群体，但与群体不同，它是以地域为特征的；社区是人群，但与人群不同，它是具有社会交往的人群，具有共同意识和共同利益的人群。因此，社区是指聚居在一定地域范围内的，具有互动关系的人们所组成的社会生活共同体。当然，社区地域上的界线，绝不像国境线那样分明。从实际情况上看，很少有人把一个国家、一个省定为一个社区，通常都把一个村庄、一个城镇或一个城市，或城市中某一地区定为一个社区。例如，农村社区是指乡或村，城市社区是指街道或居委会。

2．社区的构成要素

社区作为一个社会实体，通常包括以下基本要素：

（1）社区地域要素　社区是地域性社会，必须占有一定地域范围，它是人们从事社会活动的区域。这里的地域要素，涵盖了其自然地理条件和人文地理条件，如自然地理条件就包括了所处方位、地貌特征、自然资源、空间形状与范围等，而人文地理条件则包括了人文景观、建筑设施等。社区的地域界限不能太大，应限制在居民日常生活能够发生互动的范围之内，或者限定在能够满足居民基本需要的生活服务设施、组织结构可以发挥作用的范围之内。就中国情况来看，农村中的一个乡镇、一个村庄或城市中的一个街道、一个居民小区等，皆可界定为范围大小不一的社区。

（2）社区人口要素　一定数量的人口是一切社会群体所必需的构成要素，当然也是社区构成的要素。社区构成的人口要素是指居住在本区域内的居民，非居民应排除在外，而其他社会群体构成要素的人口划分则可以是跨区域的。明确了这个前提，就可以来讨论社区人口状况的各个子要素了。

社区人口状况的子要素，主要包括人口的数量与质量、人口的结构、人口的分布与流动状况等。数量状况是指社区内居民人口的多少；质量状况是指社区内居民人口在素质方面的情况，包括身体素质、文化素质、思想素质、道德修养等；人口结构亦称人口构成，是指社区内各个类型居民人口的数量比例关系，如科学家、教师、工程师、工人、出租车司机、失业者等之间的数量构成以及不同性别与不同年龄的人口的比例等；人口分布是指社区内人口的密度大小，也是指居民及其活动在社区范围内的空间分布状况；而人口流动则是指社区内居民数量的增减及其在空间分布上的变化。

（3）组织结构要素　社区都有一定的组织形式。社区的组织结构主要指社区内部各种社会群体和组织之间的互相关系及其构成方式。当前我国城市社区中的组织和群体主要有社区党政组织、社区居民自治组织、社区经济组织、社区民间组织等。社会群体还包括以各种形式活动着的志愿者队伍，各种文化、体育与娱乐性群体，诸如书画社、京剧票友会、舞蹈队、合唱团、读书会、拳操队等。一个社区，如果其居住环境舒适安逸、管理有序、居民的社区认同感强，则说明该社区的社会群体与组织之间的互动关系处于良性的状态。

对从事政府行政管理、公共事务服务、社区研究的人员来说，加强社区组织结构的研究是十分重要的。这个研究包括3个层面，即社会群体与组织内部的构成研究、社群与组织的运作架构的研究、社群与组织之间的互动关系的研究，其中互动关系是社区组织结构要素研究的重点。

（4）文化心理要素　社区文化是一个较复杂、较难理解的概念，不同学者之解释各有差异甚至大不相同。一般来说，社区文化包括历史传统、风俗习惯、村规民约、生活方式、交际语言、精神状态、社区归属（依赖）与社区认同感等。不管怎么说，不同的社区文化都是不同社区的地理环境、人口状况以及居民共同生活之历史与现实的反映，而且，社区文化总是有形或无形地为社区居民提供着比较系统的行为规范，不同程度地约束着社区居民的行为方式与道德实践，客观上对居民担负着社会化的功能以及对居民生活的某种心理支持。

社区的性质、规模、结构等方面的不同还会对社区成员的心理和行为产生不同的影响，生活在不同类型社区的人会具有不同的心态和行为方式，形成一定的认同感和归属感。而认同感和归属感是社区内人群相互联系的纽带。传统社区中人们的认同感和归属感比较强烈，所谓"美不美家乡水，亲不亲故乡人"，就是这种感情的典型反映。现代城市社区的认同感和归属感的前提条件是社区环境与质量的状况，当居民居住在一个环境优美、卫生整洁、服务上乘、自由舒适的社区时，其文化上的认同感和归属感是必然的。反之，由于城市社区人口的异质化，则产生"社区冷漠"现象，社区参与意识较差。

以上所述是社区构成的4个基本要素，也是社区形成的必要条件。任何一个地方只要拥有或具备这4个条件，就可以构成一个相对独立成形的社区。无论是从事社区研究，还是从事社区规划、建设与管理的实践，都不能忽视某一个要素。

案例阅读

东塘社区简介

东塘社区成立于 1997 年 9 月，占地总面积 0.05km²，现有居民楼 36 栋，常住户 1206 户，总人数 3372 人，流动人口 2018 人。社区办公室位于长沙市工商局外管分局宿舍一栋一楼一门。辖区内主要有中机国际工程设计研究院、恒远商场、长沙市工商局外管分局、长沙市交易大楼、长沙市工人文化宫、华狮啤酒有限公司、长沙市九芝堂股份有限公司制药一厂、湖南省医药化工设计研究院等单位，并通过招商引进了恒力游泳馆、潮流堂、省艺术群星培训中心、绿茵阁等单位，为打造东塘商圈奠定了一定的基础。

课间休息

社区工作者招考实录

2009 年 6 月 16 日是北京市海淀区公开招考社区工作者的第一天，几乎所有街道的报名人数都远远超过招聘人数，马连洼街道等报名比例甚至达到了 20:1。对于前来报名的研究生，许多街道负责招考的工作人员都劝其仔细考虑，"因为研究生往往不是想长久踏实从事这个工作，我们更希望招到能踏实工作的人。"

任务二　分析社区资源

任务描述

社区资源是社区管理与建设的重要基础，不同的社区拥有不同的社区资源，分析、挖掘、利用和整合社区资源，对于社区管理工作有重要的意义。

任务实施

下面是北京市海淀区在小学教育中充分挖掘社区优势资源的实例。

利用社区资源拓展学生德育

北京市海淀区七一小学所处的部队大院拥有其他一些社区所不具备的多种优势。它的历史悠久，已经形成了一定的文化氛围。作为部队机关来说，纪律和管理的氛围更浓，走在这样的大院里，随处可见执勤的士兵，每逢重大节日，还会有重大的活动；各项场所设备齐全，有书画社、电影院、文体娱乐中心、超市、礼堂、游泳馆等。学校处在这样的社区环境，首先拥有了资源上的优势。学校对此也非常重视，积极和有关部门进行协调，为学校的德育教育搭建平台，利用社区资源的优势在德育方面组织了一系列的活动。例如，在大地回春、春暖花开的三月，大院社区和学校都要在三月五日学雷锋纪念日、三月八日国际妇女节、三月十二日植树节等节日里组织一些活动。社区德育活动有社区的特点，学校教育有学校的特色，如在学雷锋活动中，大院社区开展了一些宣传和为居民免费修车、补胎等活动；老师在学校里组织了如捐书、演讲等活动，鼓励孩子们放学以后积极参与社区活动，并且写下参与活动的经历和体验。许多孩子拿起了手中的工具，参与到做好事的活动中去，并将他们的体验与更多的学生分享。孩子们都说这样学习的过程印象更为深刻。

任务引导

要分析和利用社区资源，必须首先弄清楚什么是社区资源，社区资源包括哪些内容。在分析与利用社区资源的过程中，往往需要将社区内零散、分散的社区资源进行整合。

知识链接

1. 什么是社区资源

社区资源有广义与狭义之分，广义上的社区资源泛指所有与社区有关的社会资源，是社区赖以生存和发展的一切物质资源与非物质资源的统称，也可简称为社区社会资源。狭义上的社区资源指社区可以掌握、支配和动员的各种物质资源和非物质资源。

2. 社区资源的分类

关于社区资源的分类有很多种，根据资源在社区建设特别是社区服务中的地位和作用，将其分为人力资源、物质资源和组织资源等。

（1）人力资源　人力资源是社区最为丰富的资源，它主要分为以下4类：

1）社区精英资源，包括社区内的政府官员、人大代表、专家学者、律师、记者、医生、经理、作家、明星、劳动模范和先进工作者等在社会上具有一定影响的专业人士和社会活动家等。社区精英往往具有某一方面的专长和权威，拥有比较高的社会地位和经济收入，社会资源丰富。

2）社区志愿者资源，即社区成员中的志愿者队伍。社区志愿者对社区建设充满热情，有很强的社区意识和公益精神，是社区活动参与的积极分子。这类人群通常组成为居民提供服务的社会服务性组织，如志愿者协会、义工队等。

3）社区同类人员资源，主要为社区成员中经济能力、教育程度、宗教信仰、职业结构、个人爱好、生活方式等相似或接近的人群。这类人群往往组成群众自发兴趣组织，如为了健身、娱乐、学习等目的组建的联谊团体、兴趣小组、拳操队和舞蹈队等文化体育类社团，是形成社区认同感和归属感的重要基础。

4）社区公众资源，指社区内的全体成员，是社区建设最基本、最重要的人力资源。

（2）物质资源　物质资源是社区最为重要的资源，它主要包括社区资金和社区设施两大类，社区资金是社区的财力资源，社区设施是社区的物力资源。社区物质资源是社区建设的物质基础和前提保障，它为社区建设和发展提供资金保障和物质支持。

（3）组织资源　组织资源主要指社区范围内的各种社区组织和驻社区单位。其中，社区组织主要包括社区居委会、业委会、物业公司和非营利组织等，驻社区单位主要包括党政机关、企事业单位和社会团队等。因此，一方面，要健全社区组织体系，重点抓好社区组织的数量增加、规模扩大和能力提高等工作，特别是要发挥社区党支部和居委会的独特地位和作用，获取更多体制内的资源，还要不断培育和发展群众自发兴趣组织和社会服务组织等非营利组织；另一方面，要充分利用驻社区单位的资源优势，加强驻社区单位的资源共享，充分挖掘和利用驻社区的党政机关、企事业单位和社会团队等单位的人力、物力和财力，使之积极参与社区建设。

（4）其他资源　除了人力资源、物质资源和组织资源等3类主要资源外，社区还有一定的地理环境资源和文化资源。

社区地理环境资源主要指社区所处的地理区位、规模和景观等，优越的地理区位、适度的规模和优美的景观等均是社区建设的有利因素。为此，要不断改善社区的交通条件、卫生状况和绿化水平，适当调整社区规模，对社区的山林草地、江河湖泊、绿化植被和景观建筑资源进行科学的保护、开发和利用，科学规划和设计社区内的景观建筑，建设生态社区，使人与自然和谐相处。

文化资源主要包括风俗习惯、名胜古迹、历史人物、传说故事、社区精神和社区品牌等，是社区建设的宝贵精神财富。社区文化资源的独特之处在于它可以为人力资源、物质资源和组织资源的整合提供一种团结纽带和精神认同，为社区资源的整合提供相应的精神动力。在社区建设中要重视和利用社区文化资源，一方面，社区要不断加强社区文化硬件建设，利用街道、驻社区单位和本社区内闲置的场地设施，建立图书室、活动室和活动广场，用以满足社区居民日益增长的精神文化需要；另一方面，社区要注意充分利用社区的历史足迹和传说故事，在继承社区传统文化的基础上，开展符合时代精神和居民需求的社区文化娱乐活动，培养和挖掘社区文艺人才，塑造社区精神，打造社区品牌。

3．社区资源的整合原则

社区要有效地存在，或能够自主自治，必须有相应足够的社区资源，并实现社区资源的整合，确保社区的存在和有效运行。社区资源的整合是指社区诸要素相互协调，成为一个整体并有效发挥社区功能的过程和状态。

社区资源在分布上具有多样性、分散性和有限性等特点，在使用上具有整体性和特色性等特点。社区资源的种类多样，分散在社区居民、社区组织、驻社区单位和社区环境之中，相对于居民日益多样化的需求来说，资源供给总量有限而且相对不足，特别是一些老旧社区和规模小的社区，其资源短缺更加严重。因此，在进行资源整合和利用时，必须考虑社区资源的整体性和特色性。社区资源的整体性，指社区范围内所有社会资源组成一个有机整体，在进行整合利用时，不管资源属于什么单位，都应该将其纳入资源共享的范围。只有对社区范围内的资源进行整体利用，才能满足社区管理的资源需求并取得最佳的效果。社区资源的特色性，指任何社区的资源总有一定的优势和特色，或人力资源丰富，或资金充足，或设施先进。社区资源特色不明显的，可以与周围社区合作，也可以挖掘潜在资源，进行资源优势的整合。总之，根据社区资源在分布和使用上的这些特点，在社区资源整合时应坚持以下 4 条主要原则：

（1）内外结合，以内为主　在整合社区资源时，首先，要坚持内外结合的原则。一方面要从社会上获取相关资源，将其转化为可用于社区管理和建设的资源，如政府的财政资金，专家学者的指导，事业单位、社会团体、民办非企业单位的赞助，等等。社区还要善于利用附近的资源，利用周围的医院、学校、食堂和会堂等外部资源来开展相应的社区服务，以缓解社区内资源不足的困难。另一方面要从社区内部挖掘资源，将分散的和闲置的内部资源加以充分的整合利用。其次，要坚持以内为主的原则，即在强调获取社会资源的同时，更注重挖掘社区内部的资源潜力，包括社区居民、驻社区单位和社区组织所拥有的资源。从总体上说，社区内部的资源是有限的，如果加以充分的整合利用，也可以使资源总量达到最优水平，最大限度地满足社区建设和发展的需要。

（2）因地制宜，挖掘特色　因地制宜、挖掘特色是社区建设的一个重要原则，要根据城区和社区的具体情况开展社区建设，建设具有不同特色的社区。城区建设的特色往往决定着社区建设的特色，社区建设的特色则是城区建设特色的集中体现。同时，特色社区的建设必须根据其资源特色来进行，在社区资源的整合过程中，要根据社区的实际情况充分挖掘有特色的资源，并加以协调整合。优美的生态环境，众多的人才，良好的硬件设施，大型的企事业单位等，这一切都是社区建设中可供利用的特色资源，必须对其加以充分的挖掘和利用。社区如果没有明显的特色资源，就更需要进行合理的规划设计，充分挖掘现有分散的、闲置的社区资源，将潜在资源变为外显资源，使资源劣势变为资源优势。

（3）互利互惠，普遍受益　社区居民之间、驻社区单位之间及社区居民与驻社区单位之间的资源整合都必须坚持互利互惠原则，通过资源交换实行资源互补、互利双赢。例如，社区居民之间可通过实物交换、志愿服务等方式进行资源的共享和整合。在资源整合过程中，政府和居委会等社区组织作为主导者和组织者也必然从中受益，但必须采取有效措施协调社区成员之间的利益关系，以保证社区共同利益得到最大限度的实现。针对驻社区单位的资源共享、共驻共建行为，政府和社区要制定制度化的措施，予以规范、鼓励和引导，特别是要采取一定的奖励措施，使驻社区单位在贡献单位资源后得到充分的认同和肯定，觉得物有所值，从而保持资源共享的积极性。社区应该努力解决一些企事业单位的后顾之忧，为企事业单位提供排污、治安、清洁和餐饮等多种社会化服务，保障其正常生产经营或管理工作的开展。对于企事业单位的资金捐献，可采用减免一定税收、公开宣传和给予荣誉称号等激励手段。总之，社区资源整合还要坚持普遍受益原则，也就是社区资源经协调整合后要有利于社区建设的开展，有利于社区服务的发展，最终使全部或大部分居民受益，不能仅仅为少数人甚至个别人谋利益。

（4）共驻共建，广泛参与　社区是地域性的利益共同体，无论是社区居民还是驻社区单位都有责任参与社区建设。共驻共建的含义有两个方面：一是指驻社区单位参与社区建设，二是指社区居民个人参与社区建设。但一般来说，共驻共建多指前者，尤其是指单位在物质资源上的共享共建。驻社区单位要向社区居民开放内部生活服务设施，向社区提供一定的资金帮助，组织单位职工参与社区公益活动，主动承担参与社区建设的责任。政府和居委会在开展社区建设时也必须宣传、倡导社区居民与驻社区单位的利益关联，为驻社区单位创建良好的社区外部环境。对于单位型社区，则必须认识到单位在社区建设中的责任主体地位。与共驻共建不同的是，广泛参与虽然也包含驻社区单位的广泛参与，但它多指社区居民的广泛参与。同为社区成员，社区居民在资源整合上的责任要比驻社区单位大。社区居民是社区利益的核心主体，社区建设的好坏直接涉及到广大居民的切身利益，资源整合程度的高低直接影响其社区服务需求能否得到满足。因此，在社区资源整合过程中，应该坚持广泛参与原则，动员居民提供自身资源，"有钱出钱、有力出力"。总之，要强化驻社区单位和居民的共建共享意识，以共同目标和共同需求为纽带，充分整合社区的各类资源，实现服务资源共享、服务设施同建、服务项目联办、服务活动合搞，最大限度地提高社区资源的共享程度。

课间休息

中央组织部等九部门出台《关于利用社区资源做好离退休干部服务工作的意见》

为适应离退休干部高龄养老和服务管理的需要，更好地落实离退休干部的各项待遇，加强和改进离退休干部党组织建设，更好地发挥离退休干部的积极作用，2010年，中组部、民政部、财政部、人力资源和社会保障部、文化部、卫生部、国家体育总局、共青团中央、全国老龄委办公室联合下发了《关于利用社区资源做好离退休干部服务工作的意见》（组通字[2010]24号）。《意见》提出，利用社区资源做好离退休干部服务工作，是离退休干部服务管理工作的重要内容，是做好新形势下离退休干部工作的有效途径。在保持原有服务关系、管理关系的基础上，充分发挥社区的作用，方便离退休干部就近学习、就近活动、就近得到关心照顾、就近发挥作用，逐步建立和完善家庭、单位、社区、党委和政府工作部门相结合的服务管理体系，为离退休干部老有所养、老有所医、老有所教、老有所学、老有所乐、老有所为创造更好的条件。

《意见》规定，利用社区资源做好离退休干部服务工作的基本形式和主要内容是：组织离退休干部就近开展学习和活动；加强离退休干部党员服务管理；就近为离退休干部提供生活照顾；为离退休干部就近发挥作用搭建平台。

任务三 撰写社区分析报告

任务描述

在走访社区、分析社区所拥有的各种资源后，我们需要以书面形式系统、详细地描述我们所看到及所想到的内容。社区分析报告即是对社区分析结果的综合描述。

任务实施

社区分析报告——以二重厂西社区为例

1. 自然条件分析

（1）社区地理 社区面积0.6km^2，地处成都平原西角之上，气候为亚热带季风性湿润气候，四季分明，降水充沛。二重厂西社区位于德阳市二重厂区西南面，社区北面和东面与市区隔着二重厂区，社区西邻大件路，南接千佛村和工农村。

（2）社区交通状况 社区境内有连山街、西河街、沱江路，西河街与沱江路连接大件路（华山南路）。

（3）社区地图（略）

（4）社区人口 社区居民有 8000 人左右。其中常住居民 6326 人，60 岁以上老人 343 人。该社区人口主要由二重厂职工构成，人口的异质性弱且差别不大。社区内有二重厂单身宿舍楼两栋，居住者主要为刚进厂工作的大学生。社区的人口密度大，人口增长以机械增长为主，流动性大。

2. 经济状况分析

（1）收入状况 厂西社区由二重重工园区办事处领导，资金来源主要由二重重工园区办事处下拨。

（2）支出状况 主要经费开支用于维修路灯、疏浚下水道等社区公共设施。

（3）财政税收状况 社区除有上级拨款，还有社区菜市场场地税、卫生税等收入。

（4）产业状况 社区产业结构中基本是第二、三产业为主，居民多是二重厂在职或离退休职工，主要从事工业生产，近年有部分外来居民迁入，从事商品零售业和餐饮服务业。

（5）居民收支状况 与市区居民相比，该社区居民收入较低。但该社区生活水平、物价水平也比市区低。

3. 政治状况分析

（1）政治领导（显/潜） 外显领导是社区居委会主任，潜在领导是企业的领导干部。

（2）政治团体（团、妇） 厂西社区居委会、社区退休职工老党员组织。

（3）政治制度（权利结构关系） 二重重工园区办事处领导——居委会主任——居委会小组。

（4）居民政治意识 基本无社区政治意识，而在厂内有政治选举和政治思想学习等活动。

4. 文化状况分析

（1）社区历史 该社区是二重厂职工的生活区，于 20 世纪 60 年代修建，属于典型的工业型社区。因为是典型的工业型社区，说到该社区历史，首先得介绍二重的历史。中国二重位于四川省德阳市，距离省会成都 58km，始建于 1958 年，1971 年建成投产。截至 2006 年 12 月 31 日，二重占地面积 261.1 万 m^2，总资产近 80 亿元，在册职工 12724 人，在岗职工 11938 人。1993 年国务院行文，由第二重型机器厂更名为中国第二重型机械集团公司。1999 年，二重被国家列为"关系国家安全及国民经济命脉"的 39 家重要骨干企业之一，2000 年 1 月 1 日起二重的资产财务关系上划财政部，2003 年 3 月由国务院国有资产监督管理委员会管理。中国二重是中国最大的重型机械制造企业，国家首批 21 家重大技术装备国产化基地、大型板坯连铸机生产基地之一和"关系国家安全及国民经济命脉的重要骨干企业"。厂西社区内主要有两个楼区，其中 201 区基本是以六七十年代的苏联式的砖混结构楼房为主，202 区以八九十年代大的灰色水泥楼房为主。社区住房修建时都属于二重企业的福利分房，现在房产性质转变为商品房，房产权由企业转移到居民。

（2）社区变迁情况 社区自 1990 年后街道和建筑基本无大变化。近年来，社区中年职工家庭随着收入增加，逐渐搬离该区，到市区购买了新的商品住宅。年青单身职工或年青职工家庭因为收入不高，大多暂时在厂西租用或购买该区住房。

（3）社区中的大事 2008 年 5 月 12 日经历四川大地震，部分房屋受损裂缝。

（4）社区风俗 1958 年 10 月建厂时二重职工来自祖国各地的优秀技术人才、东北工业基地的工人和四川本地的民工。随着 50 年来的融合，无论是口音还是风俗，该社区已经形成南北方混合腔和特有的厂区企业文化。

（5）本地社区教育 厂西社区有二重第五幼儿园、欢欢双语幼儿园（民营）、衡山路学校（原厂西学校）。衡山路学校是二重企业事业分离后，在原厂西学校基础上，整合千佛村中心小学、工农村学校改建而成，学校于 2007 年修建落成新的教学楼，现归德阳市教育局直属管理，有学生 1000 余人，是一所从学前班到初中的九年制学校。

（6）社区医疗卫生 202 社区卫生服务站现有业务用房面积 180m^2，服务范围为二重厂西社区居委会，服务人口 6326 人，其中 60 岁以上老年人 343 人。

（7）社区媒体 社区居民家中主要是连接闭路电视，由二重电视台管理和收费，社区新闻也主要在二重电视台新闻报道。

（8）居民文化素质 居民文化素质普遍较高，尤其是在机械工业知识方面。

（9）社区环境 厂西社区绿化与二重绿化一样，覆盖率很高，高大的法国梧桐和翠绿的女贞树遍布社区。

5．社区问题和社区需要

（1）社区基础设施陈旧化 许多基础设施如路灯、道路等需要更新及维护，社区内的灯光球场急需重新修整和利用。

（2）社区活动少 过去社区内曾有小型的交易会、灯光球场的节目表演等活动，使得社区居民归属感强。如今社区开展活动较少，加上常住居民逐渐减少，社区文化和归属感减弱，因此需要社区工作人员适时开展一些社区活动。

（3）社区卫生需要改善 社区菜市场周边卫生环境亟待整治。

（4）社区工作人员年龄偏大 社区工作人员现在主要是由退休的老职工组成，因此许多工作因为理念和能力的差异，无法满足占人口比例较大的青年人的需求。

总体看来，由于该社区划归政府但尚未重新开发的原因，厂西社区处于企业和政府双不管的尴尬境地，整体呈现衰落趋势。

任务引导

（1）撰写社区分析报告的目的在于将对社区的感性认识上升到对社区的理性思考，这样才能为社区管理人员进一步的工作提供明确的方向。

（2）撰写社区分析报告一要结合社区的客观情况，二要结合自身的主观分析和思考。

（3）目前业界对一份完整的社区分析报告的要素尚无定论，多阅读相关材料，自然能提炼出一些共同的元素。

知识链接

1．撰写社区分析报告的目的

社区管理人员认识社区不能仅仅停留在感性层面，更要结合自身主观分析和思考上升到理性层面。社区分析报告就是将社区的客观情况加以记录和总结，再透过其客观情况发现背后的需求和问题，为社区的发展及社区管理人员进一步的工作方向提供明确的指引。

2．撰写社区分析报告的原则

（1）实事求是的原则　社区分析报告要以社区客观现实为依据，撰写人不能闭门造车，要根据所调查和了解到的情况实事求是加以记录和总结。

（2）居民参与的原则　并非社区管理人员多次观察社区后就可以撰写社区分析报告了，社区管理人员需要遵循居民参与的原则，全方位向社区居民了解和收集信息。尤其是针对社区问题和社区需求方面的内容，社区居民是亲历者，他们的意见和感受至关重要。

（3）纵观全局的原则　撰写社区分析报告的最终目的是要寻求社区现阶段的问题和需求，为社区进一步发展提供努力的方向，但同时，社区管理人员还要积极关注社区现有的资源和优势，这些都是社区发展工作中可以利用的积极因素。因此，撰写社区分析报告时要有纵观全局的眼光，力求全面综合地分析社区。

3．社区分析报告的内容要点

目前业界对一份完整的社区分析报告的要素尚无定论，综合相关材料，我们认为一份完整的社区分析报告应该包括如下内容要素：

（1）社区的自然条件　社区的地理位置分析；社区的交通状况分析。

（2）社区的人口状况

1）社区人口的数量。人口数量是指生活在某一时期社区的人数，属于某一社区的人口数目就代表了那一社区人力资源总额。

2）社区人口的构成。人口构成包括人口性别构成（即男女比例）、人口年龄构成、社区人口的婚姻状况构成（单身、已婚、鳏寡或离婚）和社区人口的社会构成（即人口在不同阶层、文化水平、宗教信仰、收入水平等方面的分布）。

3）社区人口的分布。人口分布是指某一个社区体系中人口的自然或地理散布，包括他们的密度、距离、互相交往或与其他社区相联系的方式。

（3）社区经济状况　社区收入状况；社区支出状况；社区财政税收状况；社区产业状况；社区居民收支状况及经济水平。

（4）社区组织状况　社区党政组织状况；社区经济组织状况；社区居民自治组织状况（如社区居委会工作状况）；社区民间组织状况。

（5）社区发展历史分析　社区历史分析；社区变迁概况。

（6）社区环境概况　社区文化环境（如社区的语言、社区的习俗、社区的宗教信仰、社区的教育、社区居民文化素质）；社区卫生环境；社区治安环境。

（7）社区资源

1）自然资源。社区拥有的自然矿产、社区得天独厚的地理条件、社区旅游资源等。

2）人文资源。社区居民所具有的凝聚力、文化素质及独特技能等。

（8）社区问题和需求　社区问题；社区居民的需求。

课 后 实 训

1. 阅读《用优势视角去观察和分析社区》，理解什么是优势视角，并尝试运用优势视角分析你所居住的社区存在的优势或资源。

用优势视角去观察和分析社区

"优势视角"是社会工作学领域的一个基本范畴、基本原理，是指"社会工作者所应该做的一切，在某种程度上要立足于发现、寻求、探索及利用案主的优势和资源，协助他们达到自己的目标，实现他们的梦想，并面对他们生命中的挫折和不幸，抗拒社会主流的控制。这一视角强调人类精神的内在智慧，强调即便是最可怜的、被社会所遗弃的人都具有内在的转变能力"。概括地说，"优势视角"就是着眼于个人的优势，以利用和开发人的潜能为出发点，协助其从挫折和不幸的逆境中挣脱出来，最终达到其目标、实现其理想的一种思维方式和工作方法。

优势视角强调：每个人、团体、家庭和社区都有优势（财富、资源、智慧、知识等）；创伤和虐待、疾病和抗争具有伤害性，但它们也可能是挑战和机遇（那些为面包、工作和住房而抗争的人们是具有抗逆力和具有资源的，即便在痛苦之中，他们也期望取得成就）；与案主合作，我们可以最好地服务于案主；所有环境都充满资源；注重关怀、照顾和脉络。以优势和资产为本的取向可以激发案主和工作者的乐观情绪、希望和动机。

将优势视角概念运用与社区建设与管理工作中时，要求我们不能将所有注意力都放在社区的问题及劣势上，要积极去挖掘社区内在的资源和优势，并加以利用。即使是社区的问题背后也可能是挑战或者机遇，关键在于社区管理者站在怎样的角度去看待此问题。

2. 小刘是某大专院校社区建设与管理专业的毕业班学生，目前到某社区实习。区督导交给她一份工作：让小刘撰写一份关于此社区的分析报告，并说明此次任务的完成质量关系到小刘将来是否能被此社区正式留用。小刘非常重视这份工作，但是她完全没有工作思路，请你帮小刘整理出一个完整清晰的工作流程。

要求：分析撰写社区分析报告前的准备工作，明确社区分析报告的主要内容要点。

项 目 二

社区管理模式认知

项目概述

　　社区管理模式是对社区管理工作总结的理论提升。本项目要求学生通过查阅文献，实地走访与观摩，了解国内外社区管理工作的有效经验，熟悉国内外主要的社区管理模式，并能在从事社区管理实践的过程中灵活借鉴和不断创新社区管理模式。

背景介绍

　　随着社区建设的发展，国内外先后发展和总结出了各种类型的社区管理模式，不同的社区管理模式均有其适用性和局限性。了解和掌握各种社区管理模式的形成过程、社会背景、优势及不足，是社区管理专业学生必须要掌握的重要内容。随着我国城乡社区建设的纵深发展，借鉴已有的社区管理模式已显不足，在新的形势下，我们必须学会不断创新发展新的社区管理模式。

任务一　　了解国外典型的社区管理模式

任务描述

　　国外的社区发展较我国历史悠久，所以其社区管理模式较成熟。通过了解和分析国外典型的社区管理模式，探讨其形成的历史文化背景，可以为我国的社区管理提供有益的理论与实践指导。

任务实施

　　通过互联网搜索及文献查阅等多种方式，了解到国外的各种社区管理特色及形成的管理模式，其中以欧美、日本、新加坡的社区管理模式最具代表性。下面是对美国某社区管理的调查与介绍。

美国：社区管理体现官民"协作"

与华盛顿特区隔河相望的美国弗吉尼亚州阿灵顿县，其社区管理是整个美国社区管理的一个缩影。该县有大约 50 个社区，社区有居民协会。在社区建设和设施完善中，当地政府起了重要作用。为了官民协作共建居民满意社区，县政府社区管理部发起了"社区管理计划"，迄今已有 41 年的历史。社区管理计划的重点包括街灯设置、铺设人行道、街道维修绿化以及社区公园建设等。

所有社区管理计划的制定都基于社区居民的意见，反映居民日常生活的实际需要。从计划制定到工程实施，整个过程充分体现基层民主。社区选出的"社区管理计划"代表，下面还有居民选出的楼区代表，楼区代表每年会把问题单分发到各家各户，上面列出一些具体事项，让居民选择他们认为社区最需要改进的事项。而居民临时想到什么社区福利的点子或者有什么意见，也通过楼区代表向县政府反映。社区管理部和各社区负责社区管理计划事务的代表每月开一次会，讨论社区居民的建议和工程项目。社区管理部根据居民意见进行实地调查，确定社区建设优先事项后，找专业人员进行工程设计，接下来是征求居民对设计方案的意见，如果设计方案得到社区 60%居民的支持，工程就开始实施。

社区管理计划的资金来源是当地税收，每两个财政年度得到一笔预算。社区管理部充分考虑各社区利益并根据实际需要作出安排，在规模不等的社区之间取得平衡。阿灵顿县政府对社区建设的介入还体现在社区地产的开发阶段。县政府在审核社区地产开发计划时最优先考虑的问题是，必须保证要有一定面积的公共用地——孩子们得有安全的地方玩，居民出门要有地方去。另外还要考虑社区必须要有一定比例的住房，让那些低于平均收入者能够买得起。

🔧 任务引导

何谓社区管理模式？每种社区管理模式的形成有怎样的历史文化背景？它们各具怎样的特色和局限性？

🔧 知识链接

社区管理模式主要是指由社区各相关管理组织机构及其各自特定的管理职能组成的社区管理活动得以有效开展的物质载体和运作方式。社区管理模式是社区管理体系的一种外在表现，它以相应的组织机构及其职能为基本内容。社区管理模式的设置有其历史的成因，并随着社会经济及环境的发展而变化。

目前，典型的国外社区管理模式基本上可以分为欧美型和亚太型两大类。它们的主要区别是政府与社区结合的紧密程度不同，欧美国家在社区管理上政府行为和社区行为一般是分离的、松散的。而亚洲国家和地区在社区的组织管理模式一般是政府行为和社区行为的结合较紧密。这种关系上紧密程度的不同，使社区的组织管理各具特色。在众多的城市社区管理体制模式中，较为显著的是以美国为代表的社区自治模式、以日本为代表的混合模式和以新加坡为代表的政府主导模式。

1．美国城市社区管理模式

（1）美国社区中心　社区中心存在于社区中，每个社区至少有一个社区中心，根据社区管理方式的不同，社区中心的组织结构、原则的确定也有统一的标准。社区中心的管理层由一名中心主任、两名副主任、一名出纳员、一名秘书和一名执行主任构成。社区中心的经费来源于捐献、政府资助以及其他方面，中心的布局合理，有足够的地方开展活动，设备设施能满足不同需要，为不同年龄层次居民提供服务。

（2）美国社区自治模式的特点　社区自治模式体现为政府行为和社区行为相对分离，政府对社区的干预主要以间接方式进行。典型的社区自治模式国家是美国。美国的"市"是州政府的分治区，市政体制采用的是"议行合一"或"议行分设"的地方自治制度。实行高度民主自治，依靠社区自治组织来行使社区管理职能。因此，美国社区自治模式呈现出不同的特点。

1）实行民主管理。美国城市社区没有政府基层组织或派出机构，实行高度民主自治，依靠社区居民自由组合、民主选举产生的社团组织如社区管理协会、社区管理委员会、社区管理服务中心等来行使社区管理职能。

2）社区建设有序合理。在制定社区发展规划时美国政府特别强调人与环境的协调发展，对城市建设中满足社区居民的要求，保证居民生活质量的部分考虑得非常细致周到，从而保证了周围环境不被破坏。

3）公众积极参与社区管理。在美国，公民为自己所在的社区机构或组织提供无偿志愿服务已成为一种自觉意识。美国社区志愿者约占成年人口总数的 26.3%，提供公益服务的机构或组织，绝大部分工作是由志愿者来承担。因此，美国社区管理基本是"政府规划、指导、资助，社区组织具体实施的运作方式"。

2．日本城市社区管理模式

（1）日本社区管理的内容　日本社区管理是地域中心的管理模式，日本的地域类似我国街道的行政区域，而地域中心则等同于我国街道办事处。地域中心是区政府根据人口密度和管理半径划分的一定区域的行政管理机构，隶属于区政府地域中心部。地域中心负责收集居民对地域管理的意见。地域中心的经费是政府拨款，经费的使用严格按照规定和标准进行。

（2）日本混合模式的特点

1）体现为民服务的思想意识。日本社区管理模式的总体设想和规划、资金的投向、机构的设置等都体现了以人为本的思想，把为社区居民服务作为出发点，特别对社区内的老、弱、病、残等人给予重视和关怀。

2）政府指导、监督社区管理工作的开展。在日本城市社区管理中。政府与社区工作部分分开，通过相应的政府组织指导社区工作，并对社区提供资金支持，有一套完善的资金使用体系。

3）城市社区管理呈现民主化自治的趋势。政府并不直接对城市社区进行管理，而是由社区中町会等组织进行社区管理，居民主动参加社区部分领域管理的意识较强。

3．新加坡城市社区管理模式

（1）新加坡社区管理的内容　新加坡根据地域范围划分社区管理层次，在区域层次上，每个区域建立社区发展理事会负责本社区工作，在社区发展理事会下面，以选区为单位设立公民咨询委员会，最基层组织的社区组织是居民委员会，全国社区的总机构是人民协会。社区的有效运行需要充足经费的支持，新加坡社区经费来源主要有两种途径，即政府拨款和社会赞助。

（2）新加坡政府主导模式的特点

1）完善的社区管理体系。政府对社区发展进行管理，职能分明，结构严密，井然有序。新加坡社区内存在3个组织，即公民咨询委员会、社区中心管理委员会和居民委员会。

2）政府行为与社区行为紧密结合。政府对社区的干预较为直接和具体，并在社区设有各种形式的派出机构。新加坡社区发展的行政性较强，政府中设有专门的社区组织管理部门负责对社区工作的指导和管理。

3）居民自主参与意识差。在政府主导的模式下，居民习惯接受制度安排，习惯了自上而下的管理模式，所以居民对社区管理民主参与意识比较薄弱。

4. 国外城市社区管理模式比较

社区自治模式、混合模式和政府主导模式3种典型的城市社区管理体制模式产生于不同的文化、政治背景，并在社区管理上产生了不同的运行机制和结果（见表2-1）。这3种社区管理模式分别反映了不同的民主和自治制度，并与他们本国的国情和社会发展水平相适应。我国城市社区管理还处于起步阶段，在理论和实践上都不成熟。国外城市社区管理的成功经验值得我们借鉴和吸收。

表2-1　国外城市社区管理模式比较

	以美国为代表的社区自治模式	以日本为代表的混合模式	以新加坡为代表的政府主导模式
产生背景	具有法制和民主传统，市场经济健全，经济社会发展水平较高	受西方文化传统的影响，民主化进度较快	缺乏法制传统，市场经济不健全，民主观念淡薄
政府-社区关系	完全分离	部分分开	政府社区不分
社区管理主体	社区及自治组织管理机构	社区和政府各自的管理机构	政府及其社区
管理机制	中介参与，市场运作，志愿者广泛参与	政府支持和社区居民参与式共同管理	政府主导
结果	小政府，大社会	自治倾向	大政府，小社会

案例阅读

美国新兴模式："网络社区"走进现实生活

在美国，几乎每天都有"社区"形成。建立在居住区域划分上的"属地化"社区，通常将社区图书馆和社区活动中心视为公共服务和活动的场所。有时候人们也会根据自己的兴趣爱好建立一个当地的团体。这些俱乐部通常在某个成员家里或者固定聚会点活动，一些规模不大的团队会分享一个活动场所。

除了传统社区，还有一种类型的"社区"则建立在人们相似的背景之上，比如宗教、文化和兴趣爱好，这种"社区"的概念已经超过了传统的范畴。网络更是为那些有着同样兴趣的人在建立"社区"的过程中扮演了重要的角色。近年来，在美国网上社区可以说是发展得很快的"社区"形式。这些网上社区让有相同生活背景和兴趣的人们打破距离，甚至把活动转移到"线下"。例如，有的网站会让人们选择自己居住的区域以及一个特定的兴趣爱好，可以迅速找到同一区域的会员以及相关的活动安排。

课间休息

取经国外管理模式，社区公共空间"会员制"管理现雏形

年轻业主想借小区活动室玩"三国杀"，却发现房间已被下象棋的"爷叔"挤满，而跳操的阿姨与滑冰的儿童同时看上了一块小区空地……这样的情况在不少小区内时常出现。公共空间有限，但居民各自的需求不同，这经常令社区管理者在场地的合理使用上煞费苦心。

其实，这样的情况在国外也不可避免。近日，记者从一些国外社区了解到，为解决公共空间的使用矛盾，当地社区往往植入"会员制"的理念，方便将有同类需求的居民整合在同一个团队，以提高公共空间的使用率。与之类似的是，上海部分社区已采取公共活动场地预约制度，并根据居民需求分类组织常规活动，这在某种程度上达到了与"会员制"相似的效果。

1. 静安区多个社区公布公共场地使用信息

在静安区多个社区的便民手册上，都标注有节假日向居民开放运动场地的附近学校、体育场馆列表，这些场地大都能被居民免费使用。哪里可以打篮球，哪里可以晨跑，居民只需要通过网站或者电话便可查询到公开的信息，并且提前预约场地。

从起初的运动场所免费开放，到现在与生活服务中心联网，社区内的6个居民活动室也投入了常规运行。静安区公益场所管理中心负责人王某介绍，活动场地在开放时间内由专人管理，设定一些固定的活动，其中以讲座和社区学校居多。"比如周二有一个京剧班，来教的也是社区居民，还有瑜伽班等，都比较受欢迎。"同时，居民也可以预约这些活动场地，"只要是有益的活动，我们一般都会批准。"

然而，在这样的模式下，活动室的使用偶尔也会遇到一些小问题，比如居民的需求不同，想参加的活动种类很多，需要不断地更新活动内容，这个工作量比较大。而且因为场地的使用虽然是公益性质的，有时候组织出游活动需要收取一些餐饮、交通等必需的费用，也可能引起居民的误解。"成功的经验确实不少，但遇到的困难也不少，我们还在不断探索，希望尽可能满足更多的需求。"

2. 城市社会专家建议多让居民参与管理

国外类似于"会员制"的模式是否值得沪上小区借鉴？能否帮助解决公共空间使用的矛盾？中共上海市委党校城市社会研究所副所长马某认为，高效的管理固然非常有帮助，它能够在有限的条件下，合理安排时间、空间和人员，提高资源利用率。但除了管理上的问题，更重要的是使用者的配合度。"最好的方法就是让居民也参与到活动室的管理当中，这样服务更有亲和力，国外的模式其实也是加大了居民参与的自主性，让他们更融入团体。"目前部分社区邀请居民担任社区活动"老师"的做法就令马某十分赞同。"组织者不一样，老百姓对于服务的期待程度也不一样，可以尝试让他们自身更多地参与到公共空间使用和管理中来。"

任务二　探索我国社区管理模式的发展过程

任务描述

我国的社区建设起步相对较晚，但政府和社会越来越重视社区建设，并逐步探索出一系列适合我国国情、地域特色的社区管理模式。了解我国社区管理模式的发展历程和现状，有利于不断探索我国社区建设和社区管理的未来发展之路。

任务实施

通过文献查阅等多种途径，我们了解到，由于我国城市长期以来按行政体制划分辖区，因此社区管理也就采取行政一体化的管理模式，即街道办事处作为政府派出机构，通过计划控制手段将社区的管理权集于一身，在社区中处于管理主体地位。随着城市社区需求多样化、利益主体多元化、功能社会化和互动模式网络化等，传统社区管理模式存在的社会基础和制度背景发生了根本的变化，同时也呼唤着新的社区管理模式的产生。1999 年一季度，民政部拟定了《关于建立"全国社区建设实验区"的实施意见》，在实践过程中逐渐形成了上海、沈阳、江汉 3 种具有代表性的社区管理模式。下面是对沈阳模式的介绍：

沈阳模式：自然划分、社区自治、资源共享的自治模式

从 1998 年下半年起，沈阳市在和平区、沈河区试点的基础上，开始在全市进行社区体制改革，重新调整了社区规模，理顺了条块关系，构建了新的社区管理组织体系和运行模式，形成了颇具特色的沈阳模式，在全国产生了广泛的影响。采取的主要措施是：

（1）明确社区定位　沈阳将社区定位在小于街道办事处、大于原来居委会的层面上。一方面解决了居委会规模过小，资源匮乏，不利于社区功能发挥的问题；另一方面解决了街道办事处是政府的派出机关，在街道层面上组建社区，影响社区自治性质的问题。因此，将社区确定在街道与居委会之间的层面上，有利于社区资源的利用与功能的发挥。

（2）合理划分社区类型　沈阳市将社区主要分为 4 种类型：

1）按照居民居住和单位的自然地域划分出来的"板块型社区"；

2）以封闭型的居民小区为单位的"小区型社区"；

3）以职工家属聚居区为主体的"单位型社区"；

4）根据区域的不同功能特点以高科技开发区、金融商贸开发区、文化街、商业区等划分的"功能型社区"。

（3）建立新型的社区组织体系　这个组织体系由决策层、执行层、议事层和领导层构成。"决策层"为社区成员代表大会，由社区居民和社区单位代表组成，定期讨论决定社区重大事项。"执行层"为社区（管理）委员会，它与规模调整后的居委会实行一套班子、两块牌子，由招选人员、户籍民警、物业管理公司负责人组成，对社区成员代表大会负责并报告工作，其职能是教育、服务、管理和监督。"议事层"为社区协商议事委员会，由社区内人大代表、政协委员、知名人士、居民代表、单位代表等组成，在社区代表大会闭会期间行使对社区事务的协商、议事职能，有权对社区管理委员会的工作进行监督。"领导层"为社区党组织，即根据党章规定，设立社区党委、总支和支部。

任务引导

我国的城市社区管理模式经历了怎样的发展过程？分别形成了怎样的地域特色？每种典型的社区管理模式有其怎样的形成背景、优势及局限性？

知识链接

社区建设是中国城市体制改革的产物，是中国社会变革中的一大创造，尽管它在短短的十多年中有效地改变了城乡面貌，促进了居民的生活改善，但目前我国社区建设还没有成熟的理论和实践模式。由于各个社区的情况千差万别，社区建设工作者因地制宜，大胆尝试，勇于创造，在社区建设的实践模式上积累了许多有益的经验，出现了百花齐放的生动局面。如刘承伟和宋辉根据目前国内提供的一些社区建设的材料，指出实践模式主要有下列7种：①推进整体模式；②专项特长模式；③资源共享模式；④连片开发模式；⑤互利互动模式；⑥物业管理模式；⑦社区重建模式。也有学者根据我国目前社区管理的状况，从社区管理活动的主体差异出发，将社区管理模式分为政府导向型、市场导向型、社会导向型3种类型。

1. 政府导向型管理模式

"两级政府、三级管理、四级网络"的上海模式就是这种模式。这种管理模式是以政府为核心，以城市区人民政府下派的街道办事处为主体，在居委会、中介组织、社会团体等各种社区主体的共同参与配合下，对社区的公共事务、社会事务等进行管理，其实质是为强化基层政府的行政职能，通过对政治、社会资源的控制，实现自上而下的社会整合，其社区管理范围一般为街道行政区域。从长期来看，这种政府办社会的方式，有"全能政府"、"社区单位化"之嫌，抑制了民间的活力，从而降低了政府的工作效率，增加了政府的财政负担，使政府机构有再度膨胀的趋势，从根本上有悖于社区管理的发展方向。此种模式还包括实行社区自治体系和政府行政体系共生的半行政半自治型模式的江汉模式。

2. 市场导向型管理模式

这一模式就是通常所说的"物业管理模式"。虽然这一管理模式还不够成熟，其结构体制和运行机制还存在许多不完善的地方，但从目前的发展态势来看，它已经成为城市社区居民日常生活中的一种重要依托。其优点是社区的建设和管理由于引入了市场竞争机制，因而表现出一定的生命力；缺点是当前的物业管理不规范，亟待加强管理。此外，这种市场化运作的管理模式毕竟不能覆盖小区中的社会管理和行政管理，还不能说是一种完全意义上的社区管理，其地域范围一般只为封闭性的生活小区。

3. 社会导向型管理模式

"社区自治，议行分离"的沈阳模式就是这种模式。这一管理模式可称为社区居民自治模式，主要是指以社区居民为核心，联合社区内各种主体组织、机构，共同参与社区事务的管理，实行真正的民主自治管理的一种模式。这种模式以沈阳市社区自治性体制创新为代表，其优点是能够调动社区内居民广泛参与社区事务的积极性，使社区居民真正成为社区的主人，管理自己的事务，有利于增强社区居民对社区的认同感和归属感，有利于形成良好的社会风尚，避免了"全能政府"的难以为继和市场的"间或失效"。不足之处在于，从现阶段社区管理的实践看，离开政府的引导，离开法律的规范，社区自治难免有流于形式和纸上谈兵之嫌。

案例阅读

社区模式——青岛模式

最近几年，青岛市的社区建设创造了一系列富有特色的先进经验，其中包括社区建设管理体制的构建，青岛市构筑的社区建设管理体制包括3个相互关联的层次。

（1）全市社区建设工作委员会　由省委、省政府、市委、市政府领导牵头，有关领导参加。主要职责是：研究省委、省政府、市委、市政府以及国家民政部门及省民政厅有关社区建设的决定、决议和工作部署；审核社区建设的中长期规划，制定年度工作计划、要点，重大责任目标和阶段工作总结；研究需上报市委、市政府决策的有关社区建设的重大方案和重大措施；审定向上级报告的有关社区建设重大问题的工作报告和重要文件，研究社区建设的重大活动、会议的安排意见；听取各区、市直有关部门的重要工作汇报；审定以委员人名义授予或者向上级推荐的各类荣誉称号；对各区、市直有关部门和单位社区建设年度工作的完成情况进行督促检查等。

（2）各社区建设指导委员会　由区委、区政府主要领导担任正、副主任，有关部门领导人参加。主要职责是指导、协调、督促、检查全区范围的社区建设工作。

（3）各街道社区建设指导协调委员会（或社区管理委员会）　一般由街道办事处党政主要领导担任主任，吸收辖区内与居民相关的有关部门及企事业单位负责人参加。负责研究部署、综合协调全街范围的社区建设工作。值得注意的是，在青岛市社区建设的管理体系中，民政部门举足轻重。市区两级社区建设工作委员会（指导委员会）办公室都设在民政局，由民政部门负责日常事务。

课间休息

"万能章"背后的思考

近年来，各大媒体相继报道社区的"万能章"事件，摘录如下几条：

报道一："以前居民家里有什么事，大家都习惯去社区委员会开个证明，现在居民们感觉这印章不好盖了。"记者通过与社区工作者的交流中发现，由于不少居民把社区当成了"多管局"，社区盖章五花八门，趣事不断，引来的麻烦当然也不少。

报道二：去年，某社区就因给居民出具了一份证明，引来了一场官司。居民齐女士要离婚，法院让社区出个证明，证明她与丈夫分居多年。社区干部并不想给她盖这个章，但是她天天到社区哭诉她的不幸，社区干部动了恻隐之心，帮了她这个忙。结果男方得知后，不依不饶地质问社区干部凭什么说他们分居多年，凭什么出具证明？最终男方将社区告上了法庭。

报道三：办理房产抵押贷款时，银行要求居民去社区盖"收入证明"章；想开个疾病诊断书，医院也要求居民先去社区盖章；领包裹单上的姓名错了一个字，邮局要求当事人去社区开"两个名字同属一个人"证明，也用公章……最近，记者走访了多个社区，许多社区主任半开玩笑说，社区公章都快成了"万能章"。但这并非好事，因为每盖一个章，主任们就会多一份担心。

"万能章"现象的原因分析：

（1）行政力惯性的结果　社区作为居民的自治组织，本是化解矛盾、维护居民利益、为居民服务的机构，但许多行政部门、企事业单位仍然沿袭原有的惯例和体制，要求社区出具证明，难免有些形式主义。

（2）法律法规不完善　社区居民委员会是居民自我管理、自我教育、自我服务的基层群众性自治组织。社区应协助政府开展工作，但是民政部尚没有相关法规规定现行的社区居委会要盖哪些章、不能盖哪些章。但社区印章的使用不得超越居民自治组织的职责范围。

（3）权限边界不清晰　社区主要为没有单位的居民出具计生、低保待遇等证明。有单位管理的职工除了准生证、计生证明外，其他的证明没有必要让社区开。许多居民打官司、贷款、户口等所需的证明都要到社区盖公章，一些职能部门的证明也要求社区盖章，这实在是"强人所难"。同时，政府某些职能部门存在责任转嫁问题，如公证处、民政局、保险公司、房地局、工商局、公安局等，为不承担责任经常让居民来社区开各种各样的证明。虽然有明确规定这些证明社区不能开，但居民不满意、有怨气，造成社区干部与百姓的对立，不利于社区工作的开展。

（4）形式主义危害大　社区红印成了"万能章"，并不说明社区真的有多大权限，而恰恰是折射了一些职能部门的"懒政"，是为了转嫁责任。居民也是左右为难，不盖章事就办不成。在"盖章问题"后面，反映出的是一些职能部门的形式主义。因为这个形式主义，社区干部没少烦恼。呼吁能够减轻他们各项工作的压力，好让他们有更多的精力和时间为社区居民做实事。

任务三　创新我国新型城市社区管理模式

任务描述

随着市场经济的发展，社会由纵向单一型的链式结构变为纵横交错的网络型结构，社会功能、人们的生活方式和社会需求、社会组织间的相互关系等都日益趋于多元化。社区成为人们安居乐业的重要场所和实现社会整合的基础单元。时代呼唤着建立新型的城市社区管理模式，以适应社会发展的需要。

任务实施

在创新城市社区管理模式的过程中，我国各城市和地区进行了大量的探索，下面是对北京市朝阳区探索"绩效型"社区管理模式的介绍：

"绩效型"社区管理模式的一项探索

我国现行的城市管理模式为"市—区—街道—社区"的四级管理模式，通常被称为"两级政府、三级管理、四级延伸"。在这个体制中，最具争议的就是"街道—社区"两级关系。在理论上，"街道—社区"关系的探讨是城市管理体制研究中一个重要课题；在实践上，"街道—社区"管理模式的改革是中国城市管理体制改革中一个变化最快、最多的领域。作为市辖区派出机构的街道和作为城市基层自治组织的社区，虽然都不是一级政府，但是在城市管理体制改革的探索中，却是最重要的两个层面。街道和社区的体制改革，被称为"静悄悄的革命"。这个领域的改革，涉及民主自治、基层普选、转变政府职能等一系列重要问题，具有十分重大的理论意义和实践意义。

北京市朝阳区八里庄街道通过在社区设立"社区政务工作站"，协调各类政府部门派驻社区的协管员，承担街道在社区的各种行政性工作。这样，既减轻了社区居委会的行政性负担，明确了其作为社区自治组织而非政府行政在社区中"跑腿"的角色定位，加强了基层民主自治，同时又转变了街道不深入社区而高高在上的工作作风，树立起亲民务实的新形象。实践证明，八里庄街道通过在社区设立"社区政务工作站"，建立起了一种"以民为本"的绩效型"街道—社区"管理的新模式。

社区政务工作站建立后，在社区层面形成了"一个核心、两套工作体系"的新型社区工作模式："一个核心"是指将社区党委建设成为坚强有力的领导核心，"两套工作体系"是指围绕社区居委会形成充满生机活力的居民自治工作体系和围绕社区政务工作站形成精干高效的社区行政事务工作体系。这样的工作体系的建立，结果是社区党委的政治绩效、街道办事处的行政绩效和社区居委会的自治绩效三者都得到了加强。最终，这些绩效落实到社区居民层面，使得社区居民办事更方便了，很多事情不出社区由"社区政务工作站"就可以解决。社区自治加强了，文体活动、便民服务丰富多彩，真正实现了"以民为本"的全面绩效。

1. 社区党委政治绩效的加强

社区党委在社区的领导核心作用通过新型社区工作模式得到更充分的体现，政治绩效明显。社区政务工作站建立以后，社区党委的领导核心地位得到强化，通过主持社区居委会和社区政务工作站的联席会议和更大范围的社区议事协商会议，在协调社区政务工作站，社区居委会、社区单位之间的种种关系的过程中体现民意。社区党委总揽维护社区稳定和社区全面发展的大局，积极协调，及时、有效地解决问题，改变了过去社区党委陷入具体的社区事务之中的局面。在为居民办实事、谋利益中，社区党委获得了居民更广泛的拥护，党的凝聚力、感召力得到进一步强化，社区党委在基层社区中的领导核心地位得以进一步巩固和加强。

2. 街道办事处行政绩效的加强

通过在社区设立"社区政务工作站"，街道办事处工作重心下移到社区，并统筹管理政府部门派驻社区的各类协管员，街道工作真正深入了社区。一方面更多地了解了基层，可以有的放矢地开展居民需要的更加深入的工作；另一方面使得街道职能部门的行政能力加强，行政效率和行政效果明显增强。

3. 社区居委会自治绩效的加强

社区政务工作站的建立，真正把社区居委会从政府职能部门下派社区的各类繁杂的行政性工作中抽离出来，使社区居委会能够把主要精力集中在落实社区自治、推进社区民主化进程上。社区居委会通过开展各类活动，增强了社区居民对于社区事务的参与，同时为居民提供更多样、更贴心的个性化服务。

4. 以民为本的"全面绩效"的加强

社区党委、街道办事处和社区居委会三方绩效的加强，最终受益的是广大居民。在社区党委协调下，政务工作站和社区居委会积极开展工作；百姓的各种行政事务的办理更加方便，甚至大多数的事情不用出社区，通过政务工作站就可以完成；同时社区居委会更是把社区文体等各类活动组织得有声有色，大大丰富了居民的生活。另一方面，社区政务工作站的建立，使得居民多了一个反映意见的渠道，这就如同一种竞争机制的引入，使得党委、工作站和居委会三方工作都得到加强，对于居民的服务更加周到。居民社区参与增多，社区归属感增强.

北京市朝阳区八里庄街道在社区设立"社区政务工作站"，协调各类政府部门派驻社区的协管员和其他相关人员，承担街道延伸到社区的行政性工作，建立起一种新型的"以民为本"的绩效型"街道—社区"管理模式，是对既有城市社区管理模式的重大改革。社区政务工作站设立以来，社区工作站的行政工作者积极性较高，各项工作逐渐得以展开；试点的社区居委会工作正常，观念逐渐转变，正向着自治方向健康迈进。

任务引导

随着社区需求的多样化、利益主体的多元化、功能的社会化和网络化趋势的加强，传统社区管理模式依托的社会基础和环境发生了根本的变化，我国新型城市社区建设呼唤着适应新环境的社区管理模式。我国新型城市社区管理模式的探索和实践，应如何借鉴国内外已有的经验？应遵循怎样的原则和路径？这些都是值得我们不断探讨的问题。

知识链接

根据我国城市社区组织管理的现状与发展趋势，参照国内外有关城市社区管理模式，我国新型城市社区的管理模式，应遵循以下原则。

1. 坚持以人为本，构建多元化社区组织体系

由于我国具有多元化的社会经济现象，使得社区整合也必然是多元化的。构建新型社区组织体系，就是要根据社区管理、社区服务的需要，培育具有独立法人资格、以社区为活动区域的公益性、事务性、中介性社区组织和职业性公司，依靠它们进行社区内的管理和服务活动。政府行政组织则主要进行宏观协调与监督。具体地说就是要进行组织角色的确定，原来政府的派出机构如街道办事处应从"家长"这种管理角色中退出，把一些社会性管理与服务职能交给相应的社区组织来完成，转变政府职能，变全能管理为权能管理，放权给社区组织；以法律形式确定社区组织的地位与作用，使其成为独立的具有法人资格的团体，而不再是政府的依附。我们要构建一种多元社区组织管理模式，既要兼顾已有的街道办事处、居委会，还要纳入一些新型组织以补充街道社区的不足。具体操作上，可以在城市社区组织管理体系中设立和完善社区管理委员会、社团组织、企事业组织等。

社区管理委员会作为社区常设机构，行使社区管理的宏观决策权。它是实行社区管理的主体，应在上级政府指导下，通过召开社区各方代表参加的"社区代表大会"，由与会代表选举产生。委员会成员由政府代表、各社区组织代表、社区居民代表和社区内各企业、事业等单位代表组成，具体人数和代表构成视社区规模和社区性质而定。在委员会中，各方代表地位平等，集体进行管理决策。其中，政府代表由街道办事处主任和其他行政职能部门负责人担任，主要起沟通制衡作用。社团组织主要指社区中各类公益性、服务性、中介性组织。社团组织主要是社区管理委员会决策的执行组织，社区管理委员会具体通过它来实现对社区事务的管理。社区成员的生活问题可以通过社团组织得到解决。政府应转变职能，大力发展各种社团组织，把过去由政府包揽的社会职能分配给社团组织，由它们来承担，以减少政府负担。企事业组织一种是一般性生产、经营服务单位，它不参与社区内的具体管理与服务活动，但通过参加社区管理委员会，与社区其他组织沟通，可享受社区提供的各项服务，同时有义务为社区发展提供人力、物力、财力上的支持。另一种是社区内专业性的行业管理公司，如物业管理公司，这类公司的管理服务内容与社区管理委员会有交叉，所以要通过参加社区管理委员会明确自己相应的权限，其主要职能应以社区内的物质设施为重点。

2．明确发展方向，积极推进社区管理制度创新

随着新的社会管理体制的出现，在多元化社区组织体系下，要充分发挥社区在城市现代化和城市系统运行中的功能，满足社区居民共同生活的需要，必须进行社区制度的创新。

1）推进城市社区管理体制的创新，建立以政府为主导，以社区为支点，以居民参与为核心的一体化管理体系。在决策层面，确定一个职能部门行使社区建设的行政主体管理职责，统筹全局；在执行层面，应落实"以块为主、以条为辅、条块结合"的原则，特别是要强化街道层面的载体功能。要增强居民参与社区建设的意识，增强居民的社区认同感和归属感，使居民成为社区的主人翁。主要表现在建立居民参与群众性自治组织建设的制度保障，居民志愿参与社区服务的制度保障，居民与社区各类组织之间沟通协调的制度保障等。

2）推进城市社区建设运行机制的创新，建立高效的民办公助机制，引入成熟的市场运行机制和培育广泛的社会参与机制。社区居民的广泛参与是社区建设良性运行的客观要求。社区建设中许多公益事业的开展，由民间团体组织进行，政府评估补贴，能最大程度地激发社会民间团体从事公益事业的热情。社区建设投入资金的市场化运作可以提高资金使用效率和规范社区建设，如建立社区建设招投标制度，允许社区保障、社区服务与市场供给结合起来，形成非营利部门市场运作的机制环境等。

3）推进城市社区建设中产权关系的创新。社区建设宜采取投入主体多元化、投入形式多元化。要在明确界定标准基础上形成清晰的产权关系，明确相应的权利和义务。积极探索国有资源在社区建设中的投入责任，明确其产权归社区共同所有，让社区共同体及其代表真正对这部分资产负责。可采取划拨与转让等规范的途径，明确国有土地的使用权，公共基础设施、社会福利性设施等产权归属于社区共同体。同时，要建立社区对资产使用者的约束、监督机制，让这部分资产发挥它应有的效用。

3. 深化社区理念，实现个性化社区建设新内容

从目前情况来看，我国社区服务建设思想上还存在很大的误区，主要表现在两个方面。

1）社区服务"商业化"，扭曲了社区服务的目的，将社区服务混同于商业服务，将社区服务看作是发展街道福利的财源经济。实际上，社区服务和商业服务有着本质区别。商业服务是以市场调节为基础的经济型服务，它在利益驱动的基础上，以不断追求利润的增长为自己的目标，其本质是追求利益。社区服务建立在政府的要求和相关政策、规定的基础之上，以社区居民的实际需求为出发点，虽然也有诸如有偿经营和商业化运作的问题，但其本质依然是以人为本。由于社区服务供给价格受到更多限制，因此在社区层面，很多时候社区服务所做的也是市场服务所不愿做的事情。

2）将社区服务混同于政务服务。很多街道和城区为方便居民办事，将过去政府职能部门与群众密切相关的业务下沉到专门的社区服务中心，开展"一厅式"或"一站式"办公。从历史比较来看，这当然是好事，但有些街道往往将这种"一站式"办公看作是社区服务的内容，甚至当作社区服务的全部内容，造成其他社区服务项目没有得到开展，社区服务中心形同虚设。实际上，"一厅式"或"一站式"办公的大多数内容都是政府行政事务，在相当程度上只意味着政府工作作风和工作方式的转变和改进，而不是真正的社区服务的拓展。

在个体化、个性化、多样化和非组织化的社区内，每个人在不同时间内有不同的生活需求。社区建设是一个社区内的整体建设，实现个性化社区建设，应从优化社区服务、加强社区治安、发展社区文化、美化社区环境、兴办社区医疗等多方面入手。

4. 加快社区立法，规范社区管理机制

法律是公共管理的最高准则，社区各类组织和居民都必须在法律划定的范围内活动。如果法律没有清楚地划定社区组织、居民之间的权利界限，就容易引发争议，造成管理的低效率。如果法律的规定得不到遵守，也同样不可能实现城市基层管理体制的转型。

当前，我国还没有对于城市社区管理和社区建设方面的专门法律。《中华人民共和国宪法》只是对城市居民委员会的地位和职能作了原则性的规定，《城市街道办事处组织条例》只是对街道办事处的地位和职责作了规定。但是，应该看到，在现实中，这些法律法规往往很难得到执行，或者只是以变通的形式加以执行，这不仅在很大程度上违背了当初立法创制的本意，而且损害了法律本身的权威。社区建设在法律上和现实中的这种错位并非偶然，原有的计划经济要求政治上的超强控制，城市居民委员会也就不可能自治。街道往往利用自己掌握的政治和经济资源，将居委会"改造"为自己的"派出机关"，形成事实上的上下级关系。一些新兴的社区组织，如物业管理、业主委员会、社区志愿者组织等与街道、居委会之间的关系，也缺少法律上的规范。由此引发的各类组织之间的权利纠纷时有发生，一定程度上影响了高效、协调的社区管理机制的形成。

就目前来看，国家应根据新的形势加强立法工作，逐步制定社区管理和社区建设的专门法律和相关法律，并增强其可操作性，使社区建设有法可依。当前较为紧迫的任务是，吸收近年来各地在推行社区建设过程中取得的经验和行之有效的做法，尽快修改《居民委员会组织法》，制定《社区服务办法》等一系列与社区居民日常生活密切相关的法律法规，使之与城市社区建设的现实需求相适应。在国家层面的法律法规没有出台之前，各地可以从实际出发，先行制定地方性法规，规范社区内各权利主体的活动。

5．建设数字社区，走协调可持续发展的道路

新一代的社区处于信息时代，社区的规划建设应该将建立信息交流和人际交流的网络系统作为重要目标。当今社会信息化、网络化进程的迅猛发展，使得各行各业随着互联网技术的全面应用开始发生巨大变革。互联网极大地提高了人与人之间信息沟通的效率，社会经济各个环节都在享用网络技术带来的好处。数字社区是以网络化、智能化及信息化为基础，定位于为城市社区生活提供全方位、多元化服务的数字化社区服务体系。它集中了社区宽带网络系统、社区服务系统、社区管理系统、智能控制系统和互联网应用等先进技术，实现了多系统融合，反映了现代城市发展的特点，为现代人构建了服务于实际生活的数字化空间，是城市发展中新的经济增长点和可持续发展的保障。

遍布小区的安防系统、现代通讯系统、计算机网络和有线电视系统、物业管理服务系统，以及"VOD点播"、"一卡通服务"、"电子商务"、"数字图书"等，都是数字社区带来的。互联网络技术的发展和应用不仅改变着人们的工作、商务模式，也改变着人们生活的观念和方式。Internet将改变人们居家生活的方式，使家庭住户对生活方便性、灵活性和多样性的需求不断得到最大化的满足，人们开始通过互联网接受教育，获取新闻、娱乐、保健等咨询与服务，并在网上订购商品等。数字技术将为我们提供一个安全、舒适、便捷、节能、高效的生活环境，并将实现以家庭智能化为主的、可持续发展的、具有21世纪风范的智能化社区。我们有理由相信，数字技术在各个领域的日益发展和应用，宽带的倍数增加和应用范围的扩大，"数字社区"已经不再是一个概念，而是一种经济。数字社区将深深影响着一切与人们生活息息相关的产品制造、服务企业或产业的未来发展，从而使得我们有机会享受信息化技术带来的高品质生活。

案例阅读

大连市创立社会导向型"三位一体"社区管理模式的启示

社会导向型"三位一体"的城市社区管理模式，主要是指以城市社区居民（业主委员会）为核心，联合社区内各种主体组织、机构，主要是物业管理公司和居委会，形成"三位一体"，共同参与社区事务管理，实行真正民主自治的城市社区管理模式。其优点是能够调动社区内居民广泛参与社区事务管理的积极性，有利于社区居民对社区认同感和归属感的形成，有利于形成良好的社会风尚，避免了"全能政府"的难以为继和市场运作的种种问题。

目前，大连市政府在林海等社区，创立了这种社会导向型的"三位一体"社区管理新模式，这一社区管理改革实践对探索城市社区管理体制创新的新途径，对促进社区管理效率与质量的提高都具有积极意义。

"三位一体"社区管理模式与单一的居委会、物业公司社区管理模式相比，归纳起来，主要有以下几方面积极的现实意义。

（1）有助于减轻城市政府的财政负担　具体体现在：精简机构、减少人员和提高素质以及节约场地等；社区管理模式改革后，居委会原有的人、财、物由新成立的社区管理机构集中使用，用于社区管理服务，有效减少了社区管理机构对城市政府的财政依赖程度。

（2）有利于资源共享机制的形成　新成立的社区管理机构作为社区管理服务自治组织，

可以协调社区内各种关系和各类资源，组织开展丰富多彩的社区管理服务活动，达到社区公共服务设施公用，资源共享，使社区全体居民和辖区单位从中受益。

（3）有利于优化社区管理 社区管理体制改革的本质是通过赋予新的基层组织新的职权来充分调动辖区原有的闲置资源。大连市林海社区实行"三位一体"社区管理体制后，职能设定较居委会明确合理，较物业公司服务质量好，并且得到政府的一部分行政授权，在实际管理中不会像居委会那样有责无权、名实不符。同时，新成立的管理机构与辖区内的派出所、工商所、机关事业单位以及其他一些社区组织形成协同共管机制，达到了优化社区管理的目标。

（4）符合社区管理体制的发展方向 城市社区管理民主自治，是世界各国城市社区管理发展的必由之路。"三位一体"社区管理模式，避免了居委会管理、物业公司管理的一些弊端，却吸收了他们各自的优点，也使社区管理逐步走向规范化、社会化、商业化和自律化，符合城市社区管理的发展方向。

课 后 实 训

1. 国内外探索形成了哪些典型的社区管理模式？它们形成的社会背景及对社区建设的影响分别有哪些？

2. 通过综合分析国内外已有的社区管理经验，结合你对社区的认识，谈谈你对创新我国新型城市社区管理模式的看法。

项 目 三

社区管理评估认知

项目概述

社区管理是在一定的社会环境下，社区基层组织与社区居民、社区单位等部门或机构，为了维护社区整体利益、推动社区全方位发展，采取一定的方式，对社区的各种事务进行有效调控的过程。社区管理对社区加强管理、有效推进社区建设，扩大基层民主、依法进行自治发挥重要作用。本项目要求学生能够了解社区管理评估的含义和意义，掌握社区管理评估的原则、内容和方法，设计社区管理评估体系。重点培养学生对社区管理指标现状的认识和管理指标的设计能力。

背景介绍

社区是社会的基本单元，是党委、政府创新社会管理、提供公共服务的基础平台。社区管理评估是创新社会管理，推进社区规范化建设的内在要求。社区管理评估的意义是什么？社区管理评估的现状怎么样？社区管理评估的主体是什么？社区管理评估工作的基本特征是什么？社区管理评估方案的原则是什么？怎样设计社区管理评估方案？这些都是社区管理评估认知项目学习中重点学习的内容。

任务一　调查社区管理评估工作现状

任务描述

社区管理评估是评估社区管理工作优劣的一个重要衡量手段，又是评估社区公众需求的满意程度和实现社区目标的关键所在，从实践来看掌握社区管理评估现状是一个社区管理者基本工作技能。请阅读下列材料，从中获取启示，尝试归纳和总结社区管理评估的目的、意义、评估原则和评估形式。

任务实施

金盆岭街道2009年社区管理考核评估办法

第一章 总 则

第一条 为确保实现街道工委、办事处提出的 2008 年"建设繁荣和谐金盆"的工作目标，客观评定全街各社区的工作实绩，严格奖惩兑现，特制定本办法。奖惩的原则是奖勤罚懒，奖优罚劣，适当拉开奖励档次，不搞平均分配。

第二条 评估的原则是：实事求是、客观公正、注重实绩、群众公认的原则；定量评估与定性评估相结合的原则；平时评估与年终评估相结合的原则。

第三条 纳入 2009 年工作目标管理评估的社区 11 个。

第二章 考核评估

第四条 组织机构

考核工作在街道工委、办事处的领导下进行，由街道社区管理评估领导小组组织实施。街道社区管理评估领导小组由街道工委书记任组长，办事处主任、党群副书记分管社区建设，办事处副主任任副组长，成员部门由党政办、社建办、经济办、综治办、计生办、城管办、财政所组成。领导小组下设办公室，主要负责日常社区管理评估工作，由街道纪委书记任办公室主任。

第五条 考核内容

（一）主要评估各社区经济发展、劳动和社会保障、党政群团、文明创建、社会治安综合治理、计划生育、城管爱卫工作。

（二）各社区的创新性、特色性工作。

第六条 评估程序

目标管理评估分平时评估和年终评估，以年终评估为主。

平时评估主要是督促、检查各社区执行年度工作目标的进展情况；年终评估由街道考核评估领导小组牵头，由街道党政主要领导带队，各相关考核评估成员部门参加。

考核具体程序是：

（一）总结报告。各社区全面总结本年度工作目标完成情况，写出书面总结，如实向街道考核评估领导小组汇报，并按要求提供申报奖励加分项目的材料。

（二）考核评估计分。年终由街道党政主要领导带队，考核评估成员部门领导及派人组成考核组。街道考核领导小组认真审核评估各社区工作目标完成情况，检查相关资料，按照考核评估评分细则的标准和要求，客观、公正地计分。

（三）双向测评。由街道党政领导对社区民主测评；分别由社区工作人员、居民楼栋组长、党员代表、低保户代表、驻区单位代表 10 人及社区成员代表对"两委"班子及社区书记、主任测评。

（四）汇总结果。街道领导小组根据各社区的基本得分，双向测评，奖励加分、扣分和"一票否决"的情况，汇总年终考核评估总成绩。

（五）确定名次。街道考核领导小组审核各社区年度考核评估总成绩，提出考核评估等意见，报街道党政领导班子会议研究决定。

第三章　计　分

第七条　年度考核成绩采取 100 分制计分，主要包括平时考核完成情况（15%）、年终工作目标完成情况（55%）和双向测评情况（30%）。

第八条　平时评估由社区建设办牵头，主要是督促、检查各社区执行年度工作目标的进展情况，每季对社区进行一次督查，并将督查结果予以通报。

第九条　年终考核评估由街道考核领导小组牵头，由街道主要领导带队、各相关评估成员部门参加，以《金盆岭街道 2009 年社区工作目标评估细则》为准进行考核，并实行奖励加分和扣分制度。

第十条　双向测评按 100 分计分，主要包括社会治安群众满意度、社区环境群众满意度、文化活动群众满意度、社区服务群众满意度和干部作风群众满意度等内容，分街道党政领导、居民群众两个类别进行，分别占 40%、60%。

在本年度出现下列情况的社区，不得评定为第一名。

（一）计划生育、社会治安综合治理、安全生产实行一票否决制，被一票否决的社区工作基本分计零分。

（二）社区"两委"班子在作风建设中出现违纪违法行为的不得评定为一等奖。

（三）在目标考核和管理考核中弄虚作假的取消考核评比资格。

（四）取消省级、市级文明社区称号的分别扣 3 分、2 分。

（五）出现某些重大问题造成严重影响的年度考核评估总分在 85 分以上的为达标社区。

第十一条　街道党政领导和居民群众对社区的测评工作主要采取无记名问卷调查、电话查访、无记名投票等方式进行。根据评估内容按 100 分计分，测评对象作出"满意"、"较满意"、"基本满意"、"不满意"四个档次的评价，分别对应系数 1、0.8、0.6、0.4。计数公式为

双向测评对象评估得分 =（"满意"个数×1＋"较满意"个数×0.8＋"基本满意"个数×0.6＋"不满意"个数×0.4）/有效评估个数×100。

双向测评情况评估得分=党政领导干部评估得分×40%+居民群众评估得分×60%。

第十二条　奖励加分办法

（一）基层民主政治建设中，社区获得国家、省及各类荣誉称号的分别加 2 分、1 分、0.6分；获得区级各类荣誉称号的加 0.3 分。

（二）文明创建加分

在精神文明共建活动中，社区有经常性、群众性文化体育活动，并有一定影响的文化团队，积极参加市区、街文体专题活动，在市、区文明创建活动颇有影响、有突破，加 0.5 分；得到市、区领导充分肯定认可的加 1 分；年终获得区级以上名列前三荣誉称号的，本年度评为党建示范社区的社区加 0.2 分。

（三）创新性，特色性工作加分

1. 凡社区的创新性、特色性工作，被《湖南日报》、《长沙晚报》头版头条专题推介的加 0.3 分，次头条专题推介的加 0.2 分；被省、市新闻媒体推介的加 0.2 分。

2. 凡社区的创新性工作，在省、市有关工作会议上被重点推介或典型发言的社区分别加 0.5 分、0.2 分。

3. 凡社区的创新性、特色性工作被区委宣传部、组织部、区民政局认同推介的加 0.2 分，并奖励 1000 元。

第四章　奖　惩

第十一条　达标社区按照年度考核评分总分数高低，排名第一的为目标管理一等奖 1 个（先进社区），其社区书记、主任比其他街道先进上浮 30%，排名第二至第三的为二等奖 2 个，位居第四名及以后的均为三等奖。85 以下的，取消社区书记、主任本年评先资格，社区工作人员发 50% 奖金。

第十二条　奖励办法

凡年度考核被评为目标管理考核评估先进社区的，由街道工委、办事处授予"2009 年目标管理先进社区"荣誉称号。

第五章　考核评估纪律

第十三条　考核评估成员部门和参加考核人员要认真履行考核职责，按照规定的程序和要求实施考核，全面准确、客观公正地反映考核对象的情况，对考核材料的客观真实性负责，各社区要正确对待考核，实事求是地反映全年工作目标完成情况。

本办法由街道考核评估领导小组负责解释，从 2009 年 1 月 1 日起实施。

任务引导

（1）进行社区管理绩效评估的的在于全面系统地对社区的各项工作，按照一定标准作出客观、公正的评价，以推动城市社区管理工作不断跃上新台阶，同时，通过评估的信息反馈，及时改进社区管理工作中的问题和不足，不断改进社区成员对社区工作的满意度。

（2）通过对社区管理绩效评估，可以发现社区管理目标的实现情况如何，还需要加强哪些方面的工作，可以为今后更好的推进社区管理目标的实现明确重点，指明方向，增添动力。

（3）社区管理评估可以通过测算管理成本、确定社区资源利用率和使用率的方式来进行。绩效评估的结果，不仅会促进社区管理的进一步强化，而且还会促进社区资源更为有效的利用和整合。

知识链接

1. 社区管理评估目的及意义

（1）通过社区管理评估实现社区管理的目标　社区管理评估是连接社区管理者个体行为和社区管理目标之间最直接的桥梁。社区管理涉及综合治理管理、党员管理、计生管理等，这些管理都由社区工作者具体操作，社区管理评估也是对社区工作者工作的一个评估。社区工作者如果不能完成工作指标，社区管理的指标就难以实现。因此在这种情况下，评估社区管理，就能够将社区工作者的个体行为导向社区管理整体目标中，从而建立起社区工作者个体行为与社区管理目标之间的联系。

（2）通过社区管理评估改善社区管理　对于社区管理整体而言，可以作为社区组织建设、发展改善的基础。通过整体管理评估，可以发现社区建设状况，及时了解社区发展战略实施过程中存在的问题，并通过修正策略，跟踪行动计划，从而保证社区发展目标的实现。

（3）有利于充分利用和整合社区资源   任何管理都需要管理成本，社区管理也不例外。要提高成员对社区的满意度，就必须充分利用社区的各种资源为其成员服务。一方面，要大力挖掘社区现有资源，这些资源可以是通过各种渠道从社区外输入的，也可以是社区单位、机构、组织和团体投入的，还可以是社区成员自愿付出的。另一方面，要千方百计提高社区资源的利用率和使用率，因为它既可以满足社区发展的需要，又不增加社区的负担。社区管理评估的结果，不仅会促进社区管理的进一步强化，而且还会促进社区资源更为有效的利用和整合。

2．社区管理评估的原则

社区管理的评估结果，涉及到社区管理工作的评价，其结果的好差，直接影响到社区工作者绩效考核、社区管理优劣、社区建设成果。因此，为使社区管理绩效评估具有客观性、准确性、权威性，必须坚持社区管理绩效评估的全面、综合、科学和公正的原则。

（1）客观公正原则   坚持以事实为依据，注重分析客观条件和外部环境等多方面因素的影响，实事求是地分析评估社区班子及社区工作人员工作实绩，确保考核工作的公正、公平和真实性，如果评估的结果没有权威性，就会与评估的要求和目的背道而驰，甚至会对社区的管理方式和发展方向起误导作用，引发虚假浮夸、不在工作中下功夫而在评估上使力气的不良作风。

（2）科学性原则   社区管理评估对社区建设有指向性作用，在制定评估标准的时候应该紧紧围绕经济发展、民生建设和社会稳定的目标，科学合理地制定考核内容和考核指标。社区管理评估的科学性原则表现在 3 个方面：评估指标科学，评估过程科学，评估方法科学。所谓评估科学性，就是遵循一定的规律和规则办法，建立一定的客观规范的评估指标，最大限度地做到客观、准确。坚持科学性的原则，对评估中发现的问题也有了客观依据，减少了对评估结果的歧义，有利于针对性、有效性地改进工作，解决社区管理工作中存在的问题。

（3）全面性原则   社区管理绩效评估的全面性原则是指评估项目必须涵盖社区管理各项主要内容。社区管理主要内容包括社区服务、社区治安、社区环境、社区文化、社区经济、社区生活质量等方面。对社区管理绩效评估，这些主要方面的内容均应一个不漏地纳入评估的指标体系，在全方位考察社区管理主要内容的基础上，还要依据各环节间的相关性，综合确定评估权重。

3．社区管理评估的形式

评估的形式可以分为 3 种：

（1）过程评估   过程评估是对整个社区管理工作的监测，它对社区管理的每一步骤、每一阶段分别作出评估，关注管理中的各种步骤和程序怎样促成最终的结果。过程评估提供有关社区管理过程中的各种信息，包括社区管理目标、社区管理过程、社区管理的影响。也就是说，过程评估是对社区管理的一种全程跟踪评估。在评估的初期和中期，过程评估的重点是评估社区管理的工作和技巧，适时修正社区管理方案，改进工作技巧。

（2）总结评估   总结评估是在社区管理的最终阶段进行的评估，包括目标结果和理想结果两个方面。其中，目标是指社区管理要努力达到的方向；结果是社区管理的直接和最终效果。总结评估是对产出结果的一种评估，通常是社区管理过程结束时进行，它关注的是预期的目标或者结果是否达成。

（3）效益评估 效益评估注重管理的成本效益，即在一定的成本下，提供社区管理所获得的成果是什么。效益评估主要针对的是社区管理的成本和管理产出之间的比例。

案例阅读

南湖社区评估考核办法

第一章 总 则

第一条 为进一步深化社区管理体制改革，加快推进和谐社区建设，建立制度规范、管理有序、运行高效、居民满意的社区管理机制，结合我区社区实际，制定本办法。

第二条 区民政局负责社区评估考核的组织指导。

第三条 本办法适用于全区各社区。

第二章 评估考核原则

第四条 评估考核应坚持以下原则：

1. 实事求是、客观公正的原则；

2. 量化指标、规范程序的原则；

3. 突出重点、注重实效的原则；

4. 科学合理、便于操作的原则。

第三章 评估考核内容

第五条 构建以群众评议和专业考核相结合的"四位一体"考核评价体系，即民意调查、模块管理评价、三报告一评议和常规工作规范考核，其所占权重分别为 30%、20%、20%、30%。

第六条 民意调查。由区统计局负责，委托省民调中心，每季度每个社区抽取 40 户有效样本对社区居民进行电话随机采访，主要围绕生活便利、交通出行、治安环境、教育医疗等 7 个方面 21 个具体问题，开展定期民意调查，统计群众满意率和问题整改率。每季度的民调结果经加权后，以 20% 的占比纳入社区的年度评估考核之中。

第七条 模块管理评价。由区城管局负责，运用城市模块化综合管理系统，及时发现社区环境管理方面存在的问题，迅速反馈至各有关社区，在第一时间内督查整改，将每个月的反馈处理结果经加权后，以 20% 的占比纳入社区的年度评估考核之中。

第八条 三报告一评议。由区委组织部、区民政局负责，每半年召开社区群众代表大会，社区党组织书记、居委会主任和社区管理服务站站长分别向社区群众述职，全面报告工作情况，并现场接受问询，由自荐报名产生的社区群众代表进行现场测评并公布测评结果，将评议结果以 30% 的占比作为社区年度评估考核的重要指标。

第九条 常规工作规范考核。由区委组织部、区民政局负责，主要对社区工作的程序化、规范化等进行量化评估考核，重点考核委、居、站的工作制度是否完善，工作流程是否清晰，工作规范是否明确，运行机制是否健全，考核结果以 30% 的占比纳入社区的年度评估考核。

第四章 评估考核方式

第十条 实行年度评估考核，评估考核应在每年的 12 月底前完成，可与年度工作总结一并进行。

第十一条 区民政局牵头成立社区评估考核小组，统一对各社区进行评估考核，同时受理社区居民对社区评估考核的投诉、举报。区民政局将社区的年度评估考核情况，于翌年的 1 月底前报区社区党建和社区建设领导小组，并将评估考核结果在全区通报。

第五章 评估考核结果及运用

第十二条 社区的评估考核实行百分制，考核结果分一类、二类、三类 3 个等次，综合得分在 90 分（含 90 分）以上的为一类等次，70～90 分的为二类等次，70 分（含 70 分）以下的为三类等次。

第十三条 有下列情况的加分，加分总分不超过 6 分。

1. 工作中有创新、效果明显，工作经验在全国推广的加 6 分，全省推广的加 3 分，全市推广的加 2 分，全区推广的加 1 分。

2. 因工作成绩突出，受到国家级部门表彰的加 8 分，受到省委、省政府及其部门表彰的加 5 分，受到市委、市政府及其部门表彰的加 3 分，受到区委、区政府及其部门表彰的加 1 分。

第十四条 有以下情形者予以减分，总分不超过 6 分。

在各级机关明查暗访中，经发现并查实有违禁事项的，与上述加分第二款同级别等值扣分。

第十五条 评估考核结果运用在：

1. 年度评估考核为一类等次的，社区方可参加年度各类先进评选。

2. 年度评估考核为三类等次的，实行一票否决，社区不得参加各类评先评优。

3. 年度评估考核为一类等次且排名位列前三名的，分别给予社区一次性 20000 元、10000 元和 5000 元的奖励。年度评估考核为三类等次且排名位列后三名的，全区通报批评，社区要认真查找问题及原因、限期整改；排名连续 2 次末位的，社区主要负责人诫勉谈话，调离现工作岗位。

第六章 监督管理

第十六条 建立社区年度评估考核档案。主要内容包括相关会议的记录、民意调查表、模块化信息反馈处理情况、三报告一评议相关资料、评估考核结果等。

第十七条 实行公示审核制度。社区的年度评估考核结果，应在本社区范围内进行公示，公示期为 3 天。有异议的，可向区民政局反映，区民政局将在查实后予以考虑是否调整。

第十八条 建立举报核查制度。居民有权对社区评估考核工作中的弄虚作假等问题向区民政局举报，区民政局视情况组织调查核实，一经查实社区存在此类行为，将视情节给予责令立即整改、通报批评或取消当年评比资格等处罚。

第七章 附 则

第十九条 本办法自印发之日起执行。

第二十条 本办法由区民政局负责解释。

课间休息

把群众满意度作为评估社区工作的唯一标准

社区是社会的基本单元，是党委、政府加强社会管理、提供公共服务的基础平台，也是扩大基层民主、依法进行自治的基础领域。就社区发展而言，应该是面向群众，社区工作的对象是居民，居民是社区建设的主体，社区建设真正的资源和动力也是居民。因此，社区要集中精力为居民服务，真正把居民满意度作为评估社区工作的主要标准。

当前社区负担呈现3个特点：①工作内容行政化；②人员配置分散化；③工作方法形式化。

要全面推进和谐社区建设，必须理清减轻社区负担的具体思路，引导社区把主要精力放到为居民服务上来。

要加强社区信息化建设。按照统一规划、统一标准、资源共享、互联互通的原则，建立统一的实有数据库。以人、户、房为基础，采取以房管人、以户定人、以身份证定人的形式，形成一个相对准确、及时、全面的人口信息系统资料库，并开通网络，完善统一的网络平台，建立专人维护、分片分工采集、定期更新的管理制度，并和公安、劳动社保、人口计生等单位建立共享机制，提升管理的现代化程度。狮子山社区实行的AB岗网络化管理，不失为一种有效探索。

加强社区工作者队伍建设。按照每300户配备1人的标准，选配专职社区工作者，每个社区至少有3名社工获得社会工作者职业资格。要按照选聘结合的思路，扩大选举的民主形式，真正选出群众认可的带头人；对聘用的社工，由民政牵头整合，实行统一入门资格条件、统一管理使用办法。要逐步提高福利待遇，实行社区专职工作者待遇与职工平均工资挂钩，并落实自然增长机制。

发展社区公共服务。加强社区就业再就业服务，加快发展社区养老服务，发展社区教育服务，培育和发展家政服务，规范发展物业管理服务，支持发展社区商业服务、便民利民服务和依托雷锋超市的社区救助服务。同时，明确提出，大力推进社区服务多元化、市场化、规模化。

积极培育社区民间组织。要把培育社区民间组织、志愿组织作为促进社区自治、完善社区服务的重要内容。要求到"十二五"末，每个社区都要培育2支以上的服务类社区民间组织。要简化成立要求。采取登记与备案相结合的促进手段，即对达不到登记要求的，采取在街道备案的形式，在备案条件、资金要求、年审办法等方面予以简化。

加强社区标准化建设。①阵地建设标准化，做到面积达标、地点合适、环境优美、布局合理；②职能事务标准化，做到职能定位准确、权利义务清楚、角色关系协调；③规章制度规范，做到基本制度健全、程序流程清楚、公布形式多样；④队伍管理规范，做到社区居委会干部依法产生、社区工作者职业化管理、社区工作经费落实、福利待遇基本统一、管理机制综合完备；⑤保障措施规范，做到政策措施明白、投入主体明确、考核办法明细。

任务二　掌握社区管理评估的指标体系

任务描述

社区是社会管理创新的重要组成部分。而社区管理评估将是引导和推动社区管理健康发展的主要手段。社区管理评估必将成为民政部门的重点工作之一。社区管理绩效评估指标体系的基本要求是什么？社区管理评估指标体系主要包括哪些内容？社区管理评估的形式主要包括哪些？社区管理绩效评估指标的内容组成？

任务实施

长沙市文明社区考评细则（试行）

社区名称（盖章）：

考评项目	考评内容	考评标准	考评方法	自检得分	考评得分
一、组织机构健全，工作基础好（20分）					
（一）民主政治建设（10分）	1. 社区党建工作（2分）	1）社区内党组织机构健全，积极开展党员志愿者服务活动，总体水平达到"五个好"（1分）；2）积极探索居民区党委、社区单位党委、行政党组织建设，创造过对全市或全区有指导意义的经验（1分）	材料审核		
	2. 社区居民自治（2分）	1）依法执行社区居民委员会直选制度，选民参选≥80%（1分）；2）社区建立以党组织为领导层、社区成员代表大会为决策层、社区协商议事会为监督层、社区居委会为执行层的社区组织体系，有《居民公约》《居民自治章程》，实行居务公开，形成居民双向评议、共同商讨社区重大事务的听证等制度（1分）	材料审核		
	3. 社区公众参与（2分）	1）有社区联席会议等共建制度（0.5分）；2）街道与部队、社区单位共建率≥80%（0.5分）；3）共建结对活动正常，每个对子每年开展活动≥2次（1分）	材料审核		
	4. 社区工作和社区工作人员待遇（2分）	1）实行工作准入社区制度。工作准入社区部门，按照责权利相统一、人财物相配套的原则，落实工作人员和经费，定期接受社区评议和市、区政府考核，评议和考核结果作为部门争先创优的依据之一（1分）；2）加强对社区工作人员的培训（0.5分）；3）社区专职工作人员的养老、医疗、失业保险等待遇得到落实，社区全体工作人员的实际困难得到妥善解决（0.5分）	材料审核		
	5. 群团组织建设（2分）	1）社区妇联、共青团等群团组织完善（1分）；2）积极培育民间组织，发挥作用好（1分）	问卷调查		
（二）创建工作条件（10分）	1. 组织领导（5分）	1）党政领导亲自抓创建工作，把精神文明创建工作列入议事日程（2分）；2）制定创建规划，并纳入社区发展规划，是区级文明社区（1.5分）；3）制定创建实施方案，并明确责任，抓好落实（1.5分）	材料审核		
	2. 工作机制（5分）	1）街道有效发挥精神文明建设委员会及其办公室的作用，有健全的工作制度（1.5分）；2）确保创建经费投入（不少于可支配资金的5%~10%），建立完善的创建投入、监督与管理制度（2分）；3）构建接纳社区单位、行业、居民参与社区建设的平台（1.5分）	材料审核		

（续）

考评项目	考评内容	考评标准	考评方法	自检得分	考评得分
二、社区功能齐全，服务效果好（20分）					
（一）社区办公服务用房建设(8分)	1. 建设面积（m²）（3分）	老城区不得少于300 m²，新城区保证500m²左右	实地考察		
	2. 服务设施（5分）	按照全国文明城市必检点社区验收标准，设有"六室"（即办公室、党建活动室、警务室、计生服务室、图书阅览室、文体娱乐室），"三站"（即社会服务站、社区医疗服务站、社区保障服务站），"一场"（即室外健身场），"一校"（即市民学校），"一市"（即雷锋超市）和一站式服务中心	听取汇报材料审核		
（二）社区服务活动开展（12分）	1. 文化服务（1分）	开展文化进社区活动，尽量满足居民文化、体育需求，并做到制度化、具体化	听取汇报材料审核		
	2. 卫生服务（1分）	开展卫生进社区活动，形成疾病预防、医疗、保健、康复、健康教育、计生技术指导六位一体的服务体系，提供面向特困户、低保户居民的无偿、低偿卫生服务	听取汇报材料审核		
	3. 就业服务（1分）	常年开展就业指导、培训活动，下岗或待业人员培训率达60%以上（0.5分）；建立社区就业"一站式"服务平台，及时为居民提供就业服务，实现社区充分就业（0.5分）	听取汇报材料审核		
	4. 社保服务（1分）	指导失业人员接转社会保险关系，为灵活就业人员提供参保资格审查、社保登记、参保缴费等服务，做好离退休人员社会化管理和服务	听取汇报材料审核		
	5. 法律服务（1分）	设立社区法律援助工作站，开展法制宣传、人民调解、安置帮教、义务咨询等法律服务活动，达到法进社区"五个一"建设标准	听取汇报材料审核		
	6. 科普宣传（1分）	开展科教进社区活动，推广群众需要的各种科普知识	听取汇报材料审核		
	7. 环保服务（1分）	开展环保进社区活动，增强居民环保意识，积极创建绿色社区	听取汇报材料审核		
	8. 救助服务（1分）	建立社区雷锋超市，社区特困群体、优抚对象、老年人、残疾人等弱势群体能得到及时救助，低保户应保尽保	听取汇报材料审核		
	9. 便民服务（1分）	有便民服务热线，社区图书室、文体活动室、雷锋超市等便民服务设施随时向居民开放	听取汇报材料审核		
	10. 政务服务（1分）	社区有一站式社区服务中心，设有政务服务热线电话，为居民提供及时、热情的政务服务。	实地考察		
	11. 市民教育（1分）	市民学校管理规范，每年不少于4次市民教育课	材料审核问卷调查		
	12. 征信建设（1分）	采取有效手段配合工商、公安等部门落实企业、个人征信建设工作	材料审核		
三、综合治理有力，社区秩序好（20分）					
（一）建立健全社区综合治理网络（10分）	1. 居住小区技防、人防、消防水平（5分）	1）居住小区有门卫值班，有安全巡逻等防范制度（在门卫值班室查阅安全巡逻记录等）（2分）；2）新建商品住宅安装有楼宇电控防盗装置，建筑消防设施符合标准，有符合要求的疏散通道和安全出口，楼道没有被占用（抽查1998年以后建的商品住宅）（1.5分）；3）老式住宅安装的消防、防盗设施、制度符合消防、公安部门的相关要求，楼道没有被占用（抽查1998年前建的住宅）（1.5分）	听取汇报材料审核		
	2. 推行"八大员进社区"工作（5分）	推行警员、治保员、巡防队员、人民调解员、治安维稳信息员、消防安全员、法制宣传员、流动人口协管员为主体的"八大员进社区"工作（2分）；开展创建"平安社区"、"平安单位"、"平安家庭"的活动，社区内无黄、赌、毒、封建迷信等社会丑恶现象（1.5分）；居民群众安全感>85%（1.5分）	听取汇报实地考察		

（续）

考评项目	考评内容	考评标准	考评方法	自检得分	考评得分
（二）加强社区综合治理工作（10分）	1. 社区治安综合治理（5分）	1）有人民调解委员会，入室盗窃等可控案件发生率低于全市平均水平；由民事转为刑事案件数量<3起，无群众性矛盾发生；辖区内道路交通死亡率≤4起，开展社区消防建设，火灾发生率低于全市居民火灾平均水平；无重大火灾发生，居民消防意识增强；不发生燃用气死亡事故，安全隐患整改率达80%以上（2分）；2）有效利用专业社会工作者对社区矫正对象、吸毒人员、刑满释放人员进行帮教，上述人员的重犯率低于全市平均水平（1分）；3）严厉打击制售非法出版物的行为，坚决查处传播淫秽、暴力、封建迷信的场所，大力堵截非法制造假冒伪劣产品的窝点（1分）；4）有效预防和减少青少年违法犯罪（1分）	材料审核		
	2. 外来人员管理与服务（5分）	1）掌握外来人员数量，做好区域内外来人员居住登记工作（2.5分）；2）掌握区域内房屋出租动态，做好居住房屋租赁的日常管理工作，有序开展房屋租赁合同登记备案工作（2.5分）	材料审核		

四、基础设施完善，社区环境好（20分）

考评项目	考评内容	考评标准	考评方法	自检得分	考评得分
（一）居民出入环境（6分）	1. 主干道设施（1.5分）	1）行车道路无被侵占、毁坏现象（0.5分）；2）人行道平整畅通，无坑洼积水、被损坏占用等现象（0.5分）；3）隔离护栏、道板、窨井盖等设施完好（0.5分）	实地考察		
	2. 栋间道路设施（1.5分）	1）路面硬化，无明显坑洼积水（0.5分）；2）排水管畅通无堵塞，雨天排水及时，无人为积水（0.5分）；3）路灯无破损，功能完好（0.5分）	实地考察		
	3. 交通管理（1分）	1）交通标志线设置合理，有机动车、非机动车划线停放区域（0.5分）；2）机动车、非机动车分类停放有序（0.5分）	实地考察		
	4. 道路两厢整治（2分）	1）道路两厢无"六乱"现象（乱设摊、乱搭建、乱张贴、乱涂写、乱晾晒、乱堆放），无流动散发小广告等现象（0.5分）；2）网吧、"四小"行业（小饭店、小理发美容店、洗脚按摩店、食杂店）等门店证照齐全，无跨门营业和占道经营现象（0.5分）；3）户外广告、空调挂机、卷闸门等设置有序安全、规范美观，公共场所招牌、广告用字规范、注音准确，建筑、拆迁等市政工程采取防尘措施，围墙施工、渣土堆放实施防尘覆盖，封闭运输（0.5分）；4）空坪陈地整洁卫生，无露天烧烤、焚烧垃圾和树叶等现象（0.5分）	实地考察		
（二）居民居住环境（6分）	1. 社区绿化覆盖率（1分）	>35%	材料审核		
	2. 公共绿地（1.5分）	1）人均公共绿地>8 m²（0.5分）；2）社区地域范围内文明公园（绿地）创建率≥80%（0.5分）；3）社区居民出家门500m就有3000m²以上的大型公共绿地（0.5分）	问卷调查		
	3. 污染源控制（1分）	1）生活污水等各类排放接入市政管网或有污水处理设施并处达标排放，分流制地区无雨污混接（0.5分）；2）无危险废物（包括工业、医疗、有毒有害物等废物）排放，无超标固定噪声源（0.5分）	材料审核		
	4. 固体废弃物处理（1.5分）	1）白色污染整治≥80%（0.5分）；2）居民区生活垃圾分类收集（0.5分）；3）垃圾定点投放，建筑垃圾、餐饮垃圾等密闭运输，清运及时（0.5分）	材料审核		
	5. 环境管理制度（1分）	1）建设节约型社会，落实节能、节材措施（0.5分）；2）建立政府、居民、驻区单位环境协调机制，及时解决环境事务，无突出环境矛盾；建立项目和有污染的营业项目按规定办理环境审批手续（0.5分）	材料审核		

（续）

考评项目	考评内容	考评标准	考评方法	自检得分	考评得分
（三）居民生活环境（8分）	1. 社区服务设施（1分）	银行、超市、邮局等便民利民的生活服务设施布点合理（步行15min可享受到服务）（1分）	实地考察		
	2. 环卫设施管理（2分）	1）垃圾桶摆放合理，整洁美观，无散放垃圾（0.5分）；2）垃圾箱房布局合理，给排水等设施齐全，定时开放，专人管理（0.5分）；3）文明公厕建成率≥80%（0.5分）；4）居民对环境卫生满意率＞85%（0.5分）	实地考察		
	3. 集贸市场管理（2分）	1）农改超推广顺利，集市布局合理，环境整洁（0.5分）；2）管理规范，投诉处理机制完善（0.5分）；3）无流动、无证摊点，无制假售假现象发生（1分）	实地考察		
	4. 医疗保健（1.5分）	1）0～3岁儿童保健系统管理率≥75%（0.5分）；2）传染病控制率≤25例/万人（0.5分）；3）社区医疗服务站发挥作用，居民对其满意率＞80%（0.5分）	1）、2）材料审核 3）问卷调查		
	5. 社会保障（1.5分）	1）社区适龄劳动人口就业率≥90%（0.5分）；2）每百名老年人口拥有社会福利床位数≥1.8（0.5分）；3）残疾人保障覆盖率≥80%（0.5分）	材料审核		

五、思想道德建设有力，社区风尚好（20分）

考评项目	考评内容	考评标准	考评方法	自检得分	考评得分
（一）思想道德建设（10分）	1. 社会主义教育（2分）	1）爱国主义、集体主义和社会主义教育经常化、制度化（1分）；2）以"八荣八耻"为主要内容的社会主义荣辱观和20字公民基本道德规范融入社区的各项行为准则中，成为居民的自觉行为（1分）	材料审核		
	2. 未成年人教育（4分）	1）未成年人思想道德建设中阵地建设、校园环境整治、网吧治理、未成年人权益保护等成效明显（1分）；2）探索设立维护未成年人合法权益的社区专门部门（1分）；3）烟草销售点不向未成年人出售烟草，中小学附近（200m以内）不设网吧，网吧入口处悬挂醒目的"未成年人不得入内"标志牌（1分）；4）不抚养未成年人案件发生率＜1起（1分）	材料审核		
	3. 志愿者组织与活动（2分）	1）社区成立义工俱乐部，建立健全志愿者服务机制网络（1分）；2）社区登记义工人数占总人口比例≥8%（0.5分）；3）设计载体，有效开展活动，自愿无偿献血等（0.5分）	材料审核		
	4. 家庭美德教育（2分）	1）制定家庭美德教育活动计划（0.5分）；2）积极开展多种形式的家庭美德教育活动（1分）；3）家庭参与率＞50%（0.5分）	审核材料		
（二）社区风尚（10分）	1. 文体活动（2分）	1）按照《全国文明城市测评体系》标准要求，不断增加文体设施，其中人均拥有公共体育设施须＞0.15 m^2（0.5分）；2）社区文化活动阵地无侵占、挪用现象（0.5分）；3）有2支50人以上的文艺宣传队，其中经常参加体育锻炼的人数＞45%（0.5分）；4）有业余群众文体活动辅导员，每年组织2次以上具有社区特色的群众文化活动（0.5分）	材料审核		
	2. 家庭文明（2分）	1）探索设立家庭文明指导中心（0.5分）；2）提供1～2个有关妇女、儿童、家庭的公共服务项目（0.5分）；3）开展提高家庭成员素质和家庭生活质量公益性活动（1分）	材料审核		
	3. 扶贫帮困（2分）	1）有专门的扶贫帮困等社会救助机构，经费专款专用（1分）；2）居民踊跃参与扶贫帮困等互助互济活动，形成机制（1分）	实地考察材料审核		
	4. 居民文明行为（4分）	文明用语，居民行为文明，达到《长沙市文明市民公约》的"九要九不要"标准；文明行路、文明乘车、文明游园、文明用厕等专项活动得到有效开展	实地考察材料审核		

（续）

考评项目	考评内容	考评标准	考评方法	自检得分	考评得分
特色加分项目					
（一）社区整体形象	建筑布局 社区环境 社会氛围 市民精神面貌	规划合理、环境整洁、生态协调、经济发展、社会稳定。满分10分，测评小组根据上述标准集体讨论打分	实地考察		
（二）工作创新	1. 创建工作集中宣传过（近4年来）	创建工作经验在全市集中宣传每次得2分；在全省集中宣传每次得4分；在全国集中宣传每次得6分	材料审核		
	2. 荣誉称号（近4年来）	每获得一项市级综合荣誉称号得2分；每获得一项省级以上的荣誉称号得4分	材料审核		
否定指标					
		1. 近两年来领导班子成员出现严重违法违纪、影响经济发展环境等问题 2. 近两年来发生重大环境污染事件 3. 近两年来发生重大社会治安案件 4. 近两年来发生重大安全事故 5. 近两年来发生违反计划生育政策问题	征求市纪委、市优化办、市委组织部、市环保局、市委政法委、市安全生产监督局、市人口计生委、市610办等部门意见		
说明：总分100分。特色加分项目中社区整体形象10分，工作创新中由测评小组集体讨论打分。					

🌀 任务引导

文明社区是对一个社区管理、建设、服务综合情况的评估考核，通过对长沙市文明社区评估考核办法，认识社区管理评估指标体系的定位，设置依据，以及要素结构是怎么样？评估的方法是什么？评估的主体是什么样的？

🌀 知识链接

1. 社区管理绩效评估指标体系的目标定位

根据我国目前社区管理的发展水平，参照国外社区建设和发展的经验，社区管理的绩效考评指标既要立足现实，照顾当前的社区发展现状，又要适当超前，把较高的要求体现到具体指标之中。这种立足现实、面向未来的评估要求，是应坚持的正确目标定位。

（1）组织机构健全，工作基础好　①社区内党政组织机构健全。社区建立了以党组织为领导层、社区成员代表大会为决策层、社区协商议事会为监督层、社区居委会为执行层的社区组织体系。②完善的社区居民自治。依法执行社区居民委员会直选制度，实行居务公开，形成居民双向评议、共同商讨社区重大事务的听证制度。③社区群团组织完善。社区妇联、共青团等群团组织完善，积极培育民间组织，发挥作用好。

（2）社区功能齐全，服务效果好　①有健全的社区管理服务平台。一站式服务中心设施配套齐全，服务网络合理便民，交通出行便捷，居民安居乐业，老有所养，特殊困难群众得到很好照顾。②社区教育机构健全，文化体育设施，形成文化教育的网络系统。群众文化生活丰富多彩，内容健康向上，居民文化素质不断提高，精神需求得到需求。

（3）综合治理有力，社区秩序好　①建立健全社区综合治理网络。社区内无黄、赌、毒、封建迷信等社会丑恶现象，无群众性矛盾发生，无重大火灾发生，居民消防意识增强。②有效利用专业社会工作者对社区矫正对象、吸毒人员、刑满释放人员进行帮教。

（4）基础设施完善，社区环境好　①绿化布局合理，绿化面积达到规定的要求，居住环境整洁，景观优美，人与自然和谐发展，建立政府、居民、驻区单位环境协调机制，及时解决环境事务，无突出环境矛盾。②建立项目和有污染的营业项目按规定办理环境审批手续。

（5）思想道德建设有力，社区风尚好　①社区秩序安定，居民团结友爱，相互帮助，家庭和睦，人际关系和谐，对社区有强烈的认同感和归属感。②未成年人思想道德建设中阵地建设、校园环境整治、网吧治理、未成年人权益保护等成效明显。③社区成立义工俱乐部，建立健全志愿者服务机制网络。

（6）工作创新，特色鲜明　社区建设有自己的明显特色，在推行社区建设中能够结合社会发展和社区实际，能充分利用社区资源，挖掘社区文化内涵，体现时代特征和自身个性。

2．社区管理绩效评估指标体系的设置依据

社区管理评估的指标体系主要包括两个方面的内容：一是绩效评估指标体系的制定依据；二是绩效评估指标体系的自身内容。所谓制定依据，就是指社区管理绩效评估的内容及其权重系数制定的客观要求，否则，这些指标及其量化标准就会成为制订者的主观臆想和猜测。根据实践结果看，社区管理绩效评估指标体系制定的客观依据主要来自：①本市社会事业的发展水平与发展指标；②城市社区经济发展水平；③街道工作委员会工作条例，街道办事处条例，文明社区创建管理的有关规定、社区管理的有关条例、规定中的相关内容；④社区居民对社区社会事业发展的需求与期望。

（1）社区组织状况　社区组织状况就是指按照城市社区管理工作的有关规定而必须建立起来的各种机构及其工作情况。社区是社会的基石，是一个城市的缩影。要管理好社区，各种相应的组织必须健全和运转良好，社区组织状况主要包括：社区内党组织建设、社区居民自治组织、社区联席会议共建制度、部队、社区单位共建率、各种制度建立及执行；党支部及党员作用；外来人员管理；社区居民对各种组织运转状况的反映等。

（2）社区服务状况　社区服务工作的好差也是评估社区管理绩效的一个重要指标。随着社区的转型，城市居民对生活质量和生活环境的追求越来越高，社区作为社会管理的创新单位承载着愈来愈重要的服务职能。社区的服务工作做好了，不仅有利于和谐社会的构造，对推进人民满意城区的建设也有着重要作用。社区服务主要由社区服务设施、文化服务、卫生服务、就业服务、社保服务、法律服务、科普宣传、环保服务、救助服务、便民服务、政务服务、市民教育等组成。

（3）社区治安状况　随着我国社会改革的进一步深化，社会矛盾不断增加，不稳定群体也不断增加，社区的治安问题越来越受到各级组织的高度重视和居民群众的强烈关注。社区的治安状况是社区管理工作好差的重要指标，在社区管理绩效考核中占有相当的权重。具体来说，社区治安状况包括：社区人防、消防水平；开展"八大员进社区"建设，推行警员、治保员、巡防队员、人民调解员、治安维稳信息员、消防安全员、法制宣传员、流动人口协管员为主体的"八大员进社区"工作；开展创建"平安社区"、"平安单位"、"平安家庭"的活动，社区内黄、赌、毒、封建迷信等社会现象的控制情况，人民调解委员会作用的发挥情况，入室盗窃等可控案件发生率；社区矫正对象、吸毒人员、刑满释放人员进行帮教工作。

（4）社区环境状况　社区环境是反映社区管理的一个窗口，是向外界展示社区形象的一个平台，是社区管理工作层次的一个标识。社区环境状况主要包括：①居民出入环境，即行车道路、栋间道路设施、交通管理、道路两厢整治；②居民居住环境，即社区绿化覆盖率，公共绿地，污染源控制，无危险废物，固体废弃物处理，白色污染整治，居民区生活垃圾分类收集，垃圾定点投放，建筑垃圾、餐饮垃圾等密闭运输、清运及时，环境管理，节约型社区建设；③居民生活环境，即社区服务设施、环卫设施管理，垃圾桶摆放合理，垃圾箱房布局合理，文明公厕建成率，居民对环境卫生满意率，集市布局合理，环境整洁。

（5）社区教育状况　社区教育状况主要是指社区利用辖区资源为社区各类人员开展的各类业余教育、培训和教育普及情况。主要包括：社会主义教育、爱国主义、集体主义教育；以"八荣八耻"为主要内容的社会主义荣辱观和 20 字公民基本道德教育；未成年人教育，未成年人思想道德建设中阵地建设、未成年人普法教育；开展家庭美德教育活动。

（6）社区文化状况　随着人们生活水平的日益提高和文化生活的极大丰富，社区居民对文化生活的要求也不断提高。社区文化建设是社区精神文明建设的一个重要方面。社区文化状况主要由公共文化设施、文艺队伍建设、公共文化活动、公共文化资源、科学知识普及和文化服务质量评价等组成。

（7）社会风尚状况　社区就是一个小社会，它的道德水平和社会风尚状况也是社区管理工作绩效评估的内容之一。社会风尚状况具体包括：家庭文明建设、开展提高家庭成员素质和家庭生活质量公益性活动；扶贫帮困，有专门的扶贫帮团等社会救助机构，经费专款专用，居民踊跃参与扶贫帮困等互助互济活动，形成机制。

3．社区管理绩效评估指标体系的要素结构

同其他考核指标体系一样，社区管理评估指标一般由三级指标组成：一级指标为社区管理主要内容，并根据其重要程度确定其权重分值；二级指标是一级指标中各部分内容的具体分解；三级指标又是二级指标的进一步细化，也称观测指标或操作指标。除此之外，体系的要素还包括评估标准和评估方法。社区管理绩效评估的指标体系由以下 5 大部分组成。

（1）一级指标　包括绩效评估的几大部分内容。它依据社区管理的各项要求和群众对社区管理的期望，确定其主要内容。一般来讲，这些内容都是较为规范的，共性成分较大，城市社区管理绩效考核的基本内容大同小异。一级指标的分值依据其在一级指标内容中的重要性和二级指标的项目确定。

（2）二级指标　二级指标是一级指标内容的具体分解。因为一级指标只给出一个评估内容的分布，并无实际具体内容，二级指标用具体内容来分解一级指标，使之成为一级指标内容的构成要素。二级指标的考评分值之和等于一级指标的分值。

（3）三级指标　三级指标也称观测指标和操作指标，它是在二级指标对一级指标分解的基础上进一步细化。其目的在于便于考评。三级指标实际上就是实际考评中的操作指标。它的设计要求是简明、具体、内容无歧义、操作性强。

（4）评估标准　用简要文字或数字表示。有些用简单文字表达，说明考核的要求；有些则给予量化考核标准，如健全率百分比、落实率百分比，覆盖率、满意率大于等于多少等。有些体系把评估标准放在三级指标中，不另设评估标准一栏；为了更具客观性和便于操作，有的指标体系的评估标准分为A、B、C、D档，分别表示完全达标、较好达标、基本达标和不达标。

（5）评估方法　评估方法指社区管理绩效评估过程中，依据三级指标（即操作或观测指标）而确定的具体考核办法。社区管理绩效评估的一般方法有材料审核法、问卷调查法、抽样评估法、实地考察法、座谈了解法等。

案例阅读

天心区创立社区科普评估办法破解社区科普管理难题

天心区率先创立《社区科普工作评估办法（试行）》（以下简称《科普评估办法》），通过在街镇科协推进实施社区科普"经费保障、工作内容、特色项目、创新能力、工作实效"5个方面组成的测评指标体系，对街镇全年的科普工作进行跟踪评估。

《科普评估办法》在重大科普活动中发挥了引导激励作用。

（1）完善了社区科普工作机制　《科普评估办法》建立了贴近天心区发展实际的社区科普工作体系和工作标准，为社区开展科普工作提供了指导依据，为基层科协争取科普资源创造了条件。

（2）激励各街镇更加重视科普工作　各街镇主管领导亲自筹划，决策科普活动的主动性进一步增强，各街镇党政主要领导参与科普活动的次数明显增多。

（3）引导各街镇加大对科普活动经费的投入

（4）科普活动联动性进一步增强　在《科普评估办法》实施以来，各街镇积极承办区级重点科普活动，争办上级科普活动的项目大量增加，进一步扩大了科普的社会发动面和市民受益率。

课间休息

什么是"社区效能"？怎样建立社区评估体系？

"社区效能"是20世纪初美国芝加哥学派代表人物罗伯特•帕克提出的一种社区评估理论。帕克根据芝加哥学派的人类生态学原理，设定了一系列测定指标，用以评估在一定"区位"内的人群"自我"满足生理需求、安全感和精神文化欲求等生活环境的能力，这种能力称为"社区效能"。在这些评估指标中，既包括人类为满足物质生活所形成的"职业体制"，也包括人与人之间有着怎样的联系、怎样的文化习俗、具有什么样的组织形式、是否有"共同的政治行动手段"；更重要的是，人们的内聚力如何，在多大程度上对这个"我们"群体抱有认同感，等等。这些人类生态学的指标可以罗列出来很多，但在帕克的理论中其实上还有一个来自现实生活"模型"，那就是在美国大都市自然形成的"移民社区"。因为根据他对芝加哥以及美国西海岸其他城市"新近移民社区"的考察，发现这些"自然形成的"社区要比那些先前移民到美国的族裔更团结，更紧密，内聚力也更强，应当作为"我们"白人社区发展的模型。

芝加哥学派的"人文生态社区"，是从德国语境中的"共同体"概念发展而来的。根据黑格尔、马克思、滕尼斯和韦伯这些思想家的观点，如果将古代自然形成的各种"社区"（共同体）形态根据它们的"效能"进行排队的话，那么，首先应该是原生形态的"血族共同体"，它的内聚力是最强的；然后是它的次生形态"村社共同体"和再次生形态"小城邦国家"。芝加哥学派在美国大都市外国移民聚居地中发现了这些传统社区形态的"残余"或"变种"，后来的评论家把它们称为"都市里的共同体"。而"移民社区"的第二代，一般则已经发展到与母体文化若即若离的"文化杂拌儿"。现代工业社会形成的任何大城市，都是移民聚集的结果。人们无论先来后到，都要经历一个"社会化"的过程。而那些只是在行政上被划分为一个选区的"白人社区"，基本上已经完成了从"共同体化"到"社会化"的进程，就很难具有传统"共同体"那种"社区效能"了。"社区效能"理论，实际上是为人们提供了一种考察人类社会发展变化的方法。各种社会形态，在此被分解为一些"社区效能"指标，用这些指标，人们就可以清楚地比较从原生形态的氏族部落发展到现代都市社区，各个阶段所具有的特征；"社区效能"也可以用来分析当今世界各个地区发展极度不平衡的种种社会形态，对它们分别进行"社区效能"测定，比较它们的优势和劣势，以资相互借鉴。

（资料来源：民政部基层政权和社区建设司网站）

任务三　设计一份社区管理评估方案

⟳ 任务描述

本任务旨在通过根据社区某项工作，设计一份社区管理评估方案。

⟳ 任务实施

天心区金盆岭街道芙蓉南路社区"创建新型社区"的工作方案

为全面贯彻落实科学发展观的要求，不断弘扬科学、文明、进步的新风尚，打造新时期品牌家庭，创建新时代和谐社区，决定在芙蓉南路社区实施"创建新型社区"，具体方案如下：

1. 目的和意义

社区是社会的基石，家庭是社会的细胞。做好以家庭为单位的精神文明创建，是建设文明社区、构建和谐社会的一项基础工程，对于促进全街的稳定和谐具有积极重要的作用。实施"创建新型社区"方案，以家庭的平等、和睦、稳定促进社区的文明进步和安定团结。

2．指导思想

深入贯彻党的十七届三中全会精神，全面落实科学发展观，紧紧围绕"打造品牌家庭、构建新型社区"这一目标，坚持以楼栋为单位，以家庭为主体，坚持"强基固本，重在实效，依托载体，突出特色；打造品牌，整体推进"的原则，努力建设居民自治、管理有序、服务完善、治安良好、环境优美、文明祥和的新型社区，为居民群众创造一个安居乐业的生活环境。

3．工作内容

（1）落实物业化服务配套设施，加强基础设施建设和提升　社区积极争取城管局的支持，对片区进行提质改造，对护窗进行油漆粉刷，全部换遮阳棚，社区绿化做到不见土只见绿。引导居民从节水节电、垃圾分类、搞好绿化等小事做起，逐步改变不符合环保要求的生活方式，逐步改善居住环境质量，通过有规划、有步骤地实施绿化、美化、净化工程，实现人、社会、自然三者和谐相处。

（2）积极打造新型家庭，做实、做好、做响品牌

1）创建学习型社区，打造书香品牌家庭。家庭是社会基础细胞，为进一步推进社区建设，加强家庭教育，提升市民素质，促进人民满意社区创建，我社区决定在辖区范围内开展"创建新型社区，打造书香家庭"的活动方案。

2）创建低碳型社区，打造绿色品牌家庭。向居民发放《致市民一封信》，社区工作人员和楼栋长逐户上门宣传垃圾袋装，同时向城管部门争取 50 个分类垃圾箱。在实行垃圾袋装的同时对垃圾进行可回收和不可回收的分类处理。开展"低碳、绿色、环保家庭小创造、小发明征集·集锦活动"。在网络媒体上开展征集·集锦活动，设活动专栏，向广大家庭征集低碳、环保、绿色的金点子、小发明、小创造，将获奖的小创造、小发明汇集成册，制作光盘，发放社区和家庭。在社区家庭发起、实施"环保家庭计划十五件事"。

3）创建志愿型社区，打造爱心品牌家庭。社区开展"阳光行动"，建设社区爱心型家庭。社区设立党员志愿服务站，组织党员志愿家庭将为无劳动能力、无生活来源、无赡养人的"三无"老人、残疾人提供日常生活照顾、医疗保健、法律援助、谈心聊天等多方面的志愿服务，解决他们的实际困难。同时，成立"三队、六岗"服务队为广大居民提供全方位服务。三队即党员义务巡逻队、党员护绿队、党员信息队。六岗即环境卫生监督岗、关爱结对岗、宣传教育岗、反腐倡廉岗、便民服务岗、义务教育岗。在全国助残日开展家庭一帮一助残活动。组织社区党员家庭开展情牵弱势群体服务活动。对年老体弱党员开展结对活动，上门慰问、送上学习资料，为老年人、残疾人开展上门免费理发服务，帮助解决生活上的困难。

4）创建爱心型社区，打造文明家庭。社区充分利用现有的文化队伍、在办好"七·一"、"十·一"等大型文艺活动的基础上，以现有娱乐活动场所为依托，定期组织社区群众进行球类、书法、文艺等内容的比赛，充实群众业余文化生活，建立和谐文明的邻里关系，加强精神文明建设。充分利用市民学校等社区教育资源，打造"社区大讲堂"、"社区论坛"等社区文化建设新亮点。组建各具特色的军鼓队、舞蹈队和合唱队，推进社区文化整体上水平。

4．评选程序

对新家庭实行星级管理，设置 1～5 星级家庭。社区将于年底评选表彰 100 户新家庭，并从中挑选 5 户"新家庭"典型代表，在媒体网络进行宣传推荐。

5．工作要求

（1）提高认识，高度重视　实施"新家庭计划"，是文明创建的需要，是提升居民素质的需要，是创建人民平安街道和谐社区的需要，各社区一定要提高认识，高度重视，把它作为重要议事日程，广泛宣传，营造氛围，扩大影响。

（2）突出重点，务求实效　社区在落实新家庭计划时，要根据芙蓉南路社区现状，突出书香家庭建设重点，务求实效，精心打造活动载体，努力使"新家庭计划"深入民心，居民满意。

（3）持之以恒，形成合力　实施"新家庭计划"是人民满意社区建设的一项长期基础工程。要循序渐进，坚持不懈地开展创建活动。

任务引导

本项目旨在通过对社区专项工作的了解，设计一份社区管理评估的方案，评估的重点在哪里？评估的方法有哪些，评估管理总结注意的问题？

知识链接

社区管理评估工作应该包括以下步骤及遵循以下注意事项：

1．确定评估重点

社区管理评估应根据评估的不同目的，针对不同的评估对象，选择不同的评估重点，这样既可降低评估的成本，又可以提高评估的效率，更好地达到评估的目的。一般地说评估的重点包括：

（1）社区管理服务工作都要进行过程和居民满意度评估。

（2）重点工作应着重于过程控制、效果等方面的评估。

（3）创新特色工作，应着重于内容、社会影响、推广价值以及应用效果等方面的评估。

（4）社区整体管理服务工作应做横向比较性评估，应更加重视对社区管理服务工作质量、特色工作项目运作实施过程，以及工作特色、工作影响、工作创新等方面的评估。

2．选择评估方法

社区管理评估是一项目的明确、专业性较强的评估活动，一方面要始终围绕明确的评估目的开展工作，另一方面一定要遵循社区管理评估的客观规律，根据社区管理工作的性质、特点，选择灵活恰当的手段方法，以保证评估结果的可靠性、有效性。

评估常用的方法有：

（1）问卷调查。

（2）考试考核。

（3）访谈座谈。

（4）案例研究。

（5）现场观察。

（6）听取汇报。

（7）定性与定量相结合。

（8）形成性与总结性相结合。

（9）纵向与横向比较分析相结合。

（10）集体讨论。

（11）关键事件法。

3．选择评估时机

社区管理评估必须选择合适的时机，一般来说，在时间上不能打断正常的社区管理工作节奏，在操作上要便于简单易行。

（1）需求评估和社区管理工作的设计评估在年前进行。

（2）居民满意度评估在年中或特色工作结束时进行。

（3）社区工作人员的的评估在年前、年中、年底进行。

4．评估方案的撰写

社区管理评估方案是依据一定的评估目的，根据社区管理的客观规律，对评估内容、范围、时间、人员、方法、手段、程序和步骤等方面加以规范的基本文件。

社区管理评估方案的构成要素主要有：

（1）评估目的。

（2）评估对象。

（3）评估内容。

（4）评估人员及职责分工。

（5）评估方法。

（6）评估指标体系和评估工具表。

（7）评估时间。

（8）评估实施步骤。

（9）评估报告的撰写。

（10）评估结论的沟通与反馈。

（11）评估结果的应用。

5．社区管理评估指标设计应注意的问题

（1）社区管理评估是一个动态的、不断发展的过程　社区管理本身在不断发展和改进。评估工作只是对某一段时间中社区管理工作的所取得效果的评估，而社区工作仍在进行。因此，对社区工作成效的评估具有相对性，必须随着社区管理的发展而不断进行调整。

（2）评估是社区工作者与社区有关成员共同参与的过程　社区管理评估必须有社区有关成员的参与，只有这样才能共同发现问题，了解问题的成因，共同寻找解决问题的方法和途径。

（3）评估是一个分析与行动并重的过程　需要运用理论和知识去分析社区管理中的过程和结果甚至产生的效益，总结经验和教训。

6. 社区管理评估总结注意事项

社区管理评估总结工作不能过分依赖感性；不能太注重单纯的数据统计；总结工作要考虑到未来工作的方向，而不是仅仅走形式而已。

案例阅读

社区卫生服务考核评估方案

按照江阳区人民政府印发《关于贯彻区〈关于发展城市社区卫生服务的指导意见〉实施意见的通知》的要求，为了更好地发挥社区卫生服务的综合服务功能，突出社会效益，有效落实《江阳区社区卫生服务综合改革实施意见（试行）》，特制定江阳区社区卫生综合考核评估方案。

一、考核评估目标

加强对社区卫生服务管理，不断提高社区卫生服务质量，充分体现社区卫生服务功能，使社区居民的基本医疗和预防保健服务得到进一步改善和提高，逐步使社区居民得到综合、连续、有效、经济、方便、质优的社区卫生服务，真正做到"小病在社区、大病到医院"。

二、考核评估原则

遵循公开、公平、可行、有效原则，建立由集中与日常考核相结合的方式，坚持社区卫生服务的公益性质，在考核过程中体现公共卫生和基本医疗并重、防治结合的原则。

三、组织机构

（一）评估领导小组：区社区卫生局、民政局作为评估领导小组，负责审批评估方案。审阅各条线评估工作组制定具体的考核标准，根据不同时期工作的重点，平衡各条线考核分值权重；协调评估过程中的有关事项，确保评估工作顺利完成。

（二）社区卫生服务满意度评估小组：由各街镇卫生、经济相关部门的人员组成，负责对社区卫生服务中心满意度的测评。

（三）业务条线评估工作组：成立由区卫生局相关部门组成的基本医疗、公共卫生、综合管理3个业务评估工作组，组织相关人员，按照社区卫生服务"三位一体"的工作内容及区政府、区卫生局对社区卫生服务中心下达的各项目标任务和有关要求，分别制定具体的考核标准并组织实施。

四、考核评估方式、内容

（一）建立综合评价指标体系

对社区卫生服务中心的评价指标包括投入指标、服务内容指标、服务满意度指标、效果指标。这些评价指标注重绩效评估，以促进社区全科团队服务模式的改革。

（二）评估方式

直接评估和间接评估的方式相结合，每年度对社区卫生服务中心"三位一体"的工作进行全面、系统的评估。

直接评估：以公开明查的方式进行，包括听取工作汇报、查看资料（各类报表、记录）、现场观察、考核、问卷调查、访谈等。

间接评估：以非公开的方式进行，包括暗访、问卷调查、电话询问、服务对象满意度调查。

（三）评估内容

1. 基本医疗服务

主要内容：提高医疗质量，保障医疗安全，巩固基础医疗和护理质量，依法执业，保证医疗服务的安全性和有效性。由区卫生局医政业务评估工作组负责考核，分值权重占30%。

具体指标：加强医疗质量控制体系建设，各专业质控质量符合区质控要求；纠纷赔偿率、医疗纠纷及事故发生率逐年下降；医疗服务下沉，门诊业务量每年上升3%；减轻居民就医负担，坚持合理检查、合理用药、因病施治，严格控制医疗费用，严格执行医保及合作医疗政策，门诊、住院均次费用逐年下降。

2. 公共卫生服务

主要内容：强化社区卫生健康教育、预防、保健、康复、计划生育技术指导服务能力，积极推进全科团队服务模式，为社区居民提供适宜的公共卫生服务。加强对外来人口的公共卫生管理，提高对脆弱人群的健康干预力度。由区卫生局负责考核，分值权重占30%。

具体指标：组建全科团队，农村以2~3个村委，城镇以3~5个居委组建全科服务团队，每个团队为1名临床医生、1名社区护士、1名防保医生和若干名乡村医生。下沉社区开展健康教育、预防、保健、康复、计划生育技术指导服务，开展"户籍制预防保健服务"。社区卫生服务中心的团队人员每人每周下社区的工作日不少于5个半天；重点人群健康档案建档率达93%以上，并初步实现动态管理；完成以户为单位的全人口健康档案基本信息的信息化管理；儿童保健管理率95%以上，孕产妇保健管理率95%以上，主要慢性病管理率95%以上，甲、乙传染病发病率控制在270/10万以内，农民健康体检率（二年累计）达85%以上。

3. 综合管理

主要内容：加强医院管理，积极开展精神文明创建活动，加强医院文化建设，改进服务流程，提高服务意识，改善服务态度，优化就诊环境和医疗执业环境，方便病人就医；加强财务管理，规范收支管理，完善分配办法；注重诚信服务，增进医患沟通，构建和谐医患关系。由评估领导小组委托社会中介机构及区卫生局综合评估工作组负责考核，分值权重占25%。

具体指标：严格执行收支两条线；合理收费、收费项目有公示；严格执行人事、财务制度，无违纪违规现象；完善社区卫生服务中心分配制度改革；符合物价、财税、审计及其他经济类专项监督要求；编制管理、岗位、人员配置管理，人员考核奖惩管理符合相关要求，床护比达标，无人事争议；严格执行基层领导干部的8条规定；有效落实院务公开、推进民主管理；培养、引进、使用和留住人才有举措，有实效；无政风行风专项检查问题，无投诉问题查实，无媒体曝光问题；信访有制度，件件有办结；无治安、刑事案件、生产、消防事故发生。

4. 社区满意度测评

主要内容：了解社区服务对象及各街镇、各部门对社区卫生服务所提供服务内容和服务质量的认知度和满意度。由评估领导小组委托社会中介机构和各街镇社区卫生满意度评估小组进行测评，分值权重占15%（社会中介机构占5%）。

主要内容：门诊及住院病人和健康教育、预防、保健、康复、计划生育技术指导服务对象对社区卫生"三位一体"服务的方式、质量的综合满意度达到85%以上。

五、评估结果汇总和反馈落实

每年度评估结果汇总至评估领导小组，在评估过程中，如发现问题及时向社区卫生服务中心进行反馈。评估结果与政府对社区卫生服务中心的投入挂钩，以利于推进社区卫生服务的综合改革，更好地发展社区卫生服务，为居民提供安全、有效、便捷、经济的公共卫生服务和基本医疗服务。

课 后 实 训

以小组为单位联系一个社区，运用参与式观察法，深入调查该社区管理评估的方法。

模 块 二

社区组织管理

项 目 四
社区党政组织管理

项目概述

我国社区建设正处于大胆尝试、总结提高的关键时期，一些制约社区建设的体制性问题逐渐暴露出来。社区管理体制面临新的改革。本项目要求学生通过查找文献、社区观摩和实地走访调查，了解社区党政组织的内涵、现状和改革的方向等，重点培养学生收集信息与观察思考的能力。

背景介绍

随着创新社会管理深入发展，一些制约社区建设的体制性问题逐渐暴露出来。在社区党政组织管理实践中，社区党政组织与社区自治组织功能错位，严重制约了城市社区建设的进程。社区党政组织的构成怎样？他们在社区的职责有哪些？目前社区党政组织的管理存在哪些问题？该如何进行有效管理？如何开展党员活动？这些都是我们要在实地走访中思考的问题。

任务一 了解社区党政组织的管理状况

任务描述

对社区党政组织构成的了解，是我们实施社区管理的前提，通过对社区党政组织的了解，从而获得对社区党政组织管理的感性认识。

任务实施

天心区"选聘结合、三位一体"的社区党政组织管理模式

实施"选聘结合、三位一体"的社区管理模式，即在社区设立社区党组织、社区居委会和社区公共服务站，是我区在新的历史条件下，探索社区管理体制改革的重大创新。建立社区公共服务站有利于巩固党的执政基础，进一步增强社区党组织的领导核心地位，真正起到

"固本强基"的作用；有利于理顺社区各种关系，最大限度地整合社区资源，更好地承担起日益繁重的公共服务和社会管理职能，形成社区建设的合力，提高社区管理和服务的水平；有利于完善居民自治，避免社区居委会行政化倾向，为社区民主政治建设夯实基础。

1. 确立目标任务

建立有利于管理服务、资源整合和居民工作生活且机制完善、运转良好的社区公共服务站，具体承担社区行政事务和其他公共事务。构建符合天心区实际，社区党组织、社区居委会、社区公共服务站各尽其能、各负其责的社区管理新体制。实现政府管理服务与基层群众自治的有效对接和良性互动，努力把社区建设成为党组织领导核心作用明显、基层政权建设强化、民主自治水平提高、公共服务能力加强、社区管理机制完善、社会群体和谐相处的社会生活共同体。

2. 明确组织定位

1）社区党组织是党在社区全部工作和战斗力的基础，是社区各类组织和各项工作的领导核心。社区党组织由社区党员大会或党员代表大会选举产生，在街镇党（工）委的领导下开展工作。其成员实行居民化、义务化。

2）社区居委会是社区居民自我管理、自我教育、自我服务的基层群众性自治组织，接受社区党组织的领导，指导和监督社区公共服务站的工作。其成员在社区居民和驻区单位代表中选举产生，实行居民化、义务化。

3）社区公共服务站是社区行政事务的执行主体和社区居民的服务机构，具体承接政府有关行政部门依法延伸在社区的社会管理及有关公共服务。接受街镇和社区党组织的领导，接受社区居委会的指导和监督。

3. 规范工作要求

（1）关于挂牌及印章管理

由区里统一制发社区公共服务站牌匾，统一制发社区公共服务站印章。加强对印章的管理，建立印章审批、登记、备案制度，用印不得超越职责范围：①涉及社区党建、党务工作的盖社区党组织印章；②涉及居民事务、公益事业的工作盖社区居委会印章；③涉及社区公共服务站职责范围内的工作盖社区公共服务站印章。

（2）关于合署办公

全面建立社区"一站式"服务大厅，整合社区办公服务用房，方便居民办事。将现有的社区劳动保障服务中心、最低生活保障服务中心和住房保障服务中心机构等合并，统一设置综合的社区公共服务机构。对由上级部门主管、独立设置的社区警务室、社区卫生服务站等机构，社区公共服务站具有指导监督职能。

（3）关于人员选聘

社区公共服务站工作人员实行聘任制、劳动合同制管理。现有的社区劳动保障、最低生活保障工作人员和政策性安置人员经考核后直接聘用；其余现有社区工作人员，坚持"考核和考试相结合，以考核为主"的原则，择优聘用；其他人员面向社会公开招聘。社区公共服务站站长、副站长的聘任，在社区党组织和社区居委会换届选举完成后，由街镇党（工）委研究决定，并报区民政局、区劳动保障局等相关部门备案。提倡社区党组织、社区居委会、社区公共服务站三套机构实行交叉任职、分工负责。提倡社区党组织书记、社区居委会主任、社区公共服务站站长一肩挑。提倡社区公共服务站站长由社区党组织书记兼任，副站长由社区居委会主任兼任；书记、主任一肩挑的社区，副站长由社区党组织专职副书记或社区居委会副主任兼任。

（4）关于经费审批

社区公共服务站经费审批实行"联审联签"制度，按照区、街镇有关财务管理的制度和规定执行。

4．完善管理机制

建立社区公共服务站管理和考核机制：

（1）区直有关部门负责对社区公共服务站进行业务上的指导。

（2）街镇负责对社区公共服务站进行管理与考核评估。

1）建立健全社区公共服务站的绩效考核评估、教育培训、财务管理、政务公开等工作制度。坚持日常考核与年终考评相结合，定期对社区公共服务站的工作完成量、群众满意度进行综合考核评估。综合考评成绩与各类先进评比表彰挂钩。

2）建立健全社区公共服务站工作人员的管理和考核制度。坚持日常考核、年度考核和聘用期满考核相结合。日常考核重在考核平时完成工作的质和量；年度考核重在考核年度内的德、能、勤、绩的综合表现，分为优秀、合格、不合格三个档次，考核结果与年度绩效考核奖金挂钩；聘用期满考核重在考核聘用期内的德、能、勤、绩的综合表现，作为续聘的主要依据。

任务引导

通过了解天心区社区党政组织模式，了解社区党政组织与居民自治组织的关系是怎样的？明确社区党政组织的工作职责有那些？社区党政组织管理存在那些问题？创新社区党政组织管理的方向是什么？

知识链接

1．社区党政组织构成

（1）社区党组织　社区党组织是党在社区全部工作和战斗力的基础，是社区各类组织和各项工作的领导核心。社区党组织由社区党员大会或党员代表大会选举产生，在街镇党（工）委的领导下开展工作。其成员实行居民化、义务化。

（2）社区居委会　社区居委会是社区居民自我管理、自我教育、自我服务的基层群众性自治组织，接受社区党组织的领导，指导和监督社区公共服务站的工作。其成员在社区居民和驻区单位代表中选举产生，实行居民化、义务化。

（3）社区公共服务站　社区公共服务站是社区行政事务的执行主体和社区居民的服务机构，具体承接政府有关行政部门依法延伸在社区的社会管理及有关公共服务。接受街镇和社区党组织的领导，接受社区居委会的指导和监督。

2．社区党政组织职能

（1）社区党组织的主要职能

1）宣传和执行党的路线、方针、政策，宣传和执行党中央、上级党组织和社区党组织的决议、决定，团结、组织干部和群众，努力完成社区各项任务。

2）讨论决定本社区建设、管理中的重要问题，领导社区公共服务站开展工作。

3）领导社区居委会，支持和保证其依法充分行使职权，完善公开办事制度，推进社区居民自治；领导社区群众组织，支持和保证其依照各自的章程开展工作。

4）联系群众、服务群众，宣传群众、教育群众，反映群众的意见和要求，化解社会矛盾，维护社会稳定。

5）组织党员和群众参加社区建设。

6）组织、协调辖区单位党组织和党员参加社区建设。

7）加强社区党组织自身建设，加强社区党风廉政建设，做好党员的教育、管理、监督和服务工作，做好发展党员工作。

8）协助街镇党（工）委做好社区工作者的培养、教育、考核和监督等工作。

（2）社区居委会的主要职能

1）宣传宪法、法律、法规和国家政策，维护居民的合法权益，教育居民履行依法应尽的义务。

2）组织居民开展多种形式的社会主义精神文明建设活动，教育居民爱祖国、爱人民、爱劳动、爱科学、爱社会主义，做有理想、有道德、有文化、有纪律的公民。

3）开展本居住地区居民的公益事业。

4）协助维护社会治安，搞好综合治理；调解民间纠纷，促进居民之间、居民与邻近单位之间的团结。

5）协助人民政府或者街道办事处做好青少年教育、计划生育、公共卫生、拥军优属和社会救济等工作。

6）代表本社区居民反映社情民意，定期听取社区公共服务站的工作汇报，交办有关社区居民事务，检查、监督、评估社区公共服务站的工作。

（3）社区公共服务站的主要职能

1）社区党群服务。为来访的党员提供组织关系接转、入党申请受理、党费收缴、解答党务政策咨询、接受党员申诉和救助、维护党员合法权益等。为工会、共青团、妇联及其他基层组织提供指导帮助。组织开展社区文体活动和群众性文明创建活动。

2）社区劳动保障服务。宣传贯彻党和政府关于劳动就业和劳动保障方面的方针政策和法律法规。负责开展公共就业服务、就业与失业管理、就业援助等方面工作。开展劳动保障政策宣传与咨询服务工作，扩大社会保险覆盖面，做好企业退休人员社会化管理服务工作。

3）社区社会救助服务。负责开展最低生活保障、医疗救助、精神病药物救助、五保供养、临时救助、慈善救助等各类社会救助工作。

4）社区住房保障服务。负责住房保障对象货币补贴的申报初审、复审以及产权纠纷调解、房屋租赁管理、社区物业管理和协助棚改等工作。

5）社区人口和计生管理服务。贯彻执行党和国家的计划生育工作方针政策，做好本社区的计生工作，为社区内常住和流动人口提供优质服务。

6）社区社会事务服务。主要负责救灾救济、居家养老、殡葬改革、社会工作人才队伍建设、双拥优抚、残疾人服务等社会事务。

7）社区综治安全管理服务。调节处理矛盾纠纷，安置、帮教"两劳"回归人员，负责信访维稳、禁毒宣传、社区矫正、法制宣传教育、法律援助和法律服务、消防、安全生产、群防群治等。

8）社区城市爱卫管理服务。负责做好社区物业管理、城市管理和爱国卫生、环境保护等工作。

9）流动人口和出租房屋的服务管理。开展流动人口和出租房屋的调查登记，建立健全以社区为平台的流动人口、暂住人口、出租房屋管理服务的工作机制。

10）其他经社区建设工作领导小组通过准入机制确定进入社区的公共服务事项。

11）社区党组织和社区居委会交办的其他工作。

案例阅读

天心区63个社区设"社区公共服务站"

天心区再次创新社区管理体制，在全区63个社区设立"社区公共服务站"。服务站将承接居委会的部分职能，成为社区行政事务执行主体和社区居民的服务机构，而社区居委会将主要着重于引导居民意识形态、开展社区公益事务等。

据天心区副区长伍某介绍，社区公共服务站成立后，天心区将形成"选聘结合、议行分离、三位一体、规范运行"的社区管理模式，在社区设立党组织、居委会、公共服务站。"除社区公共服务站工作者由政府选聘外，社区党组织与社区居委会成员将在居民和驻区单位代表中选举产生，以后的社区两委将由'人气王'担任，而这些职务除每年有限的岗位补贴外，不再领取薪酬，是真正的居民化、义务化。"伍某说。

据了解，社区公共服务站由站长、副站长和若干工作人员（专干）组成，原则上不超过9人，将于7月20日前完成工作人员招聘工作。

另外，服务站实施方案提倡社区党组织书记兼任公共服务站站长，社区居委会主任兼任副站长。站长薪酬标准为1700元/月，副站长为1500元/月，一般工作人员为1400元/月。服务站工作人员收入还将与岗位职责、工作业绩挂钩，按基础薪酬的30%发放绩效考核奖金，年底考核时按考核结果一次性发放。

课间休息

城市社区管理体制的创新

建立社区工作站是城市社区管理体制改革的一次有益探索，但是，议行分设模式和"民非"模式中居委会行政化问题有待解决，居站分设模式中社区工作站也不能长期处于性质不明的地位。这就决定了当前城市社区管理体制具有过渡性和不确定性，社区管理体制改革的任务还远没有完成。

综观世界各国的社区管理体制，虽然表现的形式多种多样，但是不外乎行政化和民间化两种方向。这两种方向很难说哪种最好，因为在实践中两种方向都有成功的范例，行政化方向如新加坡，民间化方向如美国、英国。我国城市社区管理体制改革也有这两种可能的发展方向，究竟应取何种方向取决于社区管理的客观环境和决策者的价值选择。

1. 行政化方向

社区工作站的设立虽然很有新意，但也受到一些质疑，如社区工作站构成一个行政层级，增加了人员编制和财政负担。当然最大的问题还是社区工作站的合法性问题。因此，设立社区工作站除了面临增加行政层级、降低行政效率的质疑外，合法性问题是最大的障碍。

为绕开合法性障碍，行政化取向的社区管理改革必须有新的思路。笔者的基本思路是：街道和社区工作站合并重组，重新洗牌，以街道吸收工作站；按照"便于管理，方便生活"的原则，重新划分街道区域，把现有 2～3 个社区工作站合并为一个街道办事处，使街道办小型化，原有街道和工作站人员就地消化。这个思路可以概括为"街站合并重组，街道办小型化"。

2. 民间化方向

城市社区管理体制改革的另一个取向是民间化方向，其基本思路是：保持现有的社区组织结构不变，但是对社区工作站的性质作民间化的定位，把社区工作站定性为民办非企业单位。

这一思路似乎与上海的做法一致，但是也有区别。上海的社区工作站只承担服务职能，不承担管理职能。这里设想的社区工作站既承担服务职能，也承担部分行政管理职能。

对于服务工作，政府可以通过购买服务的方式购买社区工作站的服务；对管理事务，政府可以采取行政委托的方式把部分管理事务委托给社区工作站完成。民间化方向的改革虽然没有法律障碍，但是仍然有法律难题，如产权问题。民办非企业单位中的"民办"是指利用非国有资产举办，"非企业"是指公益性或非营利性组织。目前社区工作站的非营利性是没有问题的，但是许多社区工作站由政府举办，办公用房、设备等均由政府出资，变成民办非企业单位后这些房产和设备的产权如何界定是一个值得研究的问题。

笔者的浅见是，上述房产和设备的产权仍归国有，社区工作站改为民办非企业单位后，仍可以租用原来的房产和设备，租金可适当低于市场价格。与产权问题有关的是社区工作站的举办主体。根据《民办非企业单位登记管理暂行条例》，民办非企业单位有个人制、合伙制和法人制三种类型。由于社区工作站主要承担政府部门在基层的服务工作和部分管理工作，这一工作性质对社区工作站的治理结构和运行机制提出了较高的要求，因此社区工作站宜采取民办公助的法人制。

任务二 管理社区党政组织

任务描述

对社区党政组织的管理，是一个社区工作者必备的工作技能，通过对社区党政组织管理模式的介绍，可以增强学生在社区管理中的操作能力。

任务实施

金盆岭街道采取"六化"模式强化社区党组织管理工作

金盆岭街道工委现有基层党组织 11 个，直管党员 1562 名。街道坚持用科学发展观指导基层党组织建设，努力把社区党的组织优势转化为推动社区建设发展的强大动力，全面提升社区党组织的号召力、凝聚力和战斗力。

（1）组织管理网格化　在全面调查摸底的基础上，以社区为单位，以楼院、楼宇、小区（楼栋、路段）按 400～500 户、30～50 名党员为标准，根据工作实际和党员队伍特点，划分网格，完善"社区党委——网格党支部——楼栋党小组"的社区党建网格化管理体制。网格党支部以建立和保持一支相对稳定的班子结构，推行楼栋党小组长与楼组长交叉任职，以党员队伍为组成主体的方式建立健全党建工作者队伍。通过实施网格管理，明确划分责任区域，有利于将辖区内党组织尤其是"两新"组织纳入管理系统，有利于将楼栋内"口袋"党员、"隐形"党员聚集到党组织中来。

（2）社区自治民主化　成立以社区党组织为核心，联合辖区内其他组织和单位共同参与的居民自治理事会，建立一套行之有效的资源配置体制和协作运转机制，进一步提高区域性党建工作水平。大力推进社区事务听证会和社区民众评价工作，实行社区党员代表会议代表任期议事制，听取党组织工作报告，提出工作目标和任务，研究通过社区党的建设和社区管理等重大事项。坚持落实党务公开制度，规范党务公开的内容、形式和时间，以党内民主带动基层民主。

（3）工作运行制度化　结合实际制定社区党组织议事、党建联系会议、"三会一课"、"创先争优"、民主（组织）生活会、民主评议党员、流动党员管理、党员服务承诺、设岗定责、党费收缴等十项制度。社区党组织成员利用党日活动，每季度召开一次党建联系会议，每月至少参加（列席）一次网格党支部支委会议，组织一次网格党支部的党员集中活动。社区党组织切实加强学习，开展集体讨论，畅谈学习心得，提高党员干部政治敏锐性。

（4）基础建设标准化　以标识标牌配套、档案制式配套、基础设施配套、经费保障配套为基础，抓好社区党建基础性建设。在社区党员服务中心设置了共产党员示范岗、政策咨询、组织关系接转、流动党员登记等便民服务窗口，配置了现代化的办公设施，为党群众提供方便快捷的"一站式"服务。社区党组织按照"二表、六簿、六档、八有"的标准，统一了社区党建档案的类型、制式，规范了党建相关活动记录要求。

（5）党建特色品牌化　把创建党建品牌与加强特色社区建设相结合，在文明劝导、便民服务、爱心帮扶、环境卫生、治安巡逻、计划生育、文化宣传等社区建设方面寻找结合点和切入点，以党的基层组织建设带动社区发展的整体提质，使党建品牌创建活动成为新形势下推动发展、服务群众、凝聚人心、促进和谐的有效载体与平台。

（6）志愿服务多样化　依托社区民生服务站，结合社区居民的特点、兴趣、技能等，从楼栋居民迫切要解决的热点、难点问题入手，成立"红徽章"志愿者队伍、楼宇党员服务联盟，设置特色服务岗、党员责任区，积极开展各种志愿服务、法律咨询、文化娱乐和社会公益性共建活动。采取"一帮一"和"多帮一"的形式，建立党员结对帮扶困难户制度，实施定期或不定期上门服务，真正做到帮民困、解民忧、维民权。

任务引导

通过对本项目的学习，让学生了解社区党政组织管理原则是什么？党组织的制度有哪些？党员队伍的管理是怎么进行的？党组织管理怎样创新？

知识链接

1. 社区党政组织管理原则

（1）依法建设的原则 一方面，党政组织管理要严格按照《中国共产党章程》、《中华人民共和国城市居民委员会组织法》等一系列法律法规进行。另一方面，任何一种组织的运行，包括开展工作、组织活动等都不能超出法律、法规的界限。

（2）整合资源的原则 社区党政组织管理必须要以共同目标、共同需求、共同利益为纽带，在平等自愿、互惠互利的基础上，建立资源共享、优势互补、条块结合、共驻共建的格局，实现党建共抓、社区共建、资源共享、文明共创。

（3）共商共谋的原则 最大限度地发挥街道社区党组织领导核心作用，使社区内松散的组织通过有效的载体建设紧密地联系起来，最大限度地调动驻地单位党组织的积极性、主动性，最大限度地发挥居民党员、在职党员、流动党员的先锋模范作用。

（4）服务群众的原则 要遵循服务群众这一根本原则，进一步履行党的宗旨、巩固党的执政基础、密切党与群众的联系，从而获得广大人民群众的拥护和支持。

2. 三会一课制度

（1）三会一课，即（总）支部委员会、（总）支部党员大会、党小组会和党课。

（2）（总）支部委员会每月召开一次以上。由党（总）支部书记主持。主要是学习党的路线、方针、政策；讨论决定重大事项；总结部署工作；研究党员发展、转正和自身建设问题。

（3）（总）支部党员大会每季度召开一次。由党（总）支部书记或副书记主持。主要是学习上级党组织有关文件、传达会议精神；通报支部工作情况，听取党员意见和建议，部署党的工作；讨论通过发展党员和转正。

（4）党小组会每季度召开一次。由党小组长主持。主要是学习上级组织有关文件；听取党员个人思想和工作情况汇报，开展批评与自我批评；酝酿发展党员、转正情况。

（5）党课每季度进行一次。参加人员为全体党员、入党积极分子。授课内容主要是传达党的文件、党风党纪和有关知识教育、表彰先进人物，播放有教育意义的电视录像等课程。

3. 民主生活会制度

（1）民主生活会每年至少召开一次，由社区党组织书记主持。

（2）民主生活会前，根据上级党委确定的议题，认真组织社区党组织班子成员学习相关材料。同时，通过各种形式，广泛征求党内外对社区党组织班子及成员的意见和建议。

（3）社区主要负责人要同班子的每个成员分别谈心，对其思想和工作情况作适当评价，肯定成绩，着重指出存在问题。班子成员间也要互相谈心交心，增进了解，化解矛盾，互相帮助，加强团结。

（4）召开民主生活会时，班子成员认真交流思想认识，总结经验教训，开展批评与自我批评。一般先班子，后个人，先主要负责人，后班子其他成员。

（5）对群众反映的突出问题和民主生活会上检查出来的主要问题，应逐个研究，制定整改措施，形成整改方案，报区党委纪检、组织部门。

4．民主议事制度

（1）党组织议事的形式为党组织大会和党组织委员会。党组织大会每季度召开一次，党组织委员会每月至少召开一次。如遇特殊情况，可随时召开会议。

（2）议事内容为党内的重要事项，如通报党组织工作，听取党内意见，布置党内工作，讨论党员发展、党组织换届、人事安排等。

（3）党组织大会、党组织委员会由党组织书记召集并主持，党组织书记因故不能到会可委托副书记召集并主持。

（4）党组织大会由全体党员参加，党组织委员会由党组织委员参加。必要时可邀请上级党组织领导参加会议。

（5）党组织大会、党组织委员会在召开前，应将会议召开时间、地点、议事内容等通知与会人员。党组织大会应到正式党员过半数方可召开，党组织委员会要有 2/3 以上的委员参加方可召开。

（6）参加会议人员都可以发表意见，对重要问题的议定须进行表决。可采用口头、举手或无记名投票的方式。表决赞成票必须超过应到会人数的半数，决议方有效。如意见分歧较大，一时不能形成决议，须进一步酝酿讨论，等下一次会议再研究。必要时可由上级党组织裁决。决议一经形成，必须坚决执行。

5．党员定责上岗制度

（1）上岗党员条件。思想政治素质好，具有较强的事业心、责任感，身体健康，年龄一般在 70 岁以内，志愿无偿为社区工作服务的无职党员。

（2）岗位设置。一般可设"致富岗"、"宣传岗"、"信息岗"、"综治岗"、"保洁岗"、"监督岗"等。

（3）上岗方式。社区组织采取党员个人自荐、群众推荐、党内互荐、组织研究的方式，确定每一个岗位上岗党员的名单，予以公示。党员经过岗前培训后，按岗位职责上岗开展工作。

（4）管理考评。社区党组织负责对上岗党员履职情况进行考评，考评结果作为年终评议党员的重要依据。

6．党员联系群众制度

（1）社区党组织根据每个党员的专业特长和各自的具体情况，采取组织决定和本人自愿相结合的方式确定联系对象，凡有能力的党员一般联系 1～2 户。

（2）联系对象主要是种养示范户和生活困难户。

（3）职责主要是宣传党的路线、方针、政策和有关法律法规，传授科技知识和传递信息，了解联系户生产、生活和思想情况，帮助寻找致富门路。

（4）党员联系户一经确定后，一般不作变更，特别原因需调整的，应事先报社区党组织讨论通过。

（5）党员对待联系户要做到热情、耐心、主动，每月至少一次。党员联系户情况作为年终评议党员的重要依据。

7．民主评议党员制度

采取"双评一定一公示"（党员互评、群众评议、党组织审定、结果公示）的方法进行民主评议党员。民主评议党员每年进行一次。具体操作步骤为：

（1）学习动员。以党支部为单位进行动员，讲清民主评议党员工作的目的、意义、要求和工作安排。

（2）民主评议。

党员互评。在党员作党性分析、汇报交流的基础上，在党小组内严肃认真地开展相互评议。

群众测评。由社区党组织组织群众代表对每个党员进行测评。

支部定格。支委会根据"双评"结果，对每个党员进行综合评议，确定等次。

公示结果。以党支部为单位，将评议结果在所在地公示。

（3）表彰、处理。对表现突出的优秀党员，报上级党组织给予表扬；对不合格党员，要区别情况，作出限期改正、劝退、除名等组织处理。

8．流动党员管理制度

（1）社区党组织在流动党员外出前进行行前教育，按规定登记并发放《流动党员活动证》，掌握外出党员的流动去向、外出时间、地点和联系方式等情况，保持经常联系，了解其外出后的思想、就业和生活等情况，及时向外出流动党员通报党组织的重要情况。

（2）对流入党员，社区党组织做好验证接收工作，及时将流入党员编入相关支部，组织他们参加党的组织生活，如实填写《流动党员活动证》，并将外来流动党员的重要情况反馈给流出地党组织。

（3）党员3名以上集体外出、地点相对集中的，社区党组织应建立临时党小组或党支部。在流入党员较为集中的集贸市场、新经济组织等，社区党组织应专门建立流动党员党组织。

（4）做好外出预备党员的考察转正和流入预备党员教育管理工作。

（5）流动党员应在外出前向所在党支部报告，并凭《流动党员合格证》交给流出地党组织查验。

9．社区党组织换届选举制度

（1）社区党组织每届任期3年。每届任期结束前，党组织要及时向区党委提出换届申请，不得无故拖延。

（2）社区组织换届选举工作一般由上届党组织委员会主持。

（3）社区党组织换届选举主要程序为：

1）研究部署。召开党组织委员会、党员大会，组织学习换届选举工作文件；制定党组织书记、副书记任职条件。

2）公开报名。报名办法是：①党组织委员会酝酿推荐报名；②居民举荐报名；③个人自荐报名；④区党委提名推荐报名。

3）名单公示。社区党组织上报公开推荐的党组织书记、副书记和委员初步候选人名单，并同时进行公示，公示时间一般要求要5天以上。公示期间，如有群众举报，应及时进行调查核实。

4）民主推荐。召开全体代表、党员、社区组干部民主推荐会议。根据民主推荐结果，经党委考察审查，确定党组织书记和委员候选人名单。

5）直接选举。召开党员大会，选举社区党组织委员、书记和副书记。①社区党组织书记和委员正式候选人发表竞职演说；②全体党员以无记名投票方式直接选举产生社区党组织委员、书记和副书记。

（4）选举结果报街道党工委审批。

10. 社区党员党费收缴制度

（1）缴纳党费是每个党员的义务。在无正当理由的情况下，党费不得拖欠或不交，党员连续6个月没有交纳党费，经教育仍不改正，就认为是自行脱党，由党组织召开大会决定对其除名，并报上级党组织批准。

（2）新入党的党员，从批准为预备党员的那个月开始交纳党费。

（3）交费标准：

1）有固定工资收入的党员，工资在3000元以下（含3000元）交纳比例为0.5%；3000元以上至5000元交纳比例为1%；5000元以上至10000元交纳比例为1.5%；10000元以上交纳比例为2%。

2）没有固定收入的农民党员、下岗待业的党员、以领抚恤和救济为生的党员、领取当地最低生活保障金的党员，每月交纳0.2～1元。离退休干部职工党员按每月离退休工资基数计算。

3）没有经济收入或交纳党费有困难的党员，由本人申请，经党组织委员会同意，可以少交或不交。

4）按年度结算工资的党员、个体工商户党员或有相对固定收入的党员交纳党费标准原则上以上年月平均收入为基数计算，多交不限。

（4）交纳时间：党员应按月交纳党费，流动党员、工作地点不太稳定的党员、离退休人员中的党员可视具体情况，经所在党组织同意，可以委托亲属或其他党员代为交纳或者补交党费，补交党费时间不得超过半年。社区党组织每月向上级党组织上缴当月党费。

案例阅读

金盆岭街道芙蓉南路社区在创建"三型"党支部中彰显基层支部活力

"认真学习，终身学习，不断提高自身业务理论水平，建'学习型'社区党支部；想居民之所想，解居民之所难，建'服务型'社区党支部；创新方式方法，提高工作效率，建'创新型'社区党支部。"这是金盆岭街道芙蓉南路社区党支部在创先争优活动中对社区党员社区居民群众的庄严承诺。

一、注重创建活动的多样性，积极创建学习型党支部

芙蓉南路社区党支部通过整合社区居民资源，通过以"阅读人生、和谐家庭"为主题开展系列活动。活动主要包括4项。①开展每天一角活动。社区在文化长廊设置"读书角"，在社区读书角开设读书园地，张贴优秀文章。每天定期举行分类或分年龄段的读书交流活动，如英语交流会、亲子交流会等。在读书角设置读者信箱，收集居民对于书香家庭、社区图书馆建设的意见和建议。②开展每周一课活动。每周一课是书香型家庭的活动平台、推进品牌家庭的重要抓手。社区通过开办社区礼仪班、社区书画班、社区声乐班等学习班。邀请社区辖区内的专家，每周给居民上课。鼓励社区居民以家庭为单位参加。③开展每月一坛活动。开设"社区讲坛"，每期定在每月中旬。地点采取固定与流动、集中与分散相结合方式。设置时事政治、道德与法、文明礼仪、国学精粹、心理咨询、科普知识、医疗保健、科学理财等重点内容。④开展"每季一评"活动。社区党支部对书香家庭进行动态管理，根据家庭读书学习的表现，每季在社区评选十户书香家庭，并给予适当的奖励。

二、注重创建活动的实效性，积极创建服务型党支部

社区党支部为了有效服务党员群众，开通了网上党校和E网在线。为年轻党员和流动党员提供了生动有效的学习方式，拓展个性化学习空间，使社区党员参加各种形式的继续教育。这样可以让一些党员上网学习，开展在线学习与交流。网上党校把需要学习的党的方针和政策、书记论坛的资料放在网上，使党员足不出户就能够参加组织活动，新颖的学习形式和网络巨大的学习信息量吸引了越来越多的党员参与进来，得到了党员的欢迎和支持。针对社区网络阅读爱好者，党支部还建设了芙蓉南路社区网络图书馆，开设芙蓉南路网络图书馆，开辟书院在线阅读。搭建书评博客圈、读书频道、荐书论坛，坚持每周发送经典书图，每月推荐精品读物，定期开展网上读书心得交流。

三、注重创建工作的创新性，积极创建创新型党支部

为了创新工作方法，提高社区的服务的水平。今年年初社区党支部提出了"走出去、引进来"的学习方式。社区党员干部和社区工作人员在社区书记的带领下，外出学习达200多人次，先后到德政园、青山祠等十几个社区学习。将其他社区先进的经验引进来。社区也接待了开福区区委、哈尔滨市民政局、青岛大学等100多人次的参观。同时在全省社区中率先开展了"日清日高、周事周毕"的管理法，设计了网格化管理系统。为了让每位社区干部都能够熟练地掌握，社区专门到网络公司进行了参观学习，这一创新举措有效推进了社区信息化建设。今年在迎接国家文明城市的检查中，"日清日高、周事周毕"的管理法发挥了重要作用，顺利地迎接了国检。社区还邀请社区建设的专家开设"社工课堂"，工作人员积极参加助理社工师的考试和培训，并把学到的专业知识不断运用到实际工作中，通过开展创建学习型党支部活动，芙蓉南路社区在全市率先开展老旧居民社区的物业化服务试点、社区矫正试点，得到了省、市领导的充分肯定，试点经验在全市进行推介。

课间休息

全国劳动模范、天心区金盆岭街道天剑社区党支部书记张国庆

"作为一名共产党员，为党奉献、为人民服务是一种义务也是一种快乐。"作为天心区天剑社区党支部书记、居委会主任的张国庆，13年来在岗位上勤勤恳恳，把这个曾经是社会治安的"乱窝子"变成了居民群众生活的乐园。为了做好114名刑释解教人员的帮教工作，她共为刑释解教人员办理了42个低保、40余次子女学费代缴、150人次生活困难补助，担保和安置就业120余人次。张国庆在社区党建、综合治理、安置帮教、劳动保障、计划生育、民政救济等项工作中，成功地创造出"牵牛鼻子法"、"零距离工作法"等"天剑工作模式"，使过去居高不下的重新犯罪率连续7年间保持为零。社区连续5年被评为省、市、区综治工作先进单位和文明安全小区。

任务三　策划社区党员活动

任务描述

社区党员是社区建设的中坚力量，党员活动作为凝聚党员的载体就显得尤为重要，本章通过介绍社区党员活动策划，增强学生对党员活动实务能力。

任务实施

芙蓉南路社区关于深入开展创先争优活动的策划书

在党的基层组织和党员中深入开展创先争优活动，是党的十七大明确提出要开展的两项重要活动之一，是巩固和拓展全党深入学习实践科学发展观活动成果的重要举措。根据中央和省、市委关于在党的基层组织和党员中深入开展创先争优活动的精神和要求，结合社区实际，制定实施方案如下。

一、指导思想和总体要求

1．指导思想

以"务实亲民，建设服务型党支部"为主题，以"服务中心率先发展、建设队伍促进和谐"为载体，以推进"三化三先锋"为重点，从社区实际出发，通过开展创先争优活动，发挥党员示范作用，促进党员转变作风，提高机关效能，为支部和党员在推进社区"三年行动计划"的实践中建功立业。

2．总体要求

贯彻落实创先争优活动的总体要求，关键是要把握好"推动科学发展、促进社会和谐、服务人民群众、加强基层组织"的活动目标。

推动科学发展。扎实开展创建学习型党组织建设，巩固和扩大深入学习实践科学发展观活动成果，进一步解决影响和制约科学发展在思想上、行动上的突出问题，积极参与创建"两型社区"的实践活动。党组织和党员在"深入推进科学发展，率先实现全面小康"中当先锋、做表率。

促进社会和谐。深入开展社会主义核心价值体系教育，推动形成良好社会风气；发挥基层党组织和机关党员在维护稳定中的作用，了解群众思想动态，凝聚人心；在危难险重和突发事件面前走在前头，敢于担当，发挥骨干作用。

服务人民群众。做"三联三为"活动的践行者，以"支部+社区"、城乡共建互助、"两帮两促"为切入点，大力开展党员志愿活动，为群众提供各方面的服务，帮助他们解决实际困难和问题，进一步密切党群干群关系。

加强基层组织。按照"组织强功能、干部强素质、党员强意识"的要求，以推进"三化"为目标，加强学习型党组织建设，着力提升党务干部队伍素质。进一步创新活动方式，激发党员队伍活力。通过党组织建设，带动群团组织开展创建先进集体、争当先进个人活动。

二、主要内容和总体安排

1. 主要内容

创先争优活动以创建先进基层党组织、争当优秀共产党员为主要内容。

先进基层党组织的基本要求是，学习型党组织建设成效明显，出色完成党章规定的基本任务，努力做到"五个好"：①领导班子好。坚决贯彻落实党的路线、方针、政策和上级党组织的指示精神，认真学习践行科学发展观，坚持民主集中制。团结协作，开拓创新，战斗堡垒作用发挥好。②党员队伍好。党员教育管理扎实有效，党员素质优良，党员意识强，先锋模范作用发挥好。③工作机制好。各项规章制度完善，管理措施到位，工作运行有序，党内民主稳步推进。④工作业绩好。围绕中心、服务大局，社区各条线成绩显著。⑤群众反映好。工作措施群众拥护，工作作风群众满意，工作实绩群众认可，基层党组织在群众中有较高诚信，党群干群关系密切，党员在群众中有良好形象。

优秀共产党员的基本要求是，模范履行党章规定的义务，努力做到"五带头"。①带头学习提高。积极参与建设学习型党组织，认真学习实践科学发展观，学习新知识、新业务，不断加强党性锻炼、提高综合素质。②带头争创佳绩。在本职岗位上埋头苦干、开拓创新、无私奉献，做出显著成绩。③带头服务群众。主动联系群众，积极为群众解难题、办实事，自觉维护群众正当权益，热心社会公益事业，做群众贴心人。④带头遵纪守法。自觉遵守党的纪律，模范遵守国家法律法规和单位的规章制度。⑤带头弘扬正气。模范践行社会主义核心价值观，发扬社会主义新风尚，争当文明守法好公民，敢于同不良风气、违纪违法行为作斗争。

2. 总体安排

按照区、街党委的要求，创先争优活动，要结合日常工作有计划、有节奏地常抓不懈，要作为统筹党的建设的一项经常性工作。对于开展活动的步骤、阶段，机关党总支不做统一部署，各支部要结合自身实际，制订实施方案，具体安排实施步骤，明确什么时候该干什么，先干什么后干什么。要明确年度目标、完成时间，落实责任人，各支部负责人要切实履行职责，掀起创先争优活动高潮。

三、活动重点、具体内容及主要形式

1. 活动重点

在落实中央和省、市委统一要求基础上，社区党支部要以市委提出的推进"三化三先锋"工程为目标，以"服务中心率先发展，建设队伍促进和谐"为载体，着力打造"三型"的基层党组织和"三高"的社区党员队伍。

"三化三先锋"工程的主要内涵是推进基层党组织建设"三化"，打造"三型"社区党组织。以推进服务科学发展长效化为动力，着力创建学习型党组织；以推进社区建设精细化为契机，着力创建服务型党组织；以推进社区工作网格化为目的，着力创建创新型党组织。推进党员队伍争做"三先锋"，着力打造"三高"机关党员队伍。争做学习先锋，建设爱岗敬业素质高的党员干部队伍；争做发展先锋，建设务实创新效能高的党员干部队伍；争当服务先锋，建设清廉为民境界高的党员干部队伍。

2. 具体内容

1）开展"讲党性、重品行、做表率、树形象"专题教育活动，切实解决社区党支部党员干部在党性、品德、作风、能力等方面存在的突出问题。

2）立足社区党支部开展"三找"活动，集中解决社区党支部开展党建工作中存在的突出问题，进一步提高党建科学化水平，逐步实现党建基础工作规划化、工作流程程序化、文档信息电子化。

3）开展"定点帮扶、结对共建"主题活动。在巩固 2009 年度帮扶成果的基础上，开动脑筋，加大力度，努力实现"四个一"的活动成果。

2011 年的活动内容，根据上级要求再作另行安排。

3．主要方式

创先争优活动主要通过公开承诺、领导点评、群众评议、评选表彰 4 种方式推进。

（1）公开承诺　社区党组织根据街道工委的工作要求，结合社区的实际，党员要根据组织的要求，结合"讲、重、作、树"活动中查找出的突出问题，提出个人的具体打算。通过党员大会、"三会一课"、党务公开等形式采取书面（纸质）、电子等形式将创先争优活动方案向群众公开承诺。

（2）领导点评　社区组织将采取听取汇报、调研走访、交流座谈等形式，对党员开展创先争优活动情况适时进行点评。

（3）群众评议　社区党组织结合民主评议党员、半年度工作讲评、作风评议、定期党性分析评议等工作，统筹安排对开展创先争优活动情况进行群众评议。

（4）评选表彰　街道工委将对社区党组织和党员开展创先争优活动情况进行总结，于 2010 年的"七一"前后召开创先争优活动推进会，并在 2011 年、2012 年的"七一"前，对先进基层党组织、优秀共产党员、优秀党务工作者以及开展创先争优活动成效显著的部门党组织进行集中表彰。

四、组织领导和要求

开展创先争优活动，覆盖面广、持续时间长、要求高，必须加强组织领导，充分调动各支部的积极性、主动性和创造性，务求取得实效。

（1）加强领导、落实责任　根据上级党委的要求，成立社区创先争优活动工作小组。社区党组织书记为组长，副书记为副组长，其他支部委员为成员。各支部要根据本实施方案，制订相应的安排，并抓好活动的具体组织实施。各支部活动安排用表格的形式，于 7 月 1 日前报社区党组织。

（2）精心指导，务求实效　开展创先争优活动时间持续较长，覆盖面广。各支部在做具体安排时，要根据各自的具体情况和党员的岗位特点，既要考虑体现时代特征，又要考虑个性需求，真正体现有利于党组织开展活动、有利于党员参加、有利于取得实效的原则。

（3）注重统筹，促进工作　各支部要统筹协调，把活动作为经常性工作来抓，把握好活动的进度和节奏。要把创先争优活动与"讲党性、重品行、做表率、树形象"活动结合起来，与推动学习实践科学发展观结合起来，与推动学习型党组织建设结合起来，把各支部和党员在创先争优活动中焕发出来的热情及时转化为扎实工作、干事创业的实际行动，真正做好相互促进。

任务引导

开展党员活动，一方面可以增强学生对社区组织的活动能力，另一方面能让学生了解社区党组织建设的内涵和党建工作的主要工作内容。策划党员活动具体包括：①了解社区党建活动的主要类型，了解党员活动日的具体内容。②了解当前重要的社区党组织活动；③设计党员活动方案。

知识链接

1. 党员活动分类

（1）党员志愿活动　通过开展党员志愿服务活动，引导广大共产党员增强党性意识、责任意识、大局意识，投身公益事业，服务基层群众，密切党群关系，努力成为良好社会风尚的倡导者、社会主义精神文明的传播者、社会和谐稳定和科学发展的促进者。推进党员志愿服务工作机制化、常态化，培养造就一支服务类型多样、发挥作用明显的党员志愿服务队伍，建立一批党员志愿服务活动示范基地，创造一批有广泛影响、受群众欢迎的党员志愿服务品牌，构建起服务为先、特色鲜明、社会认可的党员志愿服务活动组织体系，团结引导广大群众投身到建设科学发展示范区和人民群众幸福之都的事业中来。"党员志愿服务日"为每月第二个星期六，由基层党组织根据党员的特长、技能结合服务项目，组织开展以"服务群众、服务基层、服务社会、服务发展"为主要内容的党员志愿服务活动。

（2）党员主题实践活动　党员主题实践活动是基层党组织在党员教育管理中，有目的、有领导、有计划地组织党员结合行业特点和本单位的工作实际，围绕改革开放和经济建设而开展的一系列旨在增强党员精神文明建设的各种党内活动。党员主题实践活动的形式多种多样，如"党员工程"、"我为党旗添光彩"活动、"党员先锋岗"活动、"凝聚力工程"、"鱼水工程"、"党员为民服务周"、"党员扶贫活动"，以及围绕党的中心工作开展的各种竞赛活动等。这些活动既为党员所喜闻乐见，又成为基层党组织发挥作用的有效形式。开展党员主题实践活动应抓好4个环节：①搞好教育。把教育贯穿于党员主题实践活动的全过程。②加强管理。要制定目标，加强考核评比，不断丰富内容，完善形式，强化活动效果。③选好主题。要寻找实际工作中的薄弱环节、有影响的问题和难点问题，作为活动的主题。④抓好骨干。党员领导干部要在主题实践活动中起表率和示范作用。开展党员主题实践活动，应注意以树立典型、正面引导为主；重视党员在活动中的自我教育，注意发挥党员的主观能动性，使活动成为党员自觉参与、自我教育、自我管理的过程。

（3）党员学习活动　高举中国特色社会主义伟大旗帜，坚持以邓小平理论和"三个代表"重要思想为指导，深入贯彻落实科学发展观，全面贯彻党的十七大和十七届三中、四中全会精神，紧紧围绕党和国家工作大局，按照科学理论武装、具有世界眼光、善于把握规律、富有创新精神的要求，以提高全党思想政治水平为基本目标，深入学习马克思主义理论，学习党的路线方针政策和国家法律法规，学习党的历史，学习现代化建设所需要的各方面知识，不断在武装头脑、指导实践、推动工作上取得新成效。要大力营造和形成重视学习、崇尚学习、坚持学习的浓厚氛围，牢固确立党组织全员学习、党员终身学习的理念，建立健全管用有效的学习制度，使党员的学习能力不断提升、知识素养不断提高、先锋模范作用充分发挥，使党组织的创造力、凝聚力、战斗力不断增强。

2. 党员活动日

党员活动日的目的是搭建党员活动经常化平台，充分发挥党员的先锋模范作用。针对有的地方和单位党员活动不落实、不经常、不规范的问题，统一建立规范化、常态化的党员活动制度。通过坚持党员活动日制度，不断提高广大党员的党性意识、责任意识和宗旨意识，使党员经常受教育，永葆先进性。例如，唐山市委建立"三日一网"（党员活动日、党代表工作日、党员志愿服务日和唐山共产党员网站）党员活动制度，进一步搭建党员管理服务平台。每月最后一周的周日为党员活动日。由基层党支部负责组织全体党员参加党员活动日，活动主题根据上级党组织安排和本单位工作需要确定。采取学习辅导与网络互动、座谈讨论与主题论坛、典型交流与外出考察、岗位奉献与谈心交心、党员内部活动与党外群众参与相结合等多种形式，创造性地开展活动。活动日的主要内容是传达贯彻上级党组织的决议、指示；研究党内重大事项和部署工作；组织党员学习政策、法规、工作业务和党的基本知识；开展思想汇报和评议党员；开展义务劳动、服务群众、参政议事、献计献策等活动。

3. 创先争优活动

"创先争优"活动，即创建先进基层党组织，争做优秀共产党员活动。这是在基层党组织中广泛开展并富有成效的一种活动形式。"创先争优"活动规划内容包括：活动的指导思想和目标，基本内容和要求，活动方式，评比条件、方法和奖励办法，以及活动的组织领导措施等。活动实施过程中要经常掌握情况，进行检查指导，及时发现和纠正存在的问题，总结推广好的经验。采取自下而上、民主评选、集中审议的方法，评选出先进基层党组织和优秀共产党员，按有关规定进行表彰。巩固和拓展全党深入学习实践科学发展观活动成果，可进一步推动学习实践科学发展观向深度和广度发展，可持续激发各级党组织和广大党员生机活力、提高党的执政能力、保持和发展党的先进性；进一步促进各级党组织和广大党员更好地联系和服务群众，始终保持党同人民群众血肉联系；进一步推动党的建设更好地服务党和国家工作大局，服务本地区、本部门、本单位中心工作，加快转变经济发展方式，促进经济社会又好又快发展。

案例阅读

狮子山党支部社区"七一"活动方案

为纪念中国共产党成立89周年，进一步加强我社区各党支部和党员队伍建设，不断提高广大党员的整体素质，发挥党组织的先锋模范作用，狮子山社区党支部决定，在"七一"前夕开展以庆祝建党89周年为主题的活动，具体安排如下：

一、指导思想

本次活动以深入学习贯彻落实科学发展观为统领，紧紧围绕以培养学习优、作风优、素质优的党员队伍为重点，深入推动"创先争优"系列活动的开展。通过开展党课教育活动，进一步激励全体党员解放思想，开拓进取，努力争当"创先争优"典型，进一步增强党组织的创造力、凝聚力和战斗力，向党的生日献礼。

二、活动主题

重品行　做表率　比贡献　争当优秀共产党人

三、活动时间

2010 年 6 月 29 日上午 9 点

四、活动地点

长沙烈士公园

五、参加人员

社区党员

六、活动内容

邀请区科协著名讲师陈广一老师为广大党员代表进行党性及公民道德修养的讲授，特别是在"创先争优"活动中，社区党员应如何发挥党员的先锋模范作用，争当优秀共产党员，激发党员们的热情，调动起他们的积极性，把社区党委在"创先争优"活动中开展"五比五创"为载体的特色活动真正落到实处。

七、活动组织机构

组　　长：苏信群

副组长：王鹏

组　　员：周向晖

课 后 实 训

请以纪念建党 90 周年，开展"学党史、颂党恩、跟党走"活动为主题，加强社会主义核心价值体系教育为目标，设计一份党员活动方案。

项目 五

社区居民自治组织管理

项目概述

社区居民自治组织管理是社区建设的基础。本项目要求学生通过查找文献、社区观摩和实地走访调查，了解社区居委会、业主委员会等社区自治组织的工作内容、考核机制和管理经验等。重点培养学生观察思考和分析解决问题的能力。

背景介绍

社区居民自治组织的基本形式是社区居委会。社区居委会是一种基层群众性自治组织。是我国城市基层政权的重要基础。随着我国社会主义现代化建设的全面展开和城市化进程的加快，社区居委会的工作进入了一个大发展的时期。因此，了解社区居委会的工作内容、主要职责、考核机制和管理经验对进一步拓宽居委会工作范围，提高基层民主和居民自治水平至关重要。

社区居民自治组织的另一形式是社区业主委员会。社区业主委员会的成立是为了维护社区居民的利益，协调物业、开发商以及相关部门能够更好地为居民服务，同时也配合社区居委会、物业、开发商等相关部门共同建设好小区。可以说，通过社区业主委员会这个桥梁，社区、物业和开发商就能够与社区业主进行良好的沟通，形成良性循环，才能使小区建设越来越好。

任务一　观摩社区居委会的工作

任务描述

观摩社区居委会的办公环境和工作内容，感受社区工作作风改革给居民带来的喜悦，了解社区居委会工作的主要内容。通过此次观摩锻炼学生观察思考问题的能力，最终形成观察结论。

任务实施

以前的社区居委会，工作人员都分散在不同的办公室里，居民们办事得挨着门去找，办事不方便。如今，为了改善社区服务质量，居委会将各个办公室打通，开设了社会保障、再就业、城市低保、司法、计生、党群工作指导等多项服务窗口，服务窗口上方悬挂了专用标示牌，标明着各种办事、办证指南，一目了然，可谓"一次性"告知居民办理流程，大大提高了办事效率。

以往的多屋式办公已将变为多窗口式服务，各个窗口涉及事宜均与居民生活密切相关，每个窗口都有专人负责接待办理相关事宜，改变了以往居民办事不知找谁，挨屋问，楼上楼下跑的麻烦，给居民提供了更加方便快捷的服务，充分体现社区的服务职能。这项便民利民的新举措，使社区工作环境有了新气象，工作人员精神面貌有了新改观，居民对此非常满意。

任务引导

（1）通过观摩社区"一站式"服务窗口，了解社区居委会的工作内容和主要职责。

（2）通过访谈社区居委会的工作人员，把握社区居委会的性质、功能及机构。

知识链接

1. 社区居委会的性质、功能和机构设置

（1）社区居委会的性质　《中华人民共和国城市居民委员会组织法》第二条规定："居民委员会是居民自我管理、自我教育、自我服务的基层群众性自治组织"。《宪法》明确了城市居民委员会的性质，居民委员会不是一级政权组织和行政组织，而是具有 套组织系统的群众性自治组织，是我国城市居民群众在本居住地域内自己管理自己、自己教育自己、自己服务自己的共同管理好本居住地区各项事务的组织，是人民群众直接管理自己事务的组织形式。社区居委会的性质，使它既区别于国家政权机关，也区别于其他群众组织、民族自治地方的自治机关。具体表现在以下几个方面。

1）社区居委会与国家政权机关的区别：在我国，国家政权机关包括权力机关、行政机关、审判机关和检察机关。社区居民委员会不是国家政权机关的任何一种，也不是国家政权机关的派出机关。

2）社区居委会与其他群众组织的区别：在我国，有许多从事社会活动的群众组织，如总工会、共青团、妇联、青联等，社区居民委员会作为基层群众组织，和它们有一定的共同之处，但在设立、任务、服务对象、作用等方面却明显不同。

3）社区居委会与民族自治地方的自治机关的区别：根据宪法规定，少数民族在聚居的地方实行民族区域自治。民族自治地方建立自治机关，行使自治权。自治机关除行使一般国家机关的职权外，还行使自治权，是国家政权机关的组成部分，不同于社区居委会。

（2）社区居委会的功能　中国的城市基层群众自治有自己的特色，具体体现在它的功能

上。概括来说，城市基层群众自治组织具有如下几方面的功能。

1）协助功能。城市基层群众自治组织，即居委会，是基层群众性的自治组织，因而属于政权体系外的组织。但是，由于它是国家政权所没有触及到的基层社会的主要自治组织，而且以中国共产党的基层组织为领导核心，所以它的早期活动就很自然地被纳入到由国家政权主导的整个政治过程中，成为国家调控社会的重要辅助组织。最早由石家庄提出的"二级政府，三级管理，四级落实"的城市管理体制，就是基于这样的现实而形成的。居委会的协助功能主要体现在协助政府宣传宪法、法律、法规和国家的政策，维护居民的合法权益，教育居民依法履行应尽的义务，爱护公共财产，开展多种形式的社会主义精神文明建设活动；协助人民政府或者它的派出机关做好与居民利益有关的公共卫生、贫困救助等工作。

2）自治功能。从根本意义上讲，中国城市基层群众自治不是从社会直接发展起来的，而是国家政权建设和制度设计的产物。所以，这个群众性的自治组织，一开始就是作为与国家政权体系有深刻内在联系的组织而存在的，其性质、组织样式和制度形态都是由国家设计和确定的，从而决定了其性质，即其所具有的协助功能是其存在和发展的前提。但是，依据宪法和法律规定，居委会是自治性的组织，自治是该组织的本质属性，具体体现为居委会所具有的自治性和自治功能。这也就意味着居委会所承担的协助功能应以居委会的自治性和自治功能的发挥为基础。依据组织法，居委会的自治功能体现为自我管理、自我教育和自我服务上，而这些功能的自治性是以居委会由居民选举产生、其工作由居民承担以及接受居民监督为前提的。

3）协调功能。协调功能既是政治功能的一部分，同时也是自治功能的一部分，之所以将其独立出来强调，是因为居委会的这方面功能对中国社会具有特殊的意义。长期的计划经济和政府主导型的发展模式，使中国的国家与社会关系形成"强国家，弱社会"的格局，社会中具有自主地位的权威性组织发展有限，于是居委会就成为基层社会最重要的权威性组织，自然而然地承担起协调各种关系和矛盾的使命。居委会协调的主要关系有居民与政府的关系、居民与单位之间的关系、居民之间的关系、家庭内部的关系。其中在调解民间纠纷方面，居委会中的"人民调解委员会"起了十分重要的作用。

4）治保功能。居民委员会组织法明确规定在居委会下设治安保卫委员会，其任务是协助维护社会治安。早在 1952 年，由当时的政务院批准，公安部颁布了《治安保卫委员会暂行组织条例》，1980 年又重新公布了这一条例。条例规定，治安保卫委员会是群众性的治安保卫组织，在基层政府和公安保卫机关的领导下进行工作。这个功能使居委会成为保障社区安全的重要的组织力量。

（3）社区居委会的机构设置 《中华人民共和国城市居民委员会组织法》规定："居民委员会根据需要设人民调解、治安保卫、公共卫生等委员会"，"居民委员会可以分设若干居民小组，小组长由居民小组推选"。

依据《中华人民共和国城市居民委员会组织法》及中办 23 号文件精神，社区居委会通常是指社区居委会及其下属各工作委员会和居民小组，它构成了完善的社区居委会组织体系。社区居委会受社区成员代表大会的委托，处理社区的日常工作。社区居委会由社区居民选举产生，代表居民群众利益，根据社区居民会议的决定和授权依法办理群众自己的事情。社区居委会下设的各工作委员会在社区居委会的统一领导下开展工作。居民小组是社区居委会组织系统中最基础的组织，社区居委会和各工作委员会的决定，都要通过居民小组去落实。社区居委会、各工作委员会和居民小组共同构成了城市群众自治组织系统，各工作委员会是社区居委会的工作机构，必须对社区居委会负责；居民小组是联系居民的最基层单位，应认真完成社区居委会交办的各项工作任务，及时反映居民的要求。

2．社区居委会的工作内容和主要职责

（1）社区居委会的主要工作内容

1）向居民群众宣传党和国家的方针、政策和法律，认真贯彻执行上级有关部门提供的指示和任务。

2）为群众提供办理身份证、婚姻、住房、计划生育、出境申请、户口死亡等有关证明。

3）向群众提供有关户口申报，计划生育办证程序。

4）对社区内暂住的流动人口查验"四证"包括（身份证、暂住证、务工证、流动人口计划生育）；对常住育龄妇女建立信息卡，开展计划生育优质服务和五期教育。

5）协助做好拥军优属、帮困救济、扶残助寡及统战、殡葬改革等工作。

6）协助城管部门整治社区脏、乱、差及堵塞等工作。

7）协助派出所维护社会治安、调解民间纠纷，帮教"归正"回籍人员，防火防盗等工作。

8）积极开展社区服务，搞好社区建设工作。

9）组织群众集体文化活动，做好寒、暑假期青少年思想文化教育工作。

（2）社区居委会工作职责

1）管理职责。在上级有关部门领导下，组织社区成员进行自治管理，搞好社区保障、卫生、治安、文化等各项目管理，完成议事监督委员会确定的目标和任务。

2）服务职责。组织社区群众开展便民利民的社区服务和为社区特殊群体提供福利性服务，开展以劳动就业保障为重点的社区事务性服务，为社区弱势群体提供保障救助服务。

3）教育职责。组织引导社区群众开展法制教育、公德教育和科学文化知识教育，组织社区成员开展健康有益的文化娱乐和体育活动，形成具有本社区特色的文化氛围，增强社区成员的归属感和凝聚力，提高社区的文明创建水平。

4）监督职责。对政府有关部门和其他社区组织履行其职责的情况进行必要的监督，并将监督意见及时向街道或上级部门反馈。

3．社区居委会的特点

（1）基层性　社区居民委员会是独立存在于城市的最基层组织。它是基层联系广大社区居民和社区单位的桥梁和纽带。政府通过社区居委会把政府的政策文件及指示精神及时传达给社区成员；社区居委会直接把群众的意见、要求和建议反映给政府部门。

（2）服务性　社区居委会作为基层自治性组织，主要任务是实现社区的有序管理，为社区成员服务。这种服务既包括物质方面的服务，也包括文化、教育方面的服务。社区居委会应当组织居民开展形式多样的社区文体活动，采取各种方式丰富方便社区居民的生活。全面为社区成员的生活和生产服务。

（3）自治性　社区居民委员会是城市居民实行自我管理、自我教育、自我服务和自我监督的群众性自治组织。城市居民正是通过社区居委会这一组织形式，实现了对社区事务和与自身利益相关事务的管理和参与，以维护自己的合法权益。

案例阅读

社区居委会功能将回归

随着社区"减负"的呼声越来越高，一项涉及社区管理改革的"新政"在芙蓉区开始全面推开。芙蓉区将在下属的 38 个社区同步推进社区管理改革，今后，社区门口除保留原先挂着的"社区党支部"和"社区居委会"门牌，加上新增的"社区工作站"和"社区居民事务服务所"两块门牌，其他所有门牌都将取消。

随着经济体制和行政管理体制改革的不断深化和完善，一些固有的体制性矛盾也在社区建设中逐渐暴露出来，越来越多的行政性事务和社会管理职能纷纷压向街道和社区居委会，使"小巷总理"不堪重负，成为了政府工作的"一条腿"，出现了应付检查多、制作台账多、事务性多、考虑社区的自治工作少等现象。另外，由于社会和政府的管理职能不清，加上目前社区专职工作者适应新形势下社区事务管理的手段和能力不强，社区服务资源整合不够等方面的原因，使社区管理的矛盾日益显现出来，越来越多的行政角色让社区管理者有些力不从心。为此，芙蓉区政府开始着手探索一套社区管理创新的举措，意在让居民办事更加方便轻松，同时为"小巷总理""减负"。

据了解，为了让社区居委会的功能回归，芙蓉区将组建社区事务工作站，社区事务工作站负责承接现由社区居委会承担的政府在社区的一切行政事务，使社区居委会回归到自治组织的功能上来。全区 46 个社区按照"一居一站"的原则，组建社区工作站。通过设立社区居民事务服务所这样的民间组织，以政府购买服务的形式，运用有偿、微偿和无偿相结合的服务措施和手段以及通过中介组织专业、合理的服务，把社区服务作为社区建设的基础和核心。

任务二　　了解社区居委会的考核机制

任务描述

了解社区居委会工作的考核机制，有利于进一步规范社区创建工作，提高文明社区和示范社区创建水平。通过访谈社区工作人员及查阅社区的文献资料，了解社区居委会工作的考核内容和办法，以此培养学生求真务实的精神和完成工作任务的执行力。

任务实施

某社区居委会年终考核内容

考核项目	具体内容	分值
组织建设（20分）	1. 以党组织为核心，工、青、妇、老协、计生协等群团组织网络健全，作用发挥好	4
	2. 双联双评、党员"一人一岗"活动，活动正常，作用发挥明显，且及时发表完成信息报送任务	4
	3. 党风廉政建设进社区工作内容落实，无党员干部违纪案件发生	4

（续）

考核项目	具 体 内 容	分 值
	4. 社区民间组织发展正常，社区积极组建各类民间组织且能发挥作用有 2 个以上	3
	5. 圆满完成各类创建任务，且有一定的影响	4
	6. 配合街道完成年度征兵任务	1
社区环境卫生（25分）	1. 帮助建立健全社区内小区业主委员会并运转规范，协调好业主委员会与物业公司的关系	5
	2. 全面落实辖区内环境卫生管理，整治工作得力且有成效	5
	3. 深入开展卫生先进单位创建活动	5
	4. 配合开展辖区内"四乱"整治工作，组织居民开展健康教育、"除四害"等公共卫生各项工作	5
	5. 认真抓好计划生育工作	5
社区文化（15分）	1. 社区文化活动丰富，有特色的大型活动一年 1 次以上，且建有 2 支以上能自我运转、活动正常的业余文体队伍	5
	2. 文体设施基本健全，设有阅览室、健身室，社区管理有序，运转正常，宣传窗、黑板报、市民学校等宣传阵地利用充分	5
	3. 科教、法律、文体等进社区，创建市级文明街道、文明城市复评等任务落实，学校教育资源开放工作成效明显，居民参与社区精神文明建设程度逐步提高	5
社区治安（15分）	1. 社区警务室落实，各项工作顺利开展，组织辖区居民配合公安机关共同做好安全防范工作	5
	2. 治、调组织健全，工作得力，无越级重大信访案件。外来人口管理及私房出租管理有序，认真做好归正人员的帮教工作	5
	3. 双禁、消防、安全工作全面落实，辖区内无重大安全事故和"黄、毒"案件，并做好宗教管理工作	5
社区服务（25分）	1. 社会保障和救助服务室工作正常，弱势群体帮扶和劳动就业服务工作成绩明显，完成上级下达的就业培训和职业介绍工作任务	5
	2. 老龄工作开展有序，社区志愿者队伍逐步拓展，开展活动内容丰富	5
	3. 提供切合居民需求的服务项目，社区"连心"热线专人负责，反馈及时，居民满意度高	5
	4. 社区物业管理规范有序	5
	5. 有特色的社区服务项目	5

任务引导

1. 从社区居委会工作的考核内容，把握社区管理绩效评估指标体系。
2. 了解社区管理绩效评估指标体系的要素结构，设计科学、客观、公正的评估指标体系。

知识链接

1. 社区管理绩效评估指标体系

社区管理绩效评估不是单项工作评估，而是一次全方位的工作评估，它涉及的内容就是社区管理的全部工作。目前，社区管理绩效评估的内容大致由以下几方面组成。

（1）社区组织状况 社区组织状况是指按照城市社区管理工作的有关规定而必须建立起来的各种机构及其工作情况。社区是城市的有机组成部分，是一个城市的缩影。要管理好社区，各种相应的组织必须健全和运转良好，社区组织状况主要包括：街道管理机构、居委会组织、文明社区创建、社区事务协调和外来人口管理组织等；居委会工作；

各种制度建立及执行；党支部及党员作用；外来人员管理；社区居民对各种组织运转状况的反映等。

（2）社区秩序状况　社区的秩序状况是社区管理工作好差的重要指标，在社区管理绩效考核中占有相当的权重。随着城市经济建设和社会进步的步伐加快，社区人口的频繁流动和各种非公有经济和文化组织的建立，社区的治安问题越来越受到各级组织的高度重视和居民群众的强烈关注。具体说来，社区秩序状况主要包括：社区治安综合治理状况；领导责任制的制定，治理措施，队伍建设，网吧、舞厅、健身等文化体育公共场所治安秩序；安全小区建设状况；防火防盗的措施及技术装置设置，民事纠纷调解及处理等；法制教育状况；普法活动的开展，青少年、妇女、儿童和老龄人合法权益的保护等。

（3）社区环境状况　社区环境是反映社区管理的一个窗口，是向外界展示社区形象的一个平台，是社区管理工作层次的一个标识。社区环境状况表现在以下几方面：①居住环境，包括住宅小区的整洁、文明小区（楼组）的创建等；②公共环境，包括小区内主次道路文明标识、质量、区内景观、集市贸易环境、沿街道建筑外观等；③公共设施，包括固定宣传廊、固定宣传标牌、公共厕所状况和垃圾箱（房）等；④环境质量，包括绿化、"三废"及噪声危害、除四害达标等；⑤管理及评价，包括各种卫生责任制、规章制度、专业队伍和居民的评价等。

（4）社区服务状况　社区服务工作的好差也是评估社区管理绩效的一个重要指标。社区服务工作做好了，居民对社区管理工作的满意度就高。社区服务主要由社区服务设施、社区服务组织、社区医疗保健服务、民政服务、居民对各种服务的评价等内容组成。

（5）社区教育状况　社区教育状况并不是指社区举办各类学校教育的状况，因为基础教育和高等教育一般都是由城市的市区两级政府主管，社区并无进行这类正规教育的责任。社区教育状况主要是指社区内各类人员的受教育程度和社区开展的各类业余教育、培训机构和普及情况。

（6）社区文化状况　随着人们生活水平的日益提高和文化生活的极大丰富，社区居民对文化生活的要求也不断提高。社区文化建设是社区精神文明建设的一个重要方面。社区文化建设要坚持先进文化的前进方向，以提高居民的思想道德素质和文化素质为目标，坚持开展丰富多彩、健康有益、科学文明的各种文化活动，要坚决反对封建、腐朽、迷信活动。社区文化状况主要由公共文化设施、公共文化活动、公共文化资源、科学知识普及和文化服务质量评价等组成。

（7）社会风尚状况　社区就是一个小社会，它的道德水平和社会风尚状况也是社区管理工作绩效评估的内容之一。社区的社会风尚包括各类思想道德教育、各种公益活动开展、各种行业达标、"扶贫帮困"和"送温暖"工作、文明楼组和文明家庭所占比例等。

（8）社区共建状况　社区共建是指社区与相关企业、事业单位和部队等把社区内物质、人才、信息等优势集中起来，达到资源共享、相互联动，以提高社区文明程度和居民自身素质的一种协作互动活动。这是社区精神文明建设的一项创新工作，是社区管理绩效评估又一不可缺失的指标。社区共建状况主要有组织与制度、资料共享程度、共建活动形式和共建成效评价等内容。

2．社区管理绩效评估指标体系的设置依据

社区管理绩效评估指标体系主要包括两方面内容：一是绩效评估指标体系的制定依据；二是绩效评估指标体系的自身内容。制定依据就是指社区管理绩效评估的内容及其权重系数制定的客观要求，否则，这些指标及其量化标准就会成为制定者的主观臆想和猜测。根据实践结果看，社区管理绩效评估指标体系制定的客观依据主要来自：

（1）城市社区各项社会事业的发展水平与发展指标。

（2）城市社区经济发展水平。

（3）街道工作委员会工作条例，街道办事处条例，文明社区创建管理的有关规定、社区管理的有关条例、规定中的相关内容。

（4）社区居民对社区社会事业发展的需求与期望。

3．社区管理绩效评估指标体系的要素结构

社区管理绩效评估指标体系一般由三级指标组成：一级指标为社区管理主要内容，并根据其重要程度确定其权重分值；二级指标是一级指标中各部分内容的具体分解；三级指标又是二级指标的进一步细化，也称观测指标或操作指标。除此之外，体系的要素还包括评估标准和评估方法。社区管理绩效评估指标体系由以下6大部分组成。

（1）一级指标 依据社区管理的各项要求和群众对社区管理的期望确定其主要内容。一般来讲，这些内容都是较为规范的，共性成分较大，城市社区管理绩效考核的基本内容大同小异。一级指标的分值依据其在一级指标内容中的重要性和二级指标的项目确定。有时，有的指标权重放在三级指标中，一、二级指标不定分值。

（2）二级指标 二级指标是一级指标内容的具体分解。因为一级指标只给出一个评估内容的分布，并无实际具体内容，二级指标用具体内容来分解一级指标，使之成为一级指标内容的构成要素。二级指标的考评分值之和等于一级指标的分值。

（3）三级指标 三级指标也称观测指标和操作指标，它是在二级指标对一级指标分解的基础上进一步细化，其目的在于便于考评。三级指标实际上就是实际考评中的操作指标。它的设计要求是简明、具体、内容无歧义、操作性强。

（4）评估标准 用简要文字或数字表示。有些用简单文字表达，说明考核的要求；有些则给予量化考核标准，如健全率百分比，落实率百分比，覆盖率、满意率大于等于多少等。有些体系把评估标准放在三级指标中，不另设评估标准一栏；为了更具客观性和便于操作，有的指标体系的评估标准分为 A、B、C、D 档，分别表示完全达标、较好达标、基本达标和不达标。

（5）评估方法 指社区管理绩效评估过程中，依据三级指标（即操作或观测指标）而确定的具体考核办法。社区管理绩效评估的一般方法有材料审核法、问卷调查法、抽样评估法、实地考察法、座谈了解法等。

（6）评估单位 指规定哪些指标由哪些部门和单位负责考评。分单位和部门负责评估的主要原因在于社区工作面多且量大，评估工作不是哪一个部门所能独自承担的；同时，社区管理绩效评估中的许多工作技术性很强，专业化程度高，由主管部门负责评估更具权威性。

案例阅读

城北区组织群众评议社区居委会成员

社区服务好不好，群众说了算，城北区委组织部、区民政局牵头，区监察局、审计局、财政局、残联等多个部门分成 2 个工作组对所辖 23 个社区进行了年终考评。考评采取社区工作人员述职、与居民代表座谈、居民代表测评打分、查阅工作资料及入户走访的办法进行，参加评议的社区干部逐一进行工作述职演讲，向社区居民代表汇报了一年来的工作成绩和自身存在的不足；居民代表认真倾听后，从德、能、勤、绩、廉 5 个方面给社区干部打分，客观公正地评价他们的各项工作；通过座谈及走访，社区居民们还将自己对社区工作的建议做了如实反映。社区居民普遍表示，社区干部工作究竟怎么样，居民们最有发言权。通过考评将极大地促进社区居委会成员对社区工作的积极性，大家同心协力把社区建设得更好。社区干部评议活动客观公正的反映了社区工作现状，强化了社区工作者的服务责任心，增强社区工作的透明度，同时也提高了社区居民"参政议政"的意识，充分发挥了居民对社区工作的监督作用。

任务三　观摩社区业主委员会的工作

任务描述

社区业主委员会尚处于成长的初级阶段，但已经显示出其在社区管理中的重要作用。学生通过观摩社区业主居委会的工作，访谈社区业主委员会的负责人，了解社区业主委员会在社区自治组织建设中的重要作用和意义，明确社区业主委员会成立的程序。

任务实施

业主委员会成立程序

一、提出申请

向房管局提出成立首届业主委员会的书面申请，填报《首届业主（代表）大会筹备小组申请表》，并且报街道办事处备案。

二、成立业主委员会筹备小组

房管局接到申请后，做出书面批复意见，指导小区成立业主委员会筹备小组。

三、筹备小组开展筹备工作

1. 筹备小组自成立起 30 日内拟好《业主委员会选举办法》、《业主大会业主议事规则》和《业主公约》，并在小区内明显位置张贴公告，征求业主意见。《业主大会业主议事规则》

和《业主公约》这两份文件须由 2/3 业主书面同意才能通过，这是最重要的事情，以后的程序都是依据这两个文件进行，对相关规则、事项要制定详细。例如：放弃即视为同意，人防、停车库等地下空间不计入投票权等。

2. 确认业主身份，确定业主在业主大会上的投票权。业主的投票权按每户一票计算，物业建筑面积每一平方米为投票权的计算份额，超出部分按四舍五入处理。以产权证明书为准。单位代表须有单位授权委托书。

3. 组织各楼宇召开业主大会产生业委会候选人。由于业主较多，不可能召集所有业主在一起开会，可以以幢、单元、楼层等为单位，分时分区召开业主大会，开会选出业主代表参加业主大会，此后业主代表开会即视为开业主大会。业主代表的产生应经其所代表的业主中拥有 1/2 以上投票权的业主通过。凡须投票表决的，业主赞同、反对及弃权的具体票数经业主本人签字后，由业主代表在业主大会投票时如实反映。业主代表的投票权是其所代表业主的投票权的总和。

业主大会会议可以全体业主集中统一开，也可以部分业主分时分区地开；可以采用集体讨论的形式，也可以采用书面征求意见的形式。但应当由物业管理区域内有 1/2 以上投票权的业主参加，票权数过 2/3 投票通过才有效。

4. 筹备小组完成以上工作后，将业主委员会候选人的名单及简历表、《业主委员会选举办法》、《业主大会业主议事规则》和《业主公约》送达街道办事处，并提出召开业主大会或业主代表大会的书面申请。筹备小组决定业主大会成立的时间和业委会的组成人数（5～15人，单数），定出投票时间（3～7天，要报国土局备案）。汇集业委会候选人的资料，将候选人的简历表、选票样本、业主大会议程向业主张贴公告。做好会务筹备工作，包括落实场地，制作选票，制作设置一或多个投票箱（也可上门收选票），由国土局封投票箱，点票时由国土局开箱和鉴证。业主大会召开 15 日以前通知投票权人、国土局、街道办事处、开发商、物业公司等有关人员到场。

5. 筹备小组根据议程召开业主大会，收集登记选票；审议并表决通过《业主大会议事规则》及《业主公约》；公开点票，宣读选举结果，产生业主委员会。会后筹备组将大会签到表，选举结果统计表予以公布。

业主大会或业主代表大会应当有 1/2 以上投票权的业主或业主代表出席。业主大会或业主代表大会作出的决定，应当经出席大会的 1/2 以上投票权的业主或业主代表通过。

6. 一个平方米一个投票权。要弄清楚业主的住房面积，可从国土局拿到业主的资料，在收选票时，请业主出示产权证明。在填写业主代表投票委托书时，应该附上双方的身份证以及产权证明。可以要求现在的物业管理公司通过国土局提交一份业主名单资料。如果物业管理公司拒绝，则可以直接通过国土局，向物业管理公司施加压力。

7. 开发商只有一个投票权。一个商铺一个代表。商铺可以当业主代表，只要在业主委员会选举中，业主如不投他票，他即落选。即使他入选了业主委员，也可以通过少数服从多数的原则让他的意见不能实现。由住宅业主代表负责收选票事宜。住户面积大于商铺面积，就没问题。

8. 筹备小组成员可以成为业主代表，成为业主委员会成员。

9. 业主委员会每个成员只代表一个投票权，实行少数服从多数原则。业主委员会凭业主大会的授权行事，业主委员会作出的决定须由业主大会即业主代表表决确认，业主委员会对业主大会或业主代表大会负责，维护全体业主的合法权益。业主大会表决以面积计算选票权，每个业主代表所代表的份额不变。

10. 单位办公楼可以参加投票，单位办公楼在小区内，使用小区的公用设施。如果票权数不够，则要把单位办公楼拉进来。

11. 发送文件给业主时，请其签收，用回执证明已经给过文件，视为送达。如果业主有意见，可以附意见。如某业主不同意某一条款，实行少数服从多数原则。

12. 提交的业主委员会成立申请需要改动的，可以提交补充资料，用来补充说明更改的情况。

13. 由业主代表收集票数，提出两个问题让业主回答：①是否满意现在的物业管理公司？②是否愿意委托业主委员会选举物业管理公司？业主只需要回答是或者否。每家都要作出书面意见。

14. 开发商也会同意公约和议事规则（这是房管局制定的，是公平的），因为他也想争取到物业管理权。

15. 一般来说，应该有维修基金，如果没有，则要在以后集资。

四、召开业主大会

业主委员会应当自成立起 3 日内召开首次业主大会，推选出委员会主任 1 人，副主任 1～2 人。

五、办理核准登记手续

业主委员会应当自选举产生之日起 15 日内，持下列文件向区、县级市物业行政主管部门办理核准登记手续：①业主委员会登记申请表；②业主委员会章程；③业主委员会委员选举产生的报告及其资料；④业主公约；⑤其他相关资料。

六、核准批复

收到区、县级市物业行政主管部门的备案意见，业主委员会成立。

任务引导

1. 根据业主委员会的成立程序，明确业主委员会的作用。
2. 分析业主委员会和社区居委会之间的关系。

知识链接

1. 业主委员会的职责

业主委员会代表着全体业主，其权利基础是对物业的所有权。业主委员会作为业主大会的执行机构，应当履行以下职责：

（1）召集业主大会会议，报告物业管理的实施情况　除首次业主大会外，以后每年召开的年度大会均由业主委员会筹备、召集和主持。遇有特殊情况，业主委员会有权依照有关规定召集和主持业主大会临时会议。会议期间，业主委员会应当向业主大会报告本物业管理区域内物业管理的实施情况。

（2）代表业主与业主大会选聘的物业管理企业签订物业服务合同　业主委员会应当依据国家有关物业管理的法律、法规和政策规定以及业主公约的约定，采用公开招标、邀请招标或者协议方式选聘物业管理企业。选聘、续聘或者解聘物业管理企业，须经业主大会讨论通过后，业主委员会方可与物业管理企业签订、变更或者解除物业服务合同。

选聘物业管理企业，是指物业投标人通过公开招标、邀请招标或者协议方式，选择聘请具有相应资质的物业管理企业。

续聘物业管理企业，是指物业服务合同期满后，对物业管理企业的再次聘用。

解聘物业管理企业，分为自然解聘和提前解聘。自然解聘是指物业服务合同期限届满后不再被续期。提前解聘是指在合同履行期间，由于某种原因，合同双方或者单方提出终止合同的履行。《合同法》中规定了约定解除和法定解除的两类情形：约定解除是指当事人通过行使约定的解除权或者双方协商决定而进行的合同解除。其特点是，合同双方当事人协商一致，都同意解除，而不是单方面行使解除权。法定解除是指合同解除的条件由法律直接规定而进行的合同解除。《合同法》第九十四条规定：有下列情形之一的，当事人可以解除合同。

1）因不可抗力致使不能实现合同目的。

2）在履行期限届满之前，当事人一方明确表示或者以自己的行为表明不履行主要债务。

3）当事人一方迟延履行主要债务，经催告后在合理期限内仍未履行。

4）当事人一方迟延履行债务或者有其他违约行为致使不能实现合同目的。

5）法律规定的其他情形。

（3）及时了解业主、物业使用人的意见和建议，监督和协助物业管理企业履行物业服务合同　业主委员会可以根据物业服务合同和上年度工作计划，听取和反映广大业主和物业使用人的意见，监督、检查物业管理企业的工作落实情况，审核物业管理企业所作的年度财务决算报告。对业主开展多钟形式的宣传教育活动，监督并积极协助、支持、配合物业管理企业的工作，严格履行物业服务合同，以保障各项管理目标的实现。

（4）监督业主公约的实施　贯彻执行并督促业主遵守物业管理法律、法规和政策规定，遵守业主公约以及物业服务合同的约定。

（5）业主大会赋予的其他职责

1）组织修订业主公约、业主委员会章程。业主委员会在遵守物业管理法律、法规和政策规定的前提下，有权根据本物业管理区域内的实际情况，组织对业主公约和业主委员会章程进行修改、补充。修改、补充的条款应当经业主大会审议通过。

2）审核专项维修资金的筹集、使用和管理，以及物业服务费用标准及使用办法。"专项维修资金属业主所有，专项用于物业保修期满后物业共用部位、共用设施设备的维修和更新、改造，不得挪作他用"（《条例》第五十四条第二款）。业主委员会有权依据物业管理法律、法规和政策规定，审核专项维修资金的筹集、使用和管理的情况，并报业主大会审议和监督。物业服务费用应当根据法律、法规和政策规定，遵循合理、公开以及管理服务水平与社会承受能力相适应的原则，由业主委员会提出物业管理服务的内容和标准，物业管理企业依据这些内容和标准进行测算，经双方协商并经业主大会审议通过后，签订物业服务合同予以确定。

3）业主委员会应当接受政府行政主管部门的监督指导，执行政府行政主管部门对本物业管理区域的管理事项提出的指令和要求。

（6）调解物业管理活动中的纠纷　物业管理纠纷是指物业管理活动中的主体，即业主、业主大会、业主委员会、物业管理企业以及政府行政主管部门等在物业的使用、维修和管理中所发生的争执。物业管理纠纷包括前期物业管理纠纷、物业使用纠纷、物业维修养护纠纷、物业管理服务纠纷、物业管理企业与各专业管理部门职责分工和纠纷、物业租赁转让纠纷、异产毗连房屋管理纠纷，以及政府有关部门在行政管理实施中发生的纠纷等。物业管理纠纷和解决处理途径有协商、协调、仲裁和诉讼。业主委员会具有调解物业管理活动中的纠纷职责。

2．业主委员会和居委会之间的关系

（1）业主委员会和居委会的区别

1）两者的权利基础不同。居委会是居民自我管理、自我教育、自我服务的基层群众性自治组织，其自治的基础是法定的公民权利，居委书记事实上是由政府委派，居委会的设立、撤销、规模调整由政府决定；业委会自治的基础是物业所有权，业委会的委员由业主大会选举产生，业委会的设立撤销等由业主大会决定，并报有关部门备案。

2）性质不同。居委会有明确的法律地位，实质上是一种半行政性的基层自治组织，目前定位于"基层政权建设"；业委会在法律上地位不明确，有时连诉讼主体的资格都没有，是一种特殊的基层自治组织。

3）经费来源不同。居委会的经费由政府财政拨款；业委会的经费取决于业主大会的决定，由业主自行解决。

4）对组织成员的要求不同。居委会的人员多数算专职的，对居民负责；业委会的成员大部分是兼职的，他们对业主负责。

5）工作的侧重点不同。居委会工作包括宣传教育、社会福利、治安保卫、文教卫生、调解民间纠纷、就业等多项工作，侧重于社会政治稳定；业委会的的工作范围仅限于 5 大类公共服务项目，即公共卫生和公共秩序管理、绿化管理、车辆交通管理、公用部位公用设施的管理、其他居住环境管理，侧重于业主的经济利益。

6）办公用房不同。居委会的办公用房，由当地人民政府统筹解决，不一定在物业管理区域内，有的是好几个小区才有一个居委会；业委会的办公用房应设在物业管理区域内，由建设单位和公房出售单位免费提供。

（2）业主委员会和居委会的联系

1）居委会和业委会都是社区管理的范畴，都是基层的自治组织。在社区组织中，居委会和业委会是社区治理的主体，它们是社区中的核心组织，是社区自治的推进者。居委会的主要职责之一，是做好物业管理公司和业委会之间的协调工作，化解矛盾、推动物业管理工作顺利展开。居委会和业委会是居民和业主的自治组织，和业主的利益是一致的，它们理应维护居民和业主的合法权益。

2）大多数居民同时也是业主，而业主多数也是居民。居委会和业委会的工作重点各有侧重，但也有相互重复的地方，它们在很多领域有着共同合作空间，况且，两者的服务对象相同的很多。所以，它们能开展广泛的合作。

3）居委会和业委会在民事关系上是一种平等的关系。居委会和业委会都是依法组建的基层群众性自治组织，理应是平等的关系，居委会要支持业委会维护业主权益的工作，业委会要积极配合居委会开展社区自治工作。

4）居委会对业委会有指导和监督的义务；业委会在讨论小区重大事务及组织召开业主大会时应该通知居民委员会参加。

案例阅读

业委会成立难的 3 个软肋

有专门从事社区研究工作的业内人士总结了目前小区成立业委会难的 3 个软肋：

（1）公共资源不足。最明显的就是支持业主维权的法律法规相对比较少，现行最直接的法规只有《物业管理条例》。但该条例缺乏操作细则，甚至有些条例在一定程序上还限定了业主的维权行动。

（2）业主自身存在很多问题。现在有很多业主认为成立业委会以后所有的事都与自身无关，维权是业委会的事，业主自己则躲在家里看业委会维权了没有。业委会维权工作本身就很难，又得不到业主的理解。所以，很多业委会工作人员很寒心。

（3）业委会自身的建设问题。小区业委会的人员平时都有工作，很难将大部分的精力放在业委会工作中，因此维权工作实际操作起来特别难。要做好业委会工作很不容易，既要有为大家奉献的精神，还要有法律知识和组织能力。

另外，业委会自身还得有一套规章制度，用来约束业委会的成员以及督促大家开展工作。例如，用数字统计来证明一年中业委会和物业公司沟通了多少次，哪些问题解决了，哪些问题没解决，哪种工作方式更有效等，这些都需要用制度来支持。

任务四　总结社区居民自治组织管理经验

任务描述

近年来，我国城市社区发生的重大变化是社区内除了居委会之外，还出现了业主委员会和各种社区服务中心等自治性居民组织。这类自治组织的出现从根本上改变了中国城市社区的面貌，对加速我国城市社会的现代化和民主化进程将起到巨大促进作用。学生通过访谈行业专家和查阅文献资料，了解我国社区居民自治组织的变革。

任务实施

通过观察和总结我国社区居民自治组织的管理经验，现将我国社区居民自治组织的变革经验总结如下。

社区居民自治组织的变革

（1）建立和完善社区居民代表大会制度。

（2）按照议事层与执行层相分离的原则，对居民委员会组织进行改造。应该重新确认居委会在社区建设中的议事地位，将其办事职能从中分离出去，交由社区工作者承担。改造后的居委会成员应由辖区内的人大代表、政协委员、知名人士、社会工作者、政府高级管理人员、企事业单位和社会团体代表、业主委员会代表以及居民中有声望并热心社区公益事业的人员等经社区居民代表大会民主选举产生。居委会委员除了主任外，其他成员工作以社会兼职为主，在自愿的基础上，义务为居民服务。考虑到居委会几十年的工作惯例，还不能一步到位，可以在现有社区服务管理委员会、居民议事会或顾问团的基础上，逐步实现过渡，即暂时实行居委会与上述组织的"双轨运行"机制，待社区工作者队伍成熟或运行机制完善之后，再将议事组织通过选举转换为符合法律程序规定的居民委员会，现有居委会组织则转换为社区工作办公室，由职业的社区工作者承担具体的工作任务。

（3）建立社区工作办公室。它是居委会试行议事层和执行层分离后，专门由居委会委派、承担社区具体工作职能的办事机构。社区办公室的工作人员由社区工作者组成。他们必须符合招聘条件，通过竞聘方式，由居委会根据工作需要聘任。社区工作者作为职业，其收入所得：①通过与政府签订契约合同，由政府支付劳务报酬；②社会捐赠；③服务收费。

任务引导

1．根据社区居民自治组织变革的内容，总结归纳社区自治组织发展的重要意义。
2．从我国的实际来看，探讨我国社区自治组织的发展思路。

知识链接

1．社区自治组织

城市社区自治组织包括社区成员代表会议、社区议事监督委员会和社区居民委员会。社区自治组织每届任期三年，届满后应及时换届，其成员可以连选连任。换届选举工作由省统一部署，受市、区（市、县）、街道办事处（镇）和各级民政部门指导。

（1）社区成员代表会议　社区成员代表会议是社区成员实行民主决策的组织形式，其成员由社区单位代表和居民代表组成。社区居民代表数额平均每20～30户产生1名。不足一千户的社区，居民代表总数不得少于50名。居民代表以居民小组为单位，采取全体选民或户派代表形式直接提名选举产生；社区单位代表的数额每个社区单位产生1～2名，由所在单位职工大会或职工代表大会推选或直选产生。选举时，应引导居民将社区内的人大代表、政协委员和知名人士选为居民代表或单位代表。社区成员代表会议每年至少召开一次。有1/5以上年满18周岁的本社区居民，或者1/5以上的户或者1/3以上的居民小组提议，应召开社区成员代表会议，讨论与社区成员有关的问题。社区成员代表会议必须有2/3以上社区成员代表出席才能举行。社区成员代表会议的决定，经出席人过半数通过方为有效。

（2）社区议事监督委员会　社区议事监督委员会成员从社区成员代表中选举产生，其成员一般由9～12人组成，在社区成员代表会议授权下，履行议事、监督和协调职能。其主要职责是：长期或不定期地召开会议，讨论议定社区内阶段性重大问题；协助和监督居委会实施年度工作计划，对社区居民及社区其他机构工作进行监督和评议，提出意见和建议；对社区公共利益的重大事项进行表决并向社区成员代表会报告工作。社区议事监督委员会原则上每季度召开一次会议，社区议事监督委员会形成意见须经参加会议人员过半数通过并及时提交社区居民委员会。

（3）社区居民委员会 社区居民委员会对社区成员代表会议负责，执行社区代表会议的决议、决定，服务和管理社区的日常事务。社区居委会由主任、副主任和委员5～9人组成，具体人数由街道办事处（镇）根据辖区范围、户数多少等因素并依有关法律规定核定，负责管理社区居民委员会日常事务。根据需要设人民调解、治安保卫、科教文卫、社会保障等委员会，其成员由社区居委会推荐产生，可由社区居委会成员兼任或工负责。同时成立青年、妇女、老年人、残疾人等协会，组织开展形式多样的活动。

（4）社区居民小组 社区划定后，按照居民的居住状况，可以分设若干居民组。居民小组长以居民小组为单位，采取全体选民或户派形式直接提名选举产生。社区居民小组长在社区居民委员会领导下开展工作。居民小组长负责召集和主持居民小组会议，组织本组居民落实社区成员代表会议的决定，协调本小组内居民关系，完成社区居民委员会交给的工作任务，并及时向社区居民委员反映小组居民的意见和建议。

2．社区自治组织的发展原则

城市社区自治组织的发展是一个过程，目前的这种发展思路已经走入了误区，即社区自治组织只要有了自主权就会发展起来。从国外的发展经验和我国发展实际看，社区内的自治组织在相当时期内离不开政府机构的帮助和支持。从体制内到体制外，从被管理到自治是一个漫长的过程。在这一过程中应该遵循以下几个原则。

（1）功能单一化原则 目前，国内有些地区（如深圳市）在社区建设中推行"一站式"服务，即把所有涉及社区居民的事务由一个部门统一集中办公；有些地区（如上海市）则采取社区事务"四合一"的模式，并把它作为解决社区问题的一种方式。其实，社区自治组织也有其局限性，并不能办好所有的社区事务，任何一个组织都不可能回复到"单位制度"。

（2）组织类别的多样化原则 社区组织体系包含多种组织形式，有些组织是自治的，有些则处于半自治状态；有些可以独立生存，有些则需要政府的支持；有些是地区性的组织，有些则是全国性或国际性的机构。它们的区别是由工作性质决定的。例如，对于计划生育工作，社区内的任何一个自治组织都不可能有效完成，它需要国家有关部门建立起全国性的协调网络，并提供足够的经费和人力资源。

（3）组织工作的合作原则 这种合作包括3个方面：①与各政府机构的合作，取得他们的支持是发展的基本前提；②与社区居民的广泛合作，自治组织的生存发展必须为居民做事，与他们的合作是存在的基础；③与其他社区组织的合作，社区事务单靠某一个部门是做不好的，需要各部门通力合作。

（4）满足居民利益需要的原则 社区是社会体系的构成部门，在满足社会功能的前提下，把居民利益放到至高无上的地位，否则社区自治组织就失去了存在的价值。

案例阅读

安徽铜陵试点撤销街道办事处

街道办，一个在我国存在了50多年的行政机构，彻底退出安徽省铜陵市市民的生活。

2011年，安徽铜陵市开始推行铜官山区改革经验，在全市全面撤销街道办，铜陵市因此成为中国第一个全部撤销"街道"的地级市。撤销街道，成立大社区，减少管理层级，加强基层力量和居民自治，这是铜陵改革的大体方向。哪些是属于社区的职能，哪些是政府的职能，在这次改革中都得到了明确。改革后，街道原有的经济发展、城管执法等主体职能收归区级职能部门，而社会管理、服务事务等职能全部下放到了社区，居民在社区就可直接办理民政社保、计划生育、综合治理等事务。

整合后的新社区，设置社区党工委、社区居委会、社区服务中心，前者主要承担社区范围内总揽全局、协调各方的职责，社区服务中心负责对居民的事项实行"一厅式"审批和"一站式"集中办理。居委会则还原自治功能，组织居民开展各类活动。政府要求，涉及居民服务的事情，社区可直接与区里相关职能部门联系，区里职能部门必须快速做出反馈。同时，为了不给社区增负，经铜官山区各职能部门组织的"联席会议"讨论后，一些事务才能下放到社区，不适合社区做的，区里职能部门自己来完成。

课 后 实 训

1. 阅读以下材料，谈谈你对社区自治组织与民间组织的认识和比较。

社区自治组织与民间组织作用之比较

改革开放，社会主义市场经济体制的建立催生了形态多样的民间组织，这是社会进步的标志之一，是社会发展的必然。民间组织，国内也有称为中介组织，国际上通称非政府组织（Non-government Organization，简称NGO），由于它既不是政府组织，也不是企业经济组织，所以又称第三部门。按民政部门民间组织管理规定，民间组织分为社会团体与民办非企业单位两类，在社区的层面上诸如老年协会、残疾人协会、物业业主委员会、计划生育协会，以及体育健身、京剧联谊、书画摄影等组织均为社会团体。民办非企业单位则指社区家政服务社、老年活动中心、老年公寓、社区卫生服务站以及社会力量办学与流动人口子弟学校等。或许有人问：既然社区已有社区居委会为主的自治组织，还要民间组织干嘛？就此，本文结合具体事例将社区自治组织与民间组织各自的作用试作如下比较

民间组织的优势主要体现在社区服务方面。社区居委会虽经过社区体制改革和社区建设的推进，服务居民的基本职能正逐步回归，但因计划经济的惯性影响，法律法规的滞后，政府仍然要把社区居委会当作自己的"腿"，导致社区居委会整天应付检查和任务都忙不过来，哪还有精力、时间去搞社区服务，尽管近两年为社区居委会减负呼声很高，但真正落实还尚待时日。于是，居民急需的社区服务便出现了缺位，这个缺位谁来补？政府不可能亲自去做，企业也做不到，而民间组织能够做到。例如，一些以民办非企业单位登记注册的社区服务中心开设了家政、托老、老年大学、小饭桌、家电维修、净菜配送等服务项目，深受社区居民欢迎。而且，凡是有民间组织的社区，这个社区的居民生活必然充满生气、活力，如武术健身队、中老年舞蹈队、书画会、诗社、盆景艺术会等民间组织，无须社区居委会插手，社区活动有声有色。

当然，有些方面民间组织则无法与自治组织相比。例如，在社区自治方面，社区自治组

织依法带领居民进行社区民主自治，实现自我教育、自我管理、自我服务，法律赋予了以社区居委会为主的自治组织的自治权力。社区民主自治的主要内容是民主选举、民主决策、民主管理、民主监督。民间组织的代表虽然可以参与社区民主自治的某些事项，但作用较之自治组织则小得很多。

社区自治组织与民间组织在社区建设各方面发挥不同的作用，扬长避短，错位发展，才有成效。两者之间既是伙伴，又是指导与被指导的关系。社区自治组织应从社区建设大局出发，为民间组织进社区、参与社区建设提供支持和便利条件，不应设置障碍；民间组织应尊重社区自治组织的主体地位，自觉接受其指导，做力所能及的份内事，不应超范围去做不属于自己的份外事。这样，社区运行才能正常有序，社区建设才能持续发展。

2．你到社区实习，社区主任希望你能帮他撰写一份"社区自治组织和民间组织的发展方案"，其目的是发展和培育社区组织，逐步形成组织积极参与社区建设的良好体制。

要求：调查摸底社区自治组织和民间组织的发展现状，并在此基础上撰写"社区自治组织和民间组织的发展方案"。

项目六

社区经济组织管理

项目概述

本项目主要是通过文献查阅、社区实际走访调查了解社区经济组织的含义及类型，中国社区经济组织的发展现状以及有效进行社区经济组织管理的途径与方法，培养学生与社区建立联系、通过观察和调查从社区收集资料进行分析综合的能力。

背景介绍

就中国经济社会发展现实来看，社区经济是 20 世纪 70 年代以后逐渐发展起来的。社区经济组织是一个颇具争议的概念，我们是在社区建设与社区管理的背景下来考察社区经济组织，所以社区经济组织是指与社区关联、为社区服务、提高社区居民生活质量、促进社区和谐发展的一切经济活动组织。只要与社区相关联的经济行动都可以称为社区经济，从而使之更具有包容性，这也与中国社区经济建设与发展相适应。

任务一　调查社区经济组织的构成

任务描述

调查社区经济组织的构成是分析社区经济组织发展的第一步，通过走访社区、调查社区，我们将获得有关社区经济组织构成的感性认识。

任务实施

××社区成立于 1999 年，辖区面积 0.45km^2，驻有机关事业、企业、学校等单位 15 家，个体私营户 98 家，常住人口 3654 户、1.2 万人。该社区先后获全国文明社区示范点、全国十佳学习型社区、全国物业管理示范住宅小区等 7 项国家级殊荣，已经成为省市知名的经济初步繁荣、环境优美、生活便利、治安良好、人际关系和谐的文明社区。××社区经济组织得到了很好的发展。社区几乎涵盖了国内社区经济的基本类型，拥有餐饮、美容等多个社区服务网点，既提供便民服务，也安排下岗职工就业，促进社区经济发展；还拥有汽车修配厂、印刷厂等自救型经济企业；另外，还有一些税源经济，辖区内个体私营商业网点有 67 个。目前，××社区拥有固定资产 3000 多万元，实现年产值 2000 多万元。1985 年以来，累计向国家纳税 680 多万元，近 5 年来年均实现利税 70 余万元。

任务引导

此任务的完成建立在两个基础上，一是通过文献的查阅了解什么是社区经济组织以及社区经济组织的类型，二是通过实际的社区走访调查了解社区有什么社区经济组织。社区走访调查的对象包括：①社区居委会的相关负责人，了解社区的基本状况以及社区经济组织的类型、作用；②社区的居民，了解社区居民对社区经济组织的了解状况以及社区经济组织对本社区居民带来的便利。

知识链接

1．社区经济组织的定义

社区经济组织是整个社区的重要基础，它是维持社区日常运作的主要载体。就中国经济社会发展现实来看，社区经济组织是 20 世纪 70 年代以后逐渐发展起来的。改革开放以后，由于经济社会的转型、产业结构的调整以及企业制度的改革，为了解决部分待业、下岗失业人员以及残障人员的就业安置问题，很多城市社区想方设法增加就业岗位，发展社区经济，解决这部分人员的就业问题。同时，改革以来，随着政府机构的深化改革以及社区经费来源的单一化，为了弥补社区经费的日益不足，各个社区利用各种渠道发展经济，中国城市社区经济组织便由此产生。

当前，学术界对于社区经济组织的概念有不同的看法，可以归纳为以下几种代表性的观点：①认为社区经济组织就是社区内所有的经济活动组织，凡属于"社区范围内的一切经济活动均看作社区经济的一个组成部分"，既包括本社区居民在本社区内从事的经济活动组织，也包括外社区居民在本社区内从事的经济活动组织。事实上，这是一个地理范围上的概念。②把社区经济看成是依托社区同时又为该社区提供经济收益的经济活动组织。这种理解更多地是从经济联系上定义社区经济，它是第一种定义的延伸。③把社区经济理解为在一定地域范围内"以居民福利和部分服务效用最大化为目标"的一切活动组织。综合以上观点，本文认为，社区经济组织是指为履行社区职能提供经济保障而开展的社区经济活动组织的总和。

2．社区经济组织的类型

（1）从城市社区经济发展目的来看，主要包括自救型经济组织和非自救型经济组织。前者主要指本社区内下岗失业人员在社区内实现再就业所从事的经济活动组织，如生产低成本的小工艺品、小编织品等家庭型的经济组织，针对"4050"人员而进行的来料加工以及来件装配等。这种类型的经济强调发展社区经济的目的首先是自力更生、解决自身生存问题，以减轻社会的负担，减少社会不稳定因素。非自救型经济组织的目的不仅仅在于自力更生、解决自身生存问题，还在于繁荣、发展本社区的经济，提高居民生活质量与生活水平。

（2）从城市社区经济性质来看，包括公益型经济组织和非公益型经济组织。公益型经济组织主要强调本社区居民为了发展社会公益事业、解决本社区弱势群体以及其他需要帮扶群体生活问题而从事的经济活动组织，如设立各种社区基金会、社区慈善基金组织，成立孤儿院、福利院，举办社区学校、开展社区职业技能培训等。而非公益型经济组织突出了社区经济的营利性方面。

（3）从产业结构类型角度来说，可以分为生产型经济组织和服务型经济组织。服务型经济组织在社区经济中占有主导地位，从内容上看主要与服务居民的日常生活密切相关，如餐饮、便利超市、服装销售、报刊零售、中介服务、物业管理等，也有一部分与社区居民的精神生活有关，如社区大学、社区培训、社区康复、社区卫生以及社区文化娱乐等。所有这些产业几乎与社区居民的生活息息相关。事实上，社区经济真正属于第二产业的很少，因为一个社区的规模不是很大，一般很难容纳一个规模企业，同时，第二产业在生产过程中必然会产生各种废弃物，不利于社区居民的生活。

（4）从社区经济依托对象来看，可以分为政府主导型社区经济组织和市场主导型社区经济组织。从社区经济发展的目的看，发展城市社区经济本来就是为社区居民服务，为政府分忧解难，维护社会稳定，促进社会和谐发展。这样，社区经济不能完全按照市场法则进行经济活动，它必然表现为政府主导型经济。另一方面也必须承认，城市社区经济要想走可持续发展之路，在坚持社会服务性原则的前提下，也必须遵循市场经济规律，走市场化、产业化、规模化道路，必须按照利润最大化、成本最小化原则组织生产经营和销售。因此，城市社区经济应当把社会性与市场性结合起来，也就是在坚持政府主导性前提下充分发挥市场职能。与此同时，现代城市社区的发展，很多社区经济正日益突破以往的束缚，大力发展市场主导性经济。

3．社区经济组织的特征

（1）地域性　社区经济首先必须是在一定的区域范围和社区界定范围之内。社区经济的地域性不仅是指其经济主体分布在一定的地理位置上，而且其劳动力构成也具有一定的社区地域性特征，社区居民必须是社区经济的基本劳动力和主要技术的构成主体。城市社区经济首先是存在于某个城市社区之中，离开了社区就无从谈起社区经济，社区是社区经济的载体。从中国城市社区经济发展历程来看，发展城市社区经济的两个目的——解决社区居民就业安置和壮大本社区经济实力、增加本社区经济来源——与社区本身密切相关。同时，城市社区所拥有的劳动力、资金、信息、技术等都可以成为社区经济的可靠来源。所以，社区是社区经济的平台，是社区经济的"家"。只有这样，才能更好地体现社区经济"为民、便民、利民"宗旨，更好地为社区居民日常生活服务。这表明，城市社区经济具有鲜明的地域性特征。

（2）服务性　据统计数字，发达国家的社区服务从业人员占就业总人口的20%～30%，而我国则不到 4%。社区服务必然会成为我国一个新的就业热点。因此，服务性必然成为社区经济的主导特性。

社区经济是为了社区建设而兴办的，其宗旨是为社区居民的生活和全面发展服务。所以，并非在社区内的一切经济都是属于社区经济的范畴，这正是社区经济区别于其他经济的一个重要特征。社区经济的服务性主要表现在两个方面：①从其构成来看，社区经济一般多以商业、生活服务业等第三产业为主。②从其性质来看，社区经济的性质就是为了更好地服务于社区居民，其发展方针是"围绕服务办经济，办好经济促服务"。近几年来，我国许多城市社区本着"为民、便民、利民"的宗旨和因地制宜、拾遗补缺的方针，积极发展综合服务事业，这已构成社区经济的主要方面，成为社区经济的出发点和归宿点。

（3）多样性 社区经济的多样性主要体现在3个方面：①经济内容的多样性。社区经济的内容丰富多彩，包括房地产、旅游、商业、餐饮、医疗保险、建筑安装、文化教育等产业。②经济成分多样性。社区经济除了集体经济这个主导经济成分以外，还包括私营、个体、合资等多种经济成分。凡是立足于社区、服务于社区的一切经济成分都可看作是社区经济的一部分。③经营方式的多样性。社区经济一般规模不大，但经营方式灵活多样。它可以充分利用市场机制的作用，随时调整经营方式，适应市场竞争，以获得更大的发展空间。

（4）社会性 社会性是社区经济诸特征中最为突出的体现。社区虽然首先是指一种地域性社会，但除了具有地域性特征外，它还带有感情、特殊主义和集体主义取向。所以，社区经济不能像其他经济类型那样，一味地只追求经济利益的最大化，而忽视社区经济的社会性。尤其是在社会主义市场经济中，社区经济不仅要讲究经济效益，而且更要讲究社会效益，这种社会效益是广泛而巨大的。例如，文化方面的有偿服务，不仅可以增强社区建设的后劲，而且可以促进社区居民文化生活的普遍改善和基本素质的不断提高。

4．社区经济组织的功能

（1）服务功能 服务功能是社区经济的基本功能，"围绕服务办经济，办好经济促服务"是发展社区经济的出发点和归宿点。几年来，各街道社区本着"为民、便民、利民"的宗旨和因地制宜、拾遗补缺的方针，发展起来的综合服务事业（包括各类商业、饮食和修配服务等）已构成社区经济的主要方面。这些商业饮食和修配服务网点的建立，不仅方便和丰富了人民群众的生活，而且缓解了吃饭难、住宿难、修理难和入托难等各种社会矛盾。由此可见，服务功能是社区经济的一个最基本的功能。

（2）保障功能 社区经济除了对社区建设和发展发挥十分重要的保障功能以外，还为市、区财政提供大量税收来源，在一定程度上弥补了城市财力的不足。同时，它还为城区建设提供了物质条件，改善了地区基础设施和社会福利设施，解决了一系列与人民群众休戚相关、迫切需要解决的实际问题，为城市社区建设与发展提供了强大的物质经济支持。要想建设生态环境优美、社区服务完善、文化教育发达、生活质量优良的城市社区就必须要有充足的资金投入，要想提高社区居委会成员投身于社区建设的积极性，要想调动社会各界的力量积极参与城市社区建设，都离不开可靠的经济支撑。否则建设美好、文明、和谐社区这个目标就无法真正实现。尤其是当前，随着我国城乡各项事业的发展，社区建设、社区管理、社区服务、社区治安等各项事业都需要建设资金的大量投入。据专家估算，创建一个"国家级文明社区"需要800万～1000万元，而各级政府尤其是街道在现有的经济条件下很难投入如此庞大的资金，唯一的办法就是依靠社区，大力发展社区经济，为社区建设提供物质保障。

（3）稳定功能　社区经济的发展对社区的稳定发挥了重要作用，主要表现在以下 3 个方面：①大量吸收、消化和安置有劳动能力的残疾人和"两劳"释放人员就业，既减轻了社会压力，又减少了社会不安定因素。由于社区经济主要以第三产业为主，因此城市社区经济的发展不但可以吸收和消化有劳动能力的社区残疾人以及其他弱势群体人员，而且还可以为社区富余劳动力提供大量的就业岗位以及就业机会，甚至可以兼顾到特殊群体的特殊就业需要。从就业的产业类型来看，1995～2000 年，我国第三产业净增 3500 多万就业人员，占全部新增就业的 87%，我国服务业已经成为解决就业问题的主要领域。从就业的产业性质来看，非公有制经济最近 5 年增加就业 4300 多万人，其中，城镇私营个体就业人员共增加近 3000 万人，约占城镇就业人员增加总数的 75%左右，实现再就业的国有企业下岗职工中有 68%从事私营个体经济。这些数据充分表明，社区经济是吸纳富余劳动力的最佳场所之一。②在经济上支持社区治安管理部门加强力量，更新装备，使社区有了安全保障。③随着社区经济的发展，社区文化、社区教育也得到迅速发展，这既为青少年创造了一个文明、健康、向上的社会环境，也有效地抵制了不健康的思想对青少年的侵蚀，从而为家庭教育的开展创造良好的外部条件。

（4）凝聚功能　在社区建设过程中，如何调动社区各单位的积极性，综合发挥各种社区资源的作用，其结合点就在于互通有无、携手发展，通过合作、合股、合办社区经济项目，促进相互之间的理解、支持与合作，不断增强社区的凝聚力，从而进一步推动社区的协调发展。这样有利于增强社区凝聚力，提高社区整合程度，促进整个社会和谐发展。由于城市社区经济主要目的之一就是"为民、便民、利民"，这种社区经济形式必然得到社区居民的欢迎与拥护。同时，城市社区经济在整合社区资源、吸纳社区富余劳动力尤其是吸收社区弱势群体就业方面也能够发挥特殊的作用，这就提高了社区居民的收入水平，缩小了各个群体之间的收入差距，减少社区居民之间的排斥，使得社区居民对整个社区产生认同感，进而增强社区凝聚力。另外，城市社区经济的发展为社区建设注入了较为丰富的资金，这也有助于社区环境、社区治安、社区文化、社区管理等方面的改善，从而促进整个城市社区和谐发展。

🔄 案例阅读

小投资，大回报，社区经济风景独好

社区里开起干洗店、化妆品店、亲子教育坊……近年来，随着郑州千人、万人的大社区逐渐兴起，社区经济成为众多创业者的乐土，尤其是在当前金融危机的背景下，社区经济更以小投资、快回报的优势，风景这边独好。

风险小吸引投资者

2009 年 5 月 7 日上午 9 时许，在东风东路某新开发小区购买了住房的郑××在看完就要交付的新房后，又来到自己提前购买的一套门面房，房子内部装修就要完工。"准备开一家小超市，因为二期马上就要交房，将来会有很多人需要日用品，我这店一定能赚钱。"郑××对记者说，他的投资预算在 10 万元左右，主要经营一些吃、用等居家生活品，将来盈利

后，就能直接供新买的房子了。

记者又来到位于农业路的文博花园，在这个小区里有干洗店、超市、电脑维修店等，每一家店铺都和居民的生活息息相关，在社区经营糕点副食生意的王×告诉记者，他 2007 年租下了这家店，不到一年时间就开始盈利了，现在他还推出了送糕点的服务，生意比以前更好了。

知名品牌进社区

随着社区规模的不断扩大，居民消费水平的不断提高，越来越多的高端消费也开始来到社区，其中不乏全国、全省的知名企业和品牌。

调查中发现，一些老式社区，由于居民较少，距离闹市区比较近，社区经营的项目多是一些小吃店、小烟酒店、洗衣店等。一些新开发社区就不一样了，这些社区中的商铺规模、种类、数量都比老社区要大、要多，如岳麓区荷叶塘社区、金星社区以及英才园社区等居住人口稠密的大社区，在走访这些社区时，明显能感觉到更浓烈的商业味道，除了吃、穿之类的商铺，更有高档的精品店、窗帘店、汽车装饰店等，涉及百姓生活面更广。现在很多人争着到社区租房子创业和投资，社区商业的兴起，除了解决一部分人就业外，也给居民们带来了很多方便，不出社区门就能买到称心的生活用品。

另外，一些知名的装饰材料、电器等品牌也纷纷在社区设立代办点来争夺市场。

社区商业前景好

时下，金融危机给各类市场带来了一定的影响，但对于正在兴起的社区经济来说影响不大，大多数社区商铺营业额比同期都有所增长。对于社区经济发展的前景，大社区、高层住宅越来越多地出现在都市中，为社区经济的发展带来更多的机遇，尤其是近几年高端商品不断涌入社区商业体系中，这种发展情况，必将让社区成为商家必争之地。

🕐 课间休息

金星社区经济打造大学毕业生"创业平台"

"走路不超过 10min 就到了自己开的店铺，中午累了还可以回家休息一会儿。"家住长沙市金星社区的左青今年毕业于湖南商学院，她在当地政府的协助下，贷了近 2 万元"创业款"开了一家盆景店。

左青的店铺位于金星社区的花卉鱼鸟市场，这个市场是当地社区经济的示范点，自 7 月 9 日正式营运以来，已安置大中专毕业生近 15 名，直接带动就业 200 余人。

据了解，2009 年起，金星区充分利用了现有社区资源，通过政策扶持，鼓励个体、私营、民营等企业通过合伙经营、加盟连锁、投资入股等形式创办社区经济实体。截至目前，像花卉鱼鸟市场这样以社区居委会为主体的经营性社区经济实体在金星区已有近 10 家。

"针对当前大学毕业生就业难问题，发展社区经济很重要的一点就是为大学生创业提供一个平台。"金星区民政局局长肖容说。

"在政府对大学毕业生创业行动的政策支持下，我开的盆景店被免了第一个月的摊位费和一年的水电费，如此轻装上阵，相信我会创业成功！"左青自信地告诉记者。

任务二 了解社区经济组织管理现状

任务描述

了解社区经济组织的发展历史，以便更好地了解中国现代社区经济组织的发展现状，分析其优势与缺陷，为加快我国社区经济组织发展打下基础。

任务实施

我国城市社区经济是从20世纪50年代中期以街道的经济形式开始发展起来的。"街道"是我国城市行政区划分的最小单位，也是城市"两级政府、三级管理"体制中最基础的一级。社区经济的发展离不开街道经济的发展。街道经济是从20世纪50年代中期开始起步的，它带有社会救济的性质，尤其是1978年以后就是为了解决大量返城知青的就业困难。80年代中期以来，城市就业和服务需要的增长促进了街道经济的扩大与发展。

90年代试行分税制之后，在计划经济体制向市场经济体制转轨和"行政区——区"模式主导的双重背景下：一方面街道办事处管辖范围被当作社区的地域范围，街道被赋予城市基层行政区和城市社区的双重身份；另一方面由于社会发展程度低，街道办事处充当了社区发展的唯一主体，街道经济税收逐步成为街道工作运转和发展的重要财源。同时大量下岗的"单位人"被纳入社区管理，这就需要拓展新的社区服务领域的就业渠道；城市经济快速发展和拆除危棚简屋的市政建设，使一些传统的经济组织受到冲击甚至消亡；街道承担了上级政府及有关部门布置和延伸的大量任务，但其所能调度的资源难以应付工作需要；社区管理体制逐步明晰，街道办事处职能更多地被定位于社区社会事务管理，其经济职能被弱化。在这种背景下，街道经济势必要摆脱"区街"这张皮，而向社区经济过渡。社区经济的经营理念、服务主体和运行方式不同于传统的街道经济，但它实际上又承接了走向困境的街道经济的部分社会功能，部分街道经济同时也是现在社区经济的有机组成部分。

我国城市社区经济从街道经济演变而来，但其运行机制不同于街道经济的行政机制，是以社会化机制为主，兼有多元化的特征。城市社区经济的筹资方式比较灵活，包括个人投资、社区居民集资、外来企业财团赞助等，当然也包含街道集体经济的参与。在计划经济时期，对人的管理是以纵向管理的"条"为主，街道作为横向管理的"块"，只起到补充的作用。随着改革的深入发展，传统的"单位制"正在消失，城市居民的经济、社会与文化生活越来越多地与社区产生紧密的联系。社区承担了由政府和企业转移出来的大部分社会职能，城市居民的福利、保险、退休基金、医疗保障等已逐步从单位职能中剥离而进入社会化管理。随着城市居民生活中心向社区转移，包括养老、托幼、教育、福利、文化、物业管理等在内的服务体系正在不断地扩展。城市居民对社区的依赖性与归属感也日益强烈。社区逐渐取代单位而成为现代城市居民生活的中心。中国城市居民的社会空间正实现由"条"向"块"的转换，创建了城市社区经济的一个崭新的发展空间。目前，我国城市社区经济所涉及的领域多以商业、生活服务业等第三产业为主，其中包括商业、餐饮业、医疗保险业、建筑装修业和其他物质生活方面的服务行业，还包括教育产业、文化产业、体育产业等知识、精神、健身、智力支持方面的服务，即文化生活方面的服务。由于目前城市社区经济处于起步阶段，发展比较快的是技术含量低的便民服务业，包括：社区环境保洁保绿；居民生活系列，如便民小吃、食品杂物店、洗衣店、理发店、家用电器维修点等；家务劳动服务系列，如介绍家庭保姆、代买菜、送煤气、看护病人等；社区中介服务，包括代订代买车票、船票、飞机票，心理、婚姻、法律咨询等。社区服务业是目前各级政府大力引导的产业，它投资少，见效快，对安置下岗工人、转移农村劳动力起了很大的作用。我国城市社区经济独特的服务功能，使社区经济具有广阔的发展空间。90 年代以来，我国社区经济发展迅速，整体水平呈逐年上升趋势，即发展平稳，效益递增。我国社区经济还具备"拾遗补缺，运转灵活"的特点，社区经济是城市经济体系中的"子系统"，大多数经济实体都属于城市经济体系中的"配属经济"形式，它把为居民服务、为社会服务作为自己的经营方向，在参与社会分工与协作的过程中甘当"配角"，拾遗补缺。

我国城市社区经济虽然诞生在计划经济体制下，却是在市场竞争的环境中成长的。这种发展的特点，表明了我国社区经济与市场经济有着天然的融合性与适合性。

任务引导

我国的社区经济是由带有强烈政治色彩的街道经济发展而来的，了解社区经济发展的历史有助于我们更好地理解市场经济条件下社区经济发展的现状及其特征。

知识链接

在我国，社区经济目前正处于实践摸索和理论探讨的阶段。在实践中我们已经取得了很多经验，理论方面也有了一些研究成果，但毕竟起步比较晚。因此，在其发展过程中承受着越来越大的压力，面临着不容回避的问题。概括起来，当前我国社区经济组织存在的问题主要有以下几个方面。

1. 资本不充足

（1）社区的纵向联系传统化　在计划经济体制下，国家在对社区街居实行襁褓般的束缚的同时，又给予无微不至的关怀，在这种体制下，社区缺乏积累社会资本的条件和动机。在计划经济转轨时期，产权制度改革后，社区内的企业成为独立的法人组织，社区居委会成为自治组织，相互间是互助合作关系。但目前有些地方的社区组织，无论思想和行为上都没有摆脱传统体制的影响，滞后于形势发展，习惯于依赖政府，过着"等、靠、要"的日子。面对重要战略机遇期，有些社区组织不是紧抓机遇，而是依赖政府获得"首长项目"以便取得财政保证。

（2）社区的横向关联程度低　城市社区经济发展，要优势互补、利益共享，节约交易成本，获得最大化利润。而从目前城市社区经济的现状看，长期以来倾向于和政府之间的纵向、封闭、传统的联系，而忽视跨社区和产业之间的交往与联系，产生了经济效益低的问题。

（3）社区资金短缺　我国城市化建设发展到今天，已经有了相当的水平。但对城市社区来说，资金短缺问题还是比较严重的。一方面，政府财力有限，资金投向社区的数量毕竟太少。另一方面，社区自有财力较弱，城区财政仅能维持一般工资支出，是"吃饭"的财政，无力担当投资发展经济的任务，不能成为国有资金投向对象。一个地方的发展，不能光靠政府拨款，主要靠自身的实力来支撑发展。我国城市社区经济恰恰是在自有财力上短缺。

2．结构不合理

长期以来由于缺乏建设、管理社区的经验和对客观发展规律的正确认识，以至于我们在着力发展社区经济时出现战略决策的失误，战略重点的失衡，产生了许多结构性的新的问题。例如，以往在城市经济发展的战略方针中，把发展重工业放在不恰当的位置，许多城市忽视轻工业，与此相适应，势必重视积累而轻视消费，重视经济增长速度而轻视经济效益，重视生产用品而轻视生活用品。受这种发展战略的影响，我们原先的一些社区经济的结构自然地有着"畸重畸轻"的痕迹。许多城市社区超越自身条件的许可范围而贪大求全，忽视固有的优势而追求自成体系，忽视长期发展战略而追求短期效益，以至生产结构上失调。资源得不到合理开发和利用，生产潜能得不到充分发挥，消费结构上供不应求，居民的物质文化生活水平得不到提高，技术结构上不能及时更新换代向高层次发展，经济增长和经济效益极不相称，体现不出经济发展的战略要求。

3．管理不完善

我国城市经济管理体制基本上是沿袭苏联纵向的集权式管理机制，虽然也有几次变革，但主要是在调整条条块块的管理权限上做文章，没有跳出以行政部门和行政方法管理企业的圈子，仍然是矛盾重重，根本问题未能得到解决。城市社区经济的管理也不外乎如此，其主要弊端是：

（1）条块分割严重　按行政系统、行政区域管理社区经济，最突出的矛盾是条块分割。在一个城市内，社区工业企业有的按行政隶属关系划分，有的按行业关系划分，自成体系，条块分割，很难对其进行统筹规划，综合管理，造成生产与存储、生产与销售的脱节，影响了商品的流通，阻碍了条块之间的经济活动。特别是改革过程中城市社区所有制的改革取向更弱，无论是"大集体"、"小集体"，还是国有小企业的股份合作制改革，合作经济没有得到充分发展。而且在产权管理上政府仍没有"松手"，过渡性质较为明显。

（2）政企职责不分　我们一直是依靠行政机构、行政方法管理城市社区经济，习惯于自上而下下达各项指令性计划指标，忽视经济组织、经济手段、经济法规在社区经济管理中的作用，忽视市场机制对城市社区经济的调节作用。同时，政企职责不分，实行人财物、供产销的统一，违背了市场经济运行的原则，致使企业缺乏生机，生产经营自主权得不到落实。企业缺乏生机和活力，城市经济的振兴和繁荣也就无从谈起。

案例阅读

社区姐妹创办"巧手编织部"

望麓社区是一个具有四五十年历史的老社区，辖区内的很多女性居民原就职于一大型企业，2004 年因经济体制转型，导致许多姐妹赋闲在家，因习惯了流水线作业，下岗后一时陷入迷茫，无所事事。从此，打麻将、走东家串西家传闲话，成了望麓社区一道不和谐的风景；

因家庭生活拮据，社区内的家庭纷争不断；到社区申请最低生活保障的人也越来越多。因此，让姐妹们重新树立起对生活的信心，成为望麓社区党支部工作的重点。

经过望麓社区党支部多次扩大会议研究，根据姐妹们年龄偏大、文化程度参差不齐及经济状况偏低的实际情况，决定寻找一条适合自身特点的致富项目，让姐妹们早日摆脱生活的困境。

于是，党支部专门派人到多地进行实地考察，经多方论证，将项目定位在湘绣、手工编织上。在岳麓区政府、街道办事处等主管部门的多方牵头、指导帮助下，望麓社区"巧手编织部"有了工作场所，并于 2007 年 10 月 9 日正式挂牌成立。

历经五年的发展，"巧手编织部"从组建之初名不见经传的一二十人，发展到如今的上百人；从简单制作"福"字挂件、帽子、手套，人均月收入四百余元，到现如今已能制作高端十字绣、汽车内饰挂件、整套童装、特色手织腰带、特色中国结等十大类近百种产品，人均月收入也达到了九百余元；从当初社区人员提着样品满街兜售、上门求订单，发展到现如今"巧手编织部"产品享誉全城，并设有两处专柜，每天顾客络绎不绝。

至此，社区基层真正走出一条自主创业的新路子。

课间休息

税 源 经 济

经济税源简称"税源"，即税收收入的经济来源，它主要是指国民经济各个部门当年创造的国民收入或往年累积的国民收入。经济税源作为税收收入的经济来源，其丰裕程度决定着税收收入量的规模，税收收入随着国民经济的发展和国民收入的增加不断增长。经济税源的调查与预测，是对经济发展与税收分配增长变化关系的调查、研究、分析和预测，其目的是为领导进行税收分配决策和编制税收计划提供可靠的依据。所以，正确地开展经济税源的调查研究与预测，对于加强税收工作的计划性，提高税收征管水平，保证财政收入都具有重要的意义。

任务三　开展社区经济组织管理

任务描述

通过两个不同发展程度的社区经济比较，我们分析了其原因，由此提出了发展社区经济组织的措施与方法。

任务实施

两个不同发展程度的社区经济比较

1．两个社区的经济发展状况

（1）A 社区　占地面积 47820m^2，辖 31 栋居民楼，8350 口人，60 岁以上人口占总人口的 30%，低保户有 18 户、43 人。社区建有一处 728m^2 多功能齐全的办公用房，设有一站式便民服务大厅。社区办公人员共9人，每月办公经费300元，驻街单位有9家。在A社区中，存在的社区经济实体有街道管理的阳光超市和社区医疗卫生服务站以及社区管理的老年公寓。

（2）B社区　划定于2000年4月，现有地域面积182000m²，现有51栋居民楼，现辖56个居民组，3829户，总人口11990人。社区党委成立于2000年3月，是全省第一个社区居委会党委。目前，B社区已经成为省市知名的经济初步繁荣、环境优美、生活便利、治安良好、人际关系和谐的文明社区。B社区发展到今天，得益于社区经济的发展。B社区几乎涵盖了国内社区经济的基本类型，拥有快餐、市场等多个社区服务网点，既提供便民服务，也安排下岗职工就业，促进社区经济发展；还拥有汽车修配厂、印刷厂等自救型经济企业，帮助下岗职工在社区内实现再就业；另外，还有一些税源经济，辖区内个体私营商业网点有56个。目前，B社区拥有固定资产2000多万元，实现年产值1000多万元。1985年以来，累计向国家纳税680多万元，近5年来年均实现利税60余万元。

2．两个不同经济发展程度的社区对比分析

从上述两个社区的情况可以看出，这两个社区经济的发展处于不同的阶段。那么，是什么原因导致这两个社区的社区经济发展存在着明显的差别呢？如何解决这些问题呢？

（1）两个社区所属区和街道对于发展社区经济存在着不同的思路　通过对A社区进行访谈了解到，A社区所属区和街道对于社区发展经济并不提倡。从A社区现有的几个经济实体看，主要是街道管理和经营，基层社区并没有独立经营管理权，对于社区经济的收入也不能自由支配，都要上缴街道，然后由街道返还给社区。这样，A社区发展社区经济的自主性就较弱。与此相反，B社区拥有发展社区的独立自主权。据B社区书记介绍，对于社区经济所得的收入，街道并不收取任何管理费，完全由社区支配。社区可以将这部分收入用于基础设施建设、社区工作人员的办公补助、劳动补助等方面。可以说，基层社区的社区经济发展状况和水平，与社区所属区、街道的政策导向有密切的关系。当前社区经济要得到大的发展，各区政府、各街道应当切实放开对于社区经济的管理权，积极鼓励社区放手发展社区经济。

（2）两个社区的社区干部对于社区经济的认识有所不同　A社区的社区干部对于社区经济存在着模糊的认识，对于社区经济对社区建设的促进作用认识并不深刻，这形成了A社区更多地重视社区服务，而忽视社区经济发展的倾向。而B社区的主任则很早就意识到社区经济对于社区建设的重要意义，说"不发展经济啥事也办不了"。在这种思想指导下，B社区在改革开放之初就开始了社区经济的发展进程。可见，正是这两种不同的观念和认识，导致了两个社区经济发展程度和水平存在着一定的差别。

（3）两个社区对于社区资源的动员和整合的程度不同　社区经济的发展，离不开对于社区资源的动员和整合。A社区虽然也利用了社区一定的人力、物力资源，但是社区居民的参与度还较低，这就影响了社区的经济发展水平。而B社区在经济发展过程中，已经将社区的各种资源，包括人力资源、物力资源、资金资源等，在一定程度上动员和整合起来，为本社区的社区经济发展服务。可见，能否充分有效地动员和整合本社区的现有资源，也是社区经济发展的一个重要条件。

在对两个社区的经济发展进行对比的过程中，也要看到，两个社区的社区经济发展又存在着一定的共性问题。在A社区和B社区都存在着管理层次多的情况。社区经济既有社区兴办的，也有个人兴办的，还有街道兴办的。对于社区经济管理层次多的状况，从长远来看，将会影响社区经济的进一步发展。并且，当前社区工作人员面临的工作负担都较重，据统计，有160多项工作。这样的情况下，比如B社区这样完全由社区工作人员来管理社区经济的发展，恐怕也难以持久，必须在基层建立一个统一的管理机构，来经营管理社区经济，并且，这种管理机构最好由非营利组织来承担。

3. 社区经济组织的进一步发展思路

（1）基层社区要充分重视社区经济是社区建设的重要经济基础　社区基础设施的建设，社区公益事业的开展，社区工作人员的劳动补助、办公经费，可以说都离不开经济的支持。在笔者所调查的A社区及其他一些社区时，经常碰到的是基层社区工作者苦于资金不足，因而无法更好地开展社区公益事业。这说明仅靠政府投资，是不利于社区建设的进一步发展的。在当前政府投资相对不足的情况下，各个社区，特别是经济不发达地区的社区，应当积极改变单纯依赖政府投资的观念，积极发展社区经济，为社区建设提供强有力的经济支持。同时，各市、区政府、街道也要制定政策措施，对基层社区发展社区经济给予有力支持。

（2）需要社区干部的带头作用　B社区经济的发展离不开社区领导的奉献精神。为了筹集资金发展社区经济，社区主任拿出家里的全部积蓄，并且带领社区干部和群众起早贪黑建设厂房。社区干部的模范带头作用成了无形的力量，带动着社区的工作人员无私奉献和忘我工作，才有B社区今天的社区经济的初步繁荣。因此说，在当前社区经济的发展中，社区干部的带头作用应当得到重视和进一步提倡。社区干部要改变以往只关注于检查、评比的思维模式，要以社区居民的需求为出发点，做好社区经济的发展工作。

（3）减轻社区工作人员的日常工作负担　据不完全统计，目前社区承担的经常性、季节性、阶段性和临时交办的工作多达几十项，再加上现在从上到下的各项工作进社区，以及各种检查、评比，社区干部们整天疲于奔命。B社区的一位干部曾说："社区的工作是纷繁复杂、包罗万象的，如社区的卫生、社区的治安、社区的民政工作、社区的残联工作、社区的计划生育工作、社区的低保再就业的安置等。我们曾经统计过，社区一共有169项工作内容之多。"在这样的情况下，B社区的社区经济发展成果尤其来之不易。因此，如果政府制定相应的政策，切实减轻社区工作人员的日常工作负担，这将有利于基层社区更多地关注社区经济和社区发展问题。

（4）加强城市社区经济的组织管理　发展非营利组织，以改变城市社区经济发展中管理多层次的状况，主要是行政推动的状态。社区经济的主体应主要是非营利性组织和公益性组织。而目前城市社区的这方面组织发展还不够完善，造成了现在主要是街道管理经济的局面。为此，我们可以借鉴美国等发达国家的一些先进经验，在城市街道一级组建"社区经济发展公司"这种非政府非盈利组织，公司的从业人员由社区居民来承担。"社区经济发展公司"负责组织本社区的经济建设与发展，公司的从业人员由社区居民来承担，公司的利润必须按照一定比例用在社区建设的公益事业方面，如修建社区活动中心、种植花草树木、资助特困户等。通过建立"社区经济发展公司"这样的统一管理机构，可以解决目前社区经济发展中管理层次多的状况，实现对社区经济的统一管理，从而促进社区经济的进一步发展。

（5）解除社区经济从业人员的后顾之忧　为了发展社区经济，鼓励更多的社区成员参与到社区经济中来，就要保障社区经济从业人员的生活，使他们得到养老、医疗等方面的社会保障，从而解除社区经济从业人员后顾之忧。为此，必须拓宽社会保障的覆盖面，使得不同行业、不同所有制的劳动者都能够平等地享有社会保障的待遇。只有这样，才能使得现有的社区经济从业人员安心地经营，也吸引更多的社区居民从事社区经济。

（6）充分动员和整合社区资源　要真正实现社区经济的自主自立发展，社区资源的动员和重组是关键。社区资源包括人力资源、资金资源、物质资源、社会资源等方面。在当前社区经济发展过程中，各基层社区要采取各种形式，有效地动员和整合各种社区资源，使其发挥整体效用，为社区经济和社区建设的发展服务。在这方面，香港地区积累了一定的经验，他们发挥区内居民拥有的才能、技术、经验，来服务本社区和其他社区中的成员，从而在一定程度上改善了社区居民的生活，促进了社区经济的发展。内地城市可以借鉴香港的有关经验，充分利用社区居民包括下岗职工的才能、技术和经验，为社区经济和社区建设的发展服务。总之，随着社区非营利组织的进一步发展，社区各种资源的充分整合，政府的支持和社会保障体系的进一步完善，社区经济将得到进一步发展，并成为社区建设的重要经济基础和重要组成部分。

任务引导

通过比较的学习方法，我们更明白城市社区经济组织发展的优劣势。

知识链接

促进社区经济组织发展的措施主要有以下几点：

（1）政府应对社区经济的发展进行规划，为社区经济组织的发展指明方向。城市政府要根据城市国民经济和社会发展规划，结合城市建设、产业结构调整及第三产业发展等内容，在充分发挥社区的区域优势和特色的前提下，指导、帮助社区做好社区发展规划，因地制宜，合理对社区产业进行定位，使社区经济组织的发展方向具有科学性和前瞻性。

（2）政府应及时制定管理社区经济组织的各项政策，利用财税杠杆帮助社区经济组织发展。政府应及时制定发展社区经济组织的政策和制度，对营利组织用市场机制进行管理，对非营利组织的注册登记、领导体制、组织机制、投入机制、约束机制等方面的管理要法制化和制度化。应考虑由一个政府部门统管社区事务及社区经济组织。政府要科学使用财税杠杆，采取多种来源、多种形式的财政资助，把握好有为和无为的关系，发挥社区经济组织在发展社区经济方面的独特作用。

（3）政府应委托社区经济组织托管社区服务设施，鼓励社区经济组织承担社区事务。政府要改变直接管辖社区福利服务设施的现状，可以签订合约的形式，将这些设施委托给社区中的非营利机构进行运营。凡受托经管社区服务设施的社区非营利机构，都不得违背其营运目的，即不能以追求利润为目标，政府可以根据服务内容、服务要求酌情给予托管机构以经营补贴。

（4）政府应重视培养社区经济组织所需的专业人才，提高社区工作人员的待遇。社区服务是典型的社会工作，它需要掌握比较全面的社会科学知识和社会工作理论技巧，并在社会政策服务、管理以及实务方面具有工作经验的专业人员。但长期以来，由于社区工作社会地位低、待遇差，使得社区经济组织难以吸收社会优秀人才参加社区经济建设。所以，要发展社区经济就必须不断提高社区工作人员的待遇，并重视对社区工作人员的培养。

案例阅读

让社区经济活起来

8月29日，投入100多万元，历时8个多月精心装修的"盘龙农庄"饭店正式开门营业。这是后湖社区管理委员会自去年成立以来，引入市场机制，盘活社区闲置资产的成功举措，为后湖社区解决了20名富余人员的再就业。

经过一年多的运作，后湖社区成功实现了近20万元的赢利。一年多前，整合重组后的后湖社区，机构臃肿，仅各类干部就有20人，在职职工30人。加上自主经营的体制机制不畅，吃"大锅饭"思想严重及观念的转变和更新不够，抱怨的声音很多，队伍稳定也成问题。

面对新情况、新矛盾，新一届领导班子及时采取科学对策，明确社区发展走规范管理、与市场对接之路。一是对后湖社区的相关二级单位进行合并重组，彻底改变水电管理与物业管理、农业经济管理交叉混合、重叠交叉现状，将原先的服务行业合并重组，形成符合社区经营开发管理的"后湖社区物业服务中心"。二是建立新型的收益与分配相适应的"捆绑型"体制机制，即实行责、权、利相统一的经营核算体制机制，对社区进行资产清理和评估，建立起产出、分配、收益相匹配的执行机制，彻底改变吃"大锅饭"管理模式。三是采取逐年推进和完善的企业化经营。根据社区现有的产业、收益情况，核定员工编制；对社区经营产业进行测算，留足一定的利润空间；逐步引入市场竞争机制，逐步形成社区市场化经营的企业。

转变经营理念，服务力求人性化，在人性化经营中求效益、赢赞誉。2010年11月中旬，该社区开设了社区物业管理服务中心"五金、电工、生产资料"服务部，经营五金、割胶生产工具、农副产品工具等用品，主动参与市场竞争，扩大社区经营业务。该中心的商品不仅物美价廉，而且提供人性化的服务：只要是在该中心购买商品的用户，需要安装的水龙头、电灯、插头等，均全部实行免费安装。这一做法使该中心在方便了用户的同时，也赢得了效益。拓宽社区经济发展思路，增加社区经济发展亮点，让社区经济同样发展起来，不仅为社区安置了富余人员的再就业，稳定了职工队伍，每年还可为社区节约不少的费用。"

课 后 实 训

案例分析

星沙工业区村级集体经济组织改制，逾七千农民成股东

社区股份合作社在星沙工业区揭牌成立，该工业区地域范围内的万余失地农民中，有7121人成了合作社的股东，今后家家有收益，年年有分红。这是星沙工业区实行村级集体经

济组织改制后的成果。

王顺原先是星沙工业区下辖新农村的村民，2005年在宅基地动迁过程中一家人完成"农转非"，变成了城市居民。此番社区股份合作社成立，家中四名成人以每股5000元的价格，每人获得了4股股份。"根据测算，今后每年每股至少有8%的股金分红！"，王顺一家对能够分享村级集体经济发展的成果喜出望外。

星沙工业区自1996年成立以来，按照"城市化、工业化"的路径取得了快速发展，目前老百姓已全部完成"农转非"。以往，工业区下辖的5个行政村，每个村有一公司制的集体经济组织，但由于产权关系不明晰，老百姓的权益无法从根本上得到保障。星沙工业区党工委、管委会经过反复调研摸底，决定实行村级集体经济组织改制，搭建新的集体资产收益平台，通盘经营改制资产。

合作社成立以前，经过相关审计、评估公司的审计、评估，原先集体制公司的资产，以农龄全部量化给了村民，再由村民以自愿入股形式，把实有的优质资产买下来，组建了新的股份合作社。合作社现有资产1.8亿元，可租赁的厂房面积达到14万 m^2。由于改制资产大部分是工业不动产，因此可以确保稳定收益。此次改制设立的社区股份合作社，不设干部股、岗位股、特殊贡献股等，只设置一定的集体股，所有干部和老百姓一样平均持股，做到了"同民同股"，其目的是为了保障绝大多数村民群众的利益，让群众得到更多分红的机会。合作社将按照现代企业管理制度，公开招聘经营管理者，并按经营实绩支付报酬。

分析

1. 星沙工业区怎样对社区经济组织进行管理的，实施效果如何？

2. 实地考察某一社区，并分析该社区的经济组织的构成，社区经济组织的管理现状以及存在的问题，为更好的进行社区经济组织管理提出自己的见解。

项目 七

社区民间组织管理

项目概述

随着社会主义市场经济体制的建立和行政管理体制改革的不断深入，社区民间组织在社会事务管理、社区公益事业，尤其是在社区建设方面的作用日益显现。本项目要求学生通过查找文献和实地走访调查社区民间组织，了解社区民间组织的发展现状，重点培养学生收集资料和社区民间组织培育与管理的能力。

背景介绍

什么是社区民间组织？形形色色的社区民间组织的构成怎样？他们在社区中提供哪些服务？发挥着怎样的功能？目前社区民间组织的管理存在哪些问题？该如何进行有效管理？如何培育社区志愿者服务组织？培育机制有哪些？这些都是我们要在实地调查中思考的问题。

任务一　调查社区民间组织的构成

任务描述

调查社区民间组织的构成能了解社区内存在的不同类型、不同性质和规模的民间组织，是进行社区民间组织管理的基础。请阅读下列材料，从中获得启发，去调查你所在社区存在哪些民间组织。

任务实施

幸福苑社区的民间组织构成调查

幸福苑社区地处中心城区黄金地段，周边配套设施非常齐备。政府在社区服务过程中将部分本应属于政府职责的服务交给社区民间组织去承担，效果不错。根据我们的调查，幸福苑社区民间组织的构成情况如下：

（1）社区社会工作者协会及其街道分会等民间组织在推进社区建设，协助政府从事社会管理和公共服务。

（2）社区服务民间组织以各街道社区服务中心为主，尽力满足社区居民多层次、多领域的各种需求。开展便民利民服务，各种培训班和兴趣班等。

（3）助老养老类民间组织在老年人收养照料、日间护理、居家养老服务等方面精心为老服务，努力满足各类不同层次的老人的需求。

（4）老年人活动组织积极开展丰富多彩、健康文明的各类文体活动，吸引老年人走出家门，融入社会，打造健康，营造了老年人晚年幸福和谐的社区氛围。

（5）残疾人服务社协助街道残联了解掌握本社区残疾人劳动就业和生活状况，助残帮困，开展各项社区残疾人活动康复评估，帮助残疾人克服生活困难。

（6）慈善帮困类民间组织发动社会力量接受社会捐助，重点帮扶低保家庭、失业困难人员、困难老人和大重病对象，就学困难家庭等特殊困难群体，开展帮困送温暖活动。

（7）社区科普教育类社团活跃在社区，在老年医学、健康保健、营养、心理、接受咨询、开展讲座，大型宣传，发放资料等方面做了大量卓有成效的工作貌。

任务引导

（1）阅读了上面的材料之后，联系实际，你的体会是什么？请通过网络信息查找、设计访谈提纲、拜访区民政社团管理科的有关领导了解辖区内社区民间组织构成情况。

（2）调查社区民间组织，可以训练学生收集资料和分析资料的能力。在调查中要注意识别网络信息的真实性和可靠性。走访调查中要找到关键的熟悉社区民间组织发展的人员进行访谈，事先要做好充足的准备。

知识链接

1. 什么是社区民间组织

社区民间组织是行政区域内，以社区居委会或街道办事处为活动区域，由自然人、法人或其他组织自愿组成，不以营利为目的，为居民提供各类服务的社会团体和民办非企业单位。

社区民间组织作为构建和谐社会，打造和谐社区的重要载体。在承接政府职能转移、整合社区资源、化解社会矛盾、发展社区公益、提供社区服务、扩大居民参与、增加就业渠道、繁荣文化生活、实现社会稳定等一系列方面起到了十分重要的作用。

2. 社区民间组织的构成

社区民间组织主要有社会团体和民办非企业两类。

（1）根据社会团体的性质和任务，社会团体可以分为学术性、行业性、专业性和联合性4类。

1）学术性社会团体，可分为自然科学类、社会科学类及自然科学与社会科学的交叉科学三种，一般以学会、研究会命名。

2）行业性社会团体，主要是经济性团体，又可分为农业类、工业类和商业类等，一般以协会命名。

3）专业性社会团体，一般是非经济类的，主要由专业人员组成或以专业技术、专门资金，为从事某项事业而成立的团体，多以协会、基金会命名。

4）联合性社会团体，主要是人群的联合体或学术性、行业性、专业性团体的联合体，一般以联合会、联谊会、促进会命名。

（2）民办非企业分布在社会各行各业中，每个领域都会产生和存在民办非企业。

1）教育事业，如民办幼儿园，民办小学、中学、学校、学院、大学，民办专修（进修）学院或学校，民办培训（补习）学校或中心等。

2）卫生事业，如民办门诊部（所）、医院、民办康复、保健、卫生、疗养院（所）等。

3）文化事业，如民办艺术表演团体、文化馆（活动中心）、图书馆（室）、博物馆（院）、美术馆、画院、名人纪念馆、收藏馆、艺术研究院（所）等。

4）科技事业，如民办科学研究院（所、中心），民办科技传播或普及中心、科技服务中心、技术评估所（中心）等。

5）体育事业，如民办体育俱乐部，民办体育场、馆、院、社、学校等。

6）劳动事业，如民办职业培训学校或中心，民办职业介绍所等。

7）民政事业，如民办福利院、敬老院、托老所、老年公寓，民办婚姻介绍所，民办社区服务中心（站）等。

8）社会中介服务业，如民办评估咨询服务中心（所），民办信息咨询调查中心（所），民办人才交流中心等。

9）法律服务业。

10）其他。

📖 案例阅读

Q市民间组织在现代社会发展中的作用

近年来，Q市民间组织不断发展壮大，与政府、企业共同构成现代社会的三大支柱，凭借非营利性、公益性、自愿性等特点，在参与社会管理、反映公众诉求、化解社会矛盾、激发社会活力等方面发挥着不可替代的作用。

1．为经济腾飞助力

近几年，各行业协会迅猛发展，形成了较为齐全的经济门类，涉及工业、农业、运输、教育、食品、医疗、环保、信息等多个行业。在这些行业协会中，Q市温州商会更为他们"第二故乡"的经济发展起到了积极的作用。继温州商会之后，Q市又成立了泉州商会和齐市百花商会。

2．为新农村建设出力

作为农业大市，Q市各级各类农村专业经济协会，在服务"三农"上发挥了积极的作用。洋葱协会每年组织农民向韩国和日本出口洋葱。马铃薯协会、大豆协会常年有专家和工作人员为农民提供服务。

3．为社会建设献爱心

Q 市长跑爱心协会成立以来，以长跑这项运动方式弘扬体育精神，在营造全民健身氛围的同时，积极主动扶贫帮困。利用各种捐款和送温暖的形式，为近千名孤寡老人、特困户、革命伤残军人、残疾人和社会上需要帮助的家庭送上爱心。此外，各类商会也会为贫困家庭慷慨解囊，每年都会定期帮扶贫困学生。

如今，各类社会组织活跃在环境保护、扶贫开发、权益保护、社区服务、经济中介、慈善救济等现代生活的各个领域，为 Q 市经济社会发展做出贡献。

课间休息

S 市基层民间组织情况调查表

为了准确掌握 S 市基层民间组织的发展现状，促进基层民间组织健康、全面、稳步的发展，特开展本次问卷调查活动，您的意见对我们研究基层民间组织的发展十分重要，希望您能如实认真的填写。谢谢！

1．组织基本信息：

名称（全名）：　　　　　　　　　　　　　　联系电话：

通讯地址及邮编：　　　　　　　　　　　　电子邮箱：

2．组织成立的时间：

3．组织开展活动的主要领域是：

4．组织成立的方式：（　　　）

（1）政府有关部门倡导成立　　　（2）自发成立　　　　　（3）其他（请注明）

5．关于组织的办公场所，请在以下选项中选择：（　　　）

（1）租用办公场所　　　　　（2）购买的办公场所　　　（3）主要发起人提供

（4）没有独立的办公场所　　　（5）其他

6．组织专职人员平均文化程度：（　　　）

（1）高中及中专以下　　　　（2）大专　　　　　　　　（3）大学

（4）研究生及以上

7．组织资金主要来源？（可多选）（　　　）

（1）政府　　　　　　　　　（2）会费　　　　　　　　（3）企业捐赠

（4）私人捐赠　　　　　　　（5）基金会　　　　　　　（6）其他

8．组织面临的主要困难？（可多选）（　　　）

（1）不符合注册条件　　　　（2）缺乏政策支持　　　　（3）缺少公众支持

（4）缺乏专业人才　　　　　（5）资金不足　　　　　　（6）内部管理制度不完善

（7）缺少合作伙伴　　　　　（8）其他

9．组织是否制定了组织发展远景规划：（　　　）

（1）是（请列举）

（2）否

10. 请列举贵组织自成立以来所发起或参与的主要项目/活动：

11. 近两年，组织工作人员是否接受过培训？（　　　）

（1）接受过（直接到 13 题）　　　（2）从未接受过

12. 不能接受培训的原因是：（　　　）

（1）缺乏培训信息　　　　　（2）缺乏必要的经费　　　　　（3）工作太多，抽不出人员

13. 在能力建设方面，贵组织目前面临的问题有：（　　　）

（1）行政干预太多，体制不顺　　（2）缺乏人才　　　　　（3）缺乏资金

（4）缺乏政策　　　　　　　　（5）缺乏社会支持

（6）机构自身素质有待提高　　（7）其他

14. 您认为提高组织能力的主要途径是：（　　　）

（1）参加培训　　　　　　　（2）观摩、交流

（3）开展机构需求评估　　　（4）其他

15. 对于民间组织提供的培训，您认为最急需的是：（　　　）

（1）组织管理方面　　　　　（2）项目管理方面　　　　　（3）志愿者管理方面

（4）财务管理方面　　　　　（5）管理人员能力与知识方面

（6）项目创新能力　　　　　（7）关系协调能力

16. 您认为加强基层民间组织能力方面最需要的条件有：（　　　）

（1）政策法规支持　　　　　（2）政府重视

（3）专业人员指导　　　　　（4）其他

17. 在过去一年中，贵组织的活动或项目主要是自己做还是与其他组织合作？

18. 在贵组织的发展中，最重要的一些经验或者教训是什么？

19. 在过去一年贵组织开展的项目活动中，对社会贡献最大的是什么？（列举一个）

对您的支持与配合再次表示衷心的感谢！

任务二 了解社区民间组织的管理现状

任务描述

我国采用的是"归口登记，双重负责，分级管理"的具有中国特色的民间组织管理体制。随着经济发展，社区民间组织的管理也存在着一些问题。了解现状是提高今后社区民间组织管理水平的关键。请阅读下列材料，并分析该组织的发展状况。

任务实施

G民间组织工作日志（节选）

与20城市民间组织联合倡导，启动绿色出行

来自全国各地的民间组织和网络成员，以及北京的政府、使领馆、各大媒体以及支持单位到会参加了启动仪式。各网络城市活动推动机构，领取了网络成员牌。

人民网在现场进行了网络的全程直播。北京各大主流媒体和来自20个城市的地方主流媒体参与了此次的新闻发布会，并将在地方开始当地活动的启动。G民间组织成为首批倡导与行动者。

水库考察

志愿者一行考察了水库，总计行程约3km，全程约2h。这是自然大学项目启动后的第十次考察活动。

与欧洲改革中心专家交流

英国领事馆总领事来访，这次他们邀请来的贵宾是来自欧洲改革中心的专家 Charles Grant 先生。Charles Grant 先生非常关心作为中国的草根环保组织。志愿者介绍了上半年开展的相关活动及受益群体，并就目前气候变化与节能减排工作不同层面公众参与的状况做了说明。专家就英国国内关注全球气候变化的状况做了介绍，并承诺给予相关气候变化知识手册及资料的支持，他表示，回去后就尽快寄来相关资料以协助我们的工作。

派员参与第五届中国国际民间环境组织合作论坛

此次论坛旨在加强中国与国际 NGO 之间的交流与合作，进而根据目前对于全球变暖的科学共识，推动公众、企业和政府在环境保护、节能减排及可再生能源与资源方面的合作。会议将邀请美国知名专家、非政府组织的管理者、国内知名的专家，以及政府、企业和非政府组织代表参会。

国内外众多的环境组织代表在热烈的气氛中，就当前全球关注的气候变化问题展开了讨论。

乐水行项目修订调整计划并招募12位项目工作志愿者

乐水行项目进行了重新的计划调整和修订，并开始招募新一批的项目志愿者。清晰明确地制订出乐水行项目所需志愿者的岗位描述。本次招募的志愿者职位包括：信息管理（3～5位），属信息组；电子杂志编辑（2位），属信息组；前期考察及带队人员（6位），属活动组。

任务引导

从上述节选的工作日志中，你能感受到民间组织生存与发展的不容易吗？请查询相关资料，总结出民间组织在发展过程中的管理现状，包括管理体制、存在的问题和发展趋势等内容。

知识链接

1. 中国民间组织发展的历史

在中国古代，从先秦时代起就有"会党"、"社会"之说，民间结社在春秋战国时期颇为盛行。后汉出现政治结社——朋党，以及著名的黄巾（会党）起义。宋代在民间出现各种互助性、慈善性的"合会"、"义仓"、"义社"、"善会"等。元朝末年出现以白莲教为中心发动的红巾起义。明朝以后绵延不断出现各种秘密宗教和会社组织，如罗教、大成教、天地会、哥老会等，直至近代的洪帮、青帮。这些构成中国历史上有别于封建政府一统天下的民间社会。

从中国现代历史来看，民间组织的发展主要经过了 3 大阶段。

（1）从 20 世纪初至 1949 年新中国建立　由于该阶段的中国处在各种势力相互争夺的半殖民地半封建社会的特殊历史时期，出现了大量的民间非营利组织。它们既是民间传统的延承，又受到西方理念和慈善模式的影响。据现有资料，这一阶段民间组织至少包括了 6 类：

1）行业协会，包括各种会馆、行会等，它们是由传统的手工业者、早期的工商业者等组成的维护群体利益和行业秩序的民间非营利组织，其中一部分是传统商会、行会的延续，另一部分是伴随民族工商业的兴起而发展起来的新型行业组织。

2）互助与慈善组织，包括各种互助会、合作社、协会、慈善堂、育婴堂等，其中一部分是中国传统的互助组织和慈善组织的延续，另一部分则主要是由外国传教士所建。

3）学术性组织，包括各种学会、研究会、学社、协会等。其中，一部分产生于清末洋务运动时期，是思想启蒙和西学东渐的产物；另一部分产生于 20 世纪 20 年代至 30 年代，是五四运动和新文化运动的产物。

4）政治性组织，如学联、工会、妇联、青年团等革命性社团，以及相反的如三青团、"干社"等反革命社团，还有在抗战期间兴起的各种战地服务组织、救国会等，这类组织都具有很强的政治色彩。

5）文艺性组织，如各种剧团、剧社、文工团、棋会、画社等，主要由文艺界人士创设。

6）中国近代一直被蒙上一层神秘面纱的"会党"或秘密结社，如哥老会、洪帮、青帮等，这类组织往往带有反政府的倾向，其中一部分为革命党人所利用。

（2）从新中国成立至"文化大革命"结束　中国共产党政权建立以后，根据社会主义原则对民间结社进行了彻底的清理和整顿，这个过程大约持续到 50 年代前期。期间有两个方面的变化对民间非营利组织的发展带来重大的影响。一方面是一部分民间组织的政治化，一些政治倾向明显的团体被定义为"民主党派"，转化为政党组织，如中国民主同盟、九三学社等。另一个重要变化是一部分民间组织、一大批封建组织和反动组织被依法取缔。非政治性开始成为中国民间组织的一个鲜明而重要的特征。经过清理整顿后，中国的社会团体在 50 年代到 60 年代中期出现了一个较为迅速发展的时期。据统计，1965 年全国性社会团体由解放初期的 44 个增加到近 100 个，地方性社会团体发展到 6000 多个。

（3）从改革开放开始至今　改革开放政策的全面推行，使中国的经济、政治、社会生活以及文化观念发生了巨大的变化，促进了民间组织的长足发展。在整个 80 年代，社会团体的数量增长呈现出空前的势头。1978～1990 年的 12 年间，浙江省萧山市的社会团体增长了近 24 倍。进入 90 年代以后，经济体制的转轨和政府职能的转变为民间组织的发展提供了较为宽广的空间。据统计，到 1998 年底全国性社会团体达到 1800 多个，地方性社会团体总数达 16.56 万个。民办非企业单位的迅速发展是 90 年代中期以来具有划时代性的事件。公民个人以及其他社会力量投资兴办学校、医疗机构、社会福利机构、研究机构等非营利性社会服务组织的积极性迅速高涨。

2．国家对民间组织的管理

（1）管理体制　我国采用的是具有中国特色的民间组织管理体制，可以概括为"归口登记，双重负责，分级管理"。

"归口登记"是指民间组织统一由国务院民政部门和县级以上地方各级人民政府民政部门登记，赋予其法律地位。这一体制始于 1989 年国务院颁布的《社会团体登记管理条例》，目前，除了极少数民间组织如中国律师协会、中国仲裁协会、中国红十字总会采用备案制外，其他民间组织都应到民政部门登记。

"双重负责"是指每一个民间组织都要接受登记管理机关和业务主管单位的双重管理。登记管理机关是指各级民政部门，业务主管单位是指国务院和县级以上地方各级人民政府有关部门或者国务院和县级以上地方各级人民政府授权的组织。在条例中，分别对登记管理机关和业务主管单位在民间组织管理中的职责进行了明确。从总体来看，登记管理机关侧重于登记管理和宏观管理，而业务主管单位则侧重于对所属民间组织业务活动上的指导。

"分级管理"是指县以上各级登记管理机关和业务主管单位对民间组织进行登记管理。一般而言，根据其活动地域或会员分布来划分登记管理权限。全国性的由民政部直接登记管理；地方性民间组织由所在地人民政府民政部门登记管理；跨行政区域的民间组织由所跨行政区域同上一级人民政府的登记管理机关负责登记管理。分级管理并不意味着民间组织有级别，它仅仅表示该组织的活动地域或会员来源不同。

（2）我国民间组织管理内容和管理手段　目前，我国政府对民间组织的管理主要包括登记管理、日常行政管理。主要的管理部门是登记管理机关和业务主管单位。登记管理是国家确认民间组织合法性的基本形式，是指调整和规范民间组织成立、变更和注销登记行为的法律程序和措施，是民间组织管理的一个重要形式；日常行政管理是指运用一定的机制，对民间组织的日常活动进行有效的规范、监督和指导的过程，也是民间组织管理的重要组成部分，主要包括按照有关政策法律规范民间组织的日常活动、对民间组织实施年度检查，以及对思想政治工作、党的建设、财务和人事管理、研讨活动、对外交往、接受境外捐赠资助、开展活动等进行管理。此外，对于民间组织的监督管理也是非常重要的，这是一项社会综合管理工作，除了民间组织的登记管理机关和业务主管单位外，还需要银行、税务、质监、公安、财政等部门的相互配合才能做好。

（3）民间组织管理中存在的主要问题

1）重管制、轻扶持，民间组织管理理念滞后。当前，我国政府对民间组织管理特别是在民间组织的登记注册、监督管理等诸多方面，过分强调管制，指导和服务意识不足，制度和政策往往不配套、不协调，影响了民间组织的发展。

2）社区民间组织管理方面的法律内容庞杂，透明度低。我国民间组织管理方面的法规建设滞后。一方面，我国对民间组织的性质、地位、作用等还没有明确的法律规定。另一方面，有的法规政策颁布施行后，由于改革开放向纵深方向发展，已明显难以适应新问题、新情况，需要充实完善。

3）成立门槛过高，制约民间组织发展。从法律上讲，我国公民享有集会和结社的自由。但是由于我国民间组织成立实行的审查登记制，赋予了政府部门较大的权力，造成公民成立民间组织的权利受到限制，公民根据自身的目标与愿望成立民间组织的难度较大。

4）管理缺位，造成民间组织性质异化。民间组织突出的特点就是民间性。而由于历史的原因，我国民间组织特别是社会团体行政化倾向非常严重，民间组织行政化倾向的具体表现在于：①我国有相当多的民间组织是由政府的职能部门转变过来的，或者是由政府部门直接建立的，它们在组织职能、活动方式、管理体制等方面还过于依赖政府，甚至依然作为政府的附属机构发挥作用。②管理体制赋予业务主管单位对民间组织拥有巨大的权力，业务主管单位可以随意干预甚至直接操持民间组织的活动。③民间组织自身能力不足造成其在实际活动中，往往由业务主管单位按照行政管理的方式组织与安排民间组织的各项活动，使得民间组织缺乏应有的独立性和自主性。

5）双重管理形成管理漏洞，增加民间组织运作的困难。双重管理体制的确立，虽然使政府对民间组织的管理制度更为严密，但这种体制在运作的过程中往往会出现相互矛盾的情形，致使对民间组织管理不免出现体制上的漏洞和运作上的困难。双重管理应该是各司其职，各负其责。但实际操作中，两个部门都容易出现对民间组织事后监督不力的问题。由于管理民间组织的政府部门之间在观念和利益上并不总是一致的，它们在制定和执行民间组织管理政策时，难免会出现政策矛盾以及相互推诿的情况。双重管理给民间组织造成事实上的双重审批，使成立民间组织的难度加大。

6）限制竞争，民间组织发展环境较差。民间组织向社会提供的是非垄断性公共物品，这意味着它也不应该居于垄断的地位。在同一行政区域内，已有业务范围相同或者相似的社会团体和民办非企业单位，没有必要成立的，对于社会团体和民办非企业单位的申请不予批准。人为地造成民间组织垄断的局面，既限制了民间组织在相同或相似业务范围内的竞争，也限制了民间组织的跨区域发展，其消极影响是巨大的。现在，民间组织经费不足和能力不足已经成为相当普遍和严重的问题，问题产生的原因是多方面的，但缺乏竞争应当说是一个根本的原因。

3．社区民间组织普遍存在的问题

目前社区民间组织从总量上分析，街道数量不多、规模不大，发展也不均衡；从社区民间组织本身能力上分析，社会认知度低，自我发展能力不强；从社区民间组织形态上分析，存在着结构不合理、机构不健全、分类不科学；从社区民间组织运作上分析，还存在活动不正常、不规范，缺少专职工作人员等。社区民间组织大多从事服务性、公益性活动，离不开广大志愿者的积极参与，当前还存在志愿者队伍不稳定、业务不专业、分类不科学等，总体上与经济社会的发展还不相适应，与人民群众日益增长的物质文化需求还有较大差距。有些社区民间组织在开展为社区居民服务的过程中得不到政策性补贴等优惠而难以为继，靠经营活动弥补亏损。

4. 社区民间组织发展前景

社区民间组织根植于社区基层肥沃的土壤，有着广阔的发展前景，为了使其发展健康有序，要坚持培育发展与监督管理并举的方针，本着自愿举办、总量控制、重点培育的原则，从社区广大居民的客观需求出发，努力构建门类齐全、结构合理、重点突出、运作有序的社区民间组织完整体系，达到环境宽松、政策到位、设施完备、组织健全、活动经常、监督有力的目标，为社区的可持续发展打下坚实基础。

案例阅读

CS社区民间组织管理体制改革

一、基本情况

2002年8月，CS社区为了探索民间组织自我管理、自我服务、自我教育的新途径，创建了社区民间组织服务中心。经过主导、推动、发展三个阶段，形成了"街道推动、'中心'运作、各方参与、百姓受益"的善治新格局；以"社工引领义工、义工服务群众、群众参加义工"的"两工"联动机制；以"社区为平台、社团为载体、社工为发展"的"三社"互动模式；积极引导社区内的民间组织参与社区建设和管理，为构建和谐社区做出积极贡献。

通过民间组织服务中心搭建服务平台，开辟绿色通道，热心帮助民间组织解决实际困难；承接政府转移职能，开展民办非企业单位、家庭收养调查评估工作；建立社区民间组织预警网络，及时反馈信息，协助管理部门开展工作；对群众团队实行备案登记，探索群众团队长效管理机制；发挥"孵化器"作用，培育社区慈善超市等服务性、公益性、慈善类民间组织，救助社区弱势群体；建立社区义工服务总站，规范义工管理，服务社区百姓。

通过民间组织服务中心实施民间组织枢纽式管理，热心为辖区内民间组织和群众活动团队提供服务，帮民间组织"建家"，增加了民间组织的认同感；开展"社团看社区——热爱我们的家园；社区看社团——促进事业的发展；社团进社区——共建两个文明"的活动，促民间组织"爱家"，增加了民间组织的幸福感；帮助民办非企业单位"落户"街道，引民间组织"安家"，增加了民间组织的归属感，积极引导民间组织溶入社区，参与建设和谐家园。

二、主要做法

（1）解决民间组织管理与服务的问题 街道通过民间组织服务中心将"服务、协调、管理、预警"功能融为一体，积极为民间组织提供各种服务，及时掌握了民间组织动态。过去，由于业务主管单位本身工作很多，而登记管理机关人手严重不足，曾出现业务部门无力管、登记机关无法管、社区街道无权管的民间组织"三不管"现象。现在街道层面成立民间组织服务中心，帮民间组织安了"家"，通过"以民管民"，即民间组织自我管理、自我教育、自我服务，把社区内的民间组织有效地"管"了起来。

（2）解决群众团队备案登记的问题 街道在民间组织服务中心设立群众团队服务部，对辖区内所有不具备社团注册登记条件的群众团队进行备案登记，建立了一套现代化的"群众活动团队信息管理系统"，并与市社团管理局联网，解决了社区内大量群众团队备案登记的问题。

（3）解决社区资源整合不协调的问题　民间组织服务中心开展"社团进社区"等主题活动，加强民间组织与社区居民的联系，促进社团与社区的双向服务、良性互动，形成社团和社区资源共享、优势互补、相互促进的良好局面，不仅使居民从民间组织的多元化服务中得益，也有利于调动社会各方的积极性来参与社区建设。

（4）缓解社区管理成本较高、效率较低的问题　民间组织服务中心推行窗口式接待、菜单式服务，为社区单位和居民提供咨询评价、家庭收养、义工管理、慈善捐助、代理服务、群众团队、党员管理、人才资源开发管理等方面的服务，承担了大量原来由政府承担的公共服务职能，降低了社区管理成本，提高了公共服务的效率和效果。

（5）缓解社区服务难以满足群众需求的问题　街道通过民间组织服务中心，培育扶持贴近群众、形式多样、各具特色的社区公益性民间组织，积极推进民间组织承接政府转移职能、参与社区建设和管理，开展各类为民服务活动，弥补了政府在公共服务方面的不足，满足了社区居民多样化、个性化和多层次的需求。

三、创新成果

（1）为民间组织提供了扶持培育的发展平台　建立社区民间组织服务中心，作为民间组织服务与管理的枢纽和培育民间组织的"孵化器"，街道办事处以购买服务的方式，为民间组织服务中心正常运转提供有效保障。街道每年投入专项经费和业务经费30多万元，用于解决民间组织服务中心工作人员的工资、福利以及开展民间组织党建和服务的工作经费。街道在繁华地段商务楼宇中专门辟出专用场地，配备相应办公设施，用于民间组织服务中心开展日常工作。街道设立政府购买服务的专项资金150万元，从资金上对社区公益性民间组织实行分类扶持，通过项目征集、项目引领、信息咨询服务及购买性、委托性、奖励性等促进机制，加强服务与引导，全方位支持民间组织的发展。

（2）为民间组织提供了惠及百姓的服务平台　服务中心通过"两工联动、三社互动"，为民间组织融入社区、惠及百姓搭建服务平台。形成了民间组织服务中心为平台，社工、义工为基础，各类民间组织为结合点的全方位服务网络。通过强化民间组织服务社区的功能，增加了就业岗位，拓展了社区服务，满足了社区居民的需求。例如，为残疾人进行计算机培训，开办了手工艺品制作培训班，通过传授技能，助残脱贫。服务中心还组织社区群众团队积极开展健康有益的文体健身活动，在公园开展"周周演"活动，连80多岁的老人也兴致勃勃地上台表演，社区居民高兴地说：参加活动后，身体好了，精神爽了，人与人关系融洽了，社区更和谐了。

（3）为民间组织提供了整合资源的合作平台　民间组织服务中心在整合社区资源、推动各项社会活动，促进经济发展，维护社会稳定中起着不可缺少的桥梁和纽带作用，使社区民间组织贴近生活、贴近群众，成为打破部门和区域界限、扩大公众参与的重要合作平台。民间组织服务中心多次举办咨询服务活动，为社区居民提供就业培训、幼儿入托、老年人服务、科学保健、文化艺术、医疗保险、法律法规等咨询服务。

（4）为民间组织提供了购买服务的承载平台　街道办事处为民间组织购买政府服务搭建承载平台，让民间组织在更广泛的领域承担角色，使社区民间组织成为社会管理控制体系的有机组成部分，从而构建起"党委领导、政府负责、社会协同、公众参与"的管理格局。例如：为推进职业培训、帮助政府解决下岗职工再就业，民间组织服务中心与民非单位联合开办各类培训班，以政府向民间组织购买服务的方式，通过采取每解决一个困难人员就业，街道给予民非单位一定补贴的办法帮助下岗、失业人员尽快就业；街道把原先直接管理的护绿队、除"四害"队和市容环保队的功能整合起来，成立"三维服务社"，由民间组织自己管理自己，街道通过政府购买服务的方式，扶持公益性民间组织的发展。民间组织服务中心成立了一支"救助管理义工"队伍，参与流浪乞讨人员救助管理，使地区的流浪乞讨现象显著减少。

CS 社区民间组织服务中心的创举，得到了各级政府和部门的充分肯定，并予以推广。

任务三　培育社区志愿者服务组织

⚙ 任务描述

培育社区志愿者服务组织是社区民间组织充分调动和利用资源的有效途径，也是孕育志愿精神的重要土壤。

⚙ 任务实施

N 市志愿者组织开展为民服务活动

在清神社区，"丽萍艺术指导站"以舞蹈志愿者高丽萍的名字命名，现在共有 8 名志愿者，都是住在社区里的舞蹈爱好者。平时，志愿者们每天晚上都会在社区旁边的财富广场教居民跳舞，一些路人也会参与其中。

在社区里，还有几个像"丽萍艺术指导站"这样的专业志愿者队伍。社区有位大妈家的电脑坏了，一时找不到专业维修人员。这件事被公布在社区网站上后，很快就有人自告奋勇替大妈修好了电脑。后来，居住在社区的一群懂电脑的志愿者成立了网络维修服务站，专门替居民义务修理电脑，还义务教社区里的老人上网。

而在明东社区，心理辅导志愿者服务队开展了以"我真的很不错"为主题的青少年团体心理辅导活动。接受辅导的四明中学高一学生罗蒙蒙深有感触地说："我以前不敢在这么多人面前说话，但是今天很轻松，把自己的想法表达出来了。"现在很多青少年缺乏自信心，不懂得如何与别人沟通，于是，社区一批有心理咨询资格证书的志愿者发挥专业特长，建立了这支心理辅导志愿者服务队。据社区干部介绍，目前，该社区拥有心理辅导、医疗卫生等十支专业志愿者服务队，志愿者开展的"E"路阳光网吧巡逻、"我拥有我珍爱"亲子关系辅导和"情商助力和谐成长"少儿情商训练等活动，都受到了居民的欢迎。

⚙ 任务引导

看过 N 市的社区志愿者服务活动之后，你有何感想？你参加过类似的社区义务服务吗？请结合自身特点，深入社区，整合社区资源，尝试协助社区组建一个社区志愿者服务组织，为当地居民提供服务。

知识链接

1. 什么是志愿者

"志愿者"（Volunteer）是一个没有国界的名称，意思是"希望、决心或渴望"。在西方较为普遍的观点是：志愿者是在职业之外，不受私人利益或强制法律驱使，为改进社会、提供福利而付出努力的人们。他们不受私人利益的驱使，不受法律强制，是基于某种道义、信念、良知、同情心和责任感而从事社会公益事业的人或人群。

在香港，志愿者被称为义工。志愿者行动叫做义务工作。香港义务工作发展局则将义工（志愿者）定义为"在不为任何物质报酬的情况下，为改进社会而提供服务，贡献个人时间及精神的人"，同时将义务工作定义为"任何人志愿贡献个人的时间及精神，在不为任何物质报酬的情况下，为改进社会而提供的服务"。

中国青年志愿者协会为志愿者下的定义是："不为物质报酬，基于良知、信念和责任，志愿为社会和他人提供服务和帮助的人。"

2. 志愿服务的历史

最早可以追溯到古罗马或更早时期的宗教慈善性活动。"慈善"一词来源于拉丁文 caritas，意思是"对他人的爱"或是"对有需求的人或贫困的人行善或慷慨施舍"。早在古罗马时期，马尔库斯·图里乌斯·西塞罗就认为："好心为迷路者带路的人，就像用自己的火把点燃别人的火把，他的火把不会因为点亮了朋友的火把而变得昏暗。"这些描述在今天看来，依然闪烁着人性的光辉。

现代志愿服务起源于 19 世纪初。当时，欧美等国的宗教慈善活动已有一定规模，一些国家率先动员和征募志愿人员从事与社会福利有关的工作。19 世纪末至 20 世纪初，欧美等国的社会福利事业得到发展，并先后通过了一系列的法案。社会福利的实现在依靠职业化的社会工作者之外，还征募了大量的志愿人员，志愿服务逐渐受到政府的重视和鼓励。

第二次世界大战以后，西方国家的志愿服务工作迅猛发展。志愿服务领域扩大到社会生活的各个层面，大批志愿组织相继成立，志愿服务事业进一步规范化，并且扩大为一种广泛性的社会服务工作。志愿服务工作成为调整社会结构与社会关系的重要力量。

3. 社区志愿者服务存在的问题

（1）缺乏统一管理　目前，社区志愿服务活动大多是由社区居民委员会以及相关区属部门临时组织安排的，没有真正意义上的主管部门和业务指导部门。很多社区志愿者参与活动比较随机，临时被指派参与志愿服务的热情很高，但长期坚持参与活动很难。

（2）缺乏统一组织　绝大部分社区志愿者没有进行身份和资质登记注册，服务内容和功能无法做到定向、定位。由于没有组织机构统一安排活动，志愿服务资源得不到整合，社区里相当一部分志愿者活动存在着散兵作战、各自为政的现象，使志愿服务长期徘徊在无组织的低水平重复之上，科学的志愿服务理念并未真正确立。

（3）缺乏宣传和引导　社区志愿者服务并未得到社会的普遍认知和充分肯定，甚至有时志愿者的义务劳动被质疑为目的不纯。这在一定程度上挫伤了志愿者的积极性，降低了志愿者为民服务的热情。

（4）缺乏经济扶持　有些志愿活动需要购置工具、耗材和零件，有的大型志愿活动需要一定的物质支撑，需要社会提供相应的经济扶持和资助。然而由于社会信任度低等因素，社区志愿服务活动很难得到社会组织的定向捐助。

（5）缺乏必要的信息平台　在社区志愿活动中，需要帮助的居民和能够提供人力和技能帮助的志愿者之间并没有建立起沟通联系的有效方式和平台，存在着志愿者活动无的放矢的现象。

4. 培育社区志愿者服务组织的机制

（1）政府应逐步从具体的社区事务中退出来，放权给志愿者组织　为避免社区志愿者组织进一步"行政化"，政府在推广建立社区服务志愿者组织之后，应逐步从具体的社区事务中退出来，集中精力加强宏观调控与管理，让志愿者组织能够真正做到自我选举、自我管理和自我发展。同时，适当利用法律也是志愿者组织能够有效开展活动的必要保障。要实现这一转变需要较长的一段时间，但是有目的的改革能够让我们少走弯路。

（2）为彻底实现志愿者队伍的独立，必须要给与其充分的资源　志愿者组织本身需要挖掘潜力，广开财路，避免受制于任何一方；同时鼓励企业和政府与志愿者组织进行合作，可以通过合同外包等形式扶持志愿者队伍的发展与壮大。

（3）采取合适的激励机制，激励居民们参加志愿服务　在社区中，"有钱出钱、有力出力"。目前，社区志愿服务的"积分储蓄卡"在很多地区已经推广开来，在小范围内，这一机制可以有效激励更多的居民参与到志愿服务中去。要达到激励的目的，我们不能忘了加强对志愿者利益的保障，如若连志愿者本身的利益都没法保障，结果只能是志愿者凋零。

（4）针对志愿者提供的服务，需要组织必要的培训，提高他们服务的水平　建立志愿者服务评价机制，由受益人对志愿者们的活动进行评价，这一机制可与"积分储蓄卡"制度结合起来实行。

（5）在部分地区可试行"受益人补偿"机制　受益人可根据自己所受益处，对志愿者组织进行资金上的补偿，不但可以帮助志愿者组织积累更多的资源，还可以形成"感恩"的良好风气。不过，这一机制适用范围比较有限，在比较富裕的一些地区或许可以成功。

案例阅读

积极培育家庭志愿者服务品牌

慈善是一个永恒的话题，慈善永续、爱心无界，妇女在慈善的天地间具有永恒的魅力。H市妇联发挥妇女的特色，打造妇字号的爱心团队，把家庭志愿者组织、凝聚起来，积极推动慈善事业的发展。

一是打造"慈善阿姨"家庭志愿者爱心团队，凝聚更多的家庭志愿者开展扶贫帮困、爱心助学志愿活动。依托 H 市慈善总会成立"慈善阿姨分会"，设立"慈善阿姨爱心助学基金会"。"慈善阿姨分会"成立以来凝聚了越来越多的家庭志愿者，许多女企业家更是成为"慈善阿姨"家庭志愿者爱心团队中的爱心大使。她们先后出资设立了"好妈妈法律援助金"、"优雅生活指导基金"等。汶川大地震后，"慈善阿姨"家庭志愿者第一时间在全市募集善款 50 多万元、图书 2 万多册，帮助灾区妇女重建文艺团队，并在绵竹市广济镇设立慈善阿姨流动爱心书屋。

　　二是打造"义工妈妈"家庭志愿者爱心团队，凝聚更多的家庭志愿者奉献亲情、传递爱心。为了更广泛地组织家庭志愿者投身慈善，市妇联在全市倡导一种理念：不是有钱才能做慈善，你有时间、你有才艺、你有爱心都可以做慈善。H 市妇联成立了"义工妈妈"社团，"义工妈妈"社团由市妇联统一管理，在各镇区下设分社，每个分社下设亲情服务、社区义教、家庭调解、活动支援等 4 支服务队，形成市、镇、村三级服务网络。首批"义工妈妈"社员，除由相关单位组队外，还向社会进行了招募，来自企业、街道、社区的热心人士报名参加。"义工妈妈"们走进福利院、敬老院，为福利院儿童、敬老院老人提供亲情关怀、爱心交流、协助康复等服务；走进社区，与在学习、个人成长方面有困难的学生结对，为他们提供学业和个人成长的辅导；走进家庭，及时化解矛盾，重塑家庭的和谐。如今"义工妈妈"们有一个响亮的爱心传递口号："有时间、有爱心，做义工妈妈。"

🕒 课间休息

　　1985 年，第四十届联合国大会通过决议，从 1986 年起，每年的 12 月 5 日为"国际促进经济和社会发展志愿人员日"（简称国际志愿人员日）。其目的是唤起更多的人以志愿者的身份从事社会发展和经济建设事业。联合国志愿人员组织成立于 1970 年 12 月，总部设在日内瓦。中国自 1981 年起同该组织合作。志愿服务泛指利用自己的资源为社会提供非赢利、非职业化援助的行为。每年的 3 月 5 日，是中国青年志愿者服务日，其宗旨是通过开展青年志愿服务，推动社会主义精神文明建设，促进社会主义市场经济体制的建立和完善，提高青年整体素质，为经济社会的协调发展和全面进步做出贡献。

课 后 实 训

　　1. 以小组为单位联系一个社区民间组织，运用参与式观察法，深入调查该组织的服务内容、服务方式、运作机制和管理现状。

　　2. 针对上述调查结果，请为社区民间组织的发展设计一份规划，并尝试递交到相关部门并做交流。

模块三

社区人口管理

项 目 八

社区常住人口管理

项目概述

社区人口是指社区内以一定的社会关系为基础聚居的人口群体。它是衡量社区规模的重要标志，又是确定社区层次的重要依据。没有一定的人口，就没有社区，因此社区人口是社区的主体，是社区构成的第一要素。

背景介绍

随着改革开发往纵深发展，城市化进程的加快，越来越多的流动人口涌入城市，在为城市建设做出巨大贡献的同时，也为社区管理工作带来新的命题。社区常住人口和流动人口呈现不同的特征，管理工作的内容和方法也不尽相同，社区管理人员应该有针对性地开展工作。

任务一 调查社区常住人口的构成

任务描述

社区人口的构成很大程度上决定着社区的组织机构概况、社区的文化特征和群体心理，同样也决定着社区建设的性质、任务。社区管理与服务从某种意义上就是社区人口的管理和服务。社区人口分析不仅是社区研究的主要内容，更是把握社区特征、分析社区问题、制定社区发展政策的关键依据。

作为社区的未来工作者，学生要学会对社区人口构成进行分析，这是社区人口工作的第一步。请阅读以下案例，并尝试调查你所居住社区常住人口的构成。

任务实施

丽景社区人口构成分析

丽景社区是上海市市区与郊区衔接地带的一个社区，社区目前面临着以下问题：人口数量庞大，而且每年都在增加，适龄劳动力数量也在不断发生变化，人口老龄化日益加重，社区就业形势今年更加严峻了，社会保障面临空前压力。社区每年有少量本地人口外迁出去，有大量外来流动人口涌入，导致社区医院、学校等公共资源配置日趋紧张，同时给社区人口的管理带来了巨大挑战。另外，社区有很多贫困家庭，在物价日益上涨的今天，他们的生存、看病、子女教育都是一个严峻的问题……

下面以丽景社区为例，全面了解该社区的人口构成概况。

1. 丽景社区人口状况（选取该社区工作人员提供的部分社区以往调查资料）

（1）人口的年龄、性别、民族、宗教构成　丽景社区共有 2013 户，常住人口 13573 人，其中，男性人数为 6922 人，女性人数为 6651 人，男女性别构成分别为 51% 和 48%。从这个数字上看，丽景社区人口的性别构成基本是平衡的，符合我国社区人口性别分布的常态范围。60 岁以上的人口有 2820 人，约占社区全部人口的 21%，这说明该社区存在严重老龄化的问题，社区工作中尤其要侧重关心老年人的社区照顾和关怀服务。老年人中女性比重明显偏高，男女比重分别为 36% 与 64%，其原因可能与女性较之男性平均寿命长有关系。

在社区人口分布中，0～14 岁年龄人口比重占 31%，说明该社区在过去出现了人口的急剧增长，同时社区老年和少年人口的所占比例较高，共占全部人口的 52%，反映出目前丽景社区人口年龄构成分布不均衡，老年和青少年较多，说明适龄劳动力承担的家庭供养负担可能较重。

此外，该社区人口中，分布有汉、回、维吾尔、壮族、土家等 10 个少数民族类型，少数民族人口有 470 人，有宗教信仰的人数有 320 人。

（2）文化和职业构成　在丽景社区 1000 名 12 岁以上人口抽样调查中，中专及以上学历有 456 人，占 65.6%，总体持平于丽景社区周边社区平均水平。调查也显示，社区老年人的文化水平普遍不高，大多在中学及小学水平，极少数是高中及大学学历，这种情况可能与社区类型为拆迁安置社区有关，有一部分老年人群是过去当地的征地农民，所以文化水平总体不高。

在职业构成方面，由于丽景社区位于城市和郊区结合的地带，周围有很多工业园区，社会分工还算发达。在抽样的 1000 人中，有 792 名处于劳动年龄并有劳动能力的劳动者，其中从事农林牧渔业的有 162 人，从事第二产业的人有 435 人，从事第三产业的人有 375 人，还有 35 人处于失业或无业状态。

（3）婚姻与家庭　在丽景社区，出生于 60、70 年代的人一般初婚年龄在 18～24 岁之间，这里有两个原因：一是社区过去曾是农村，人们结婚较早，二是这个年龄段的社区外来务工者在外地农村老家也存在结婚较早现象。

就离婚率而言，社区的离婚率总体不高，在 2008 年，社区离婚的家庭有 78 户，总体低于上海市水平，说明社区家庭的婚姻纽带是十分稳固的。

2. 丽景社区的家庭户类别构成的主要特点

（1）单身户比例较低。社区的单身户大多由孤寡老人组成，占全部单身户的 65%，其中尤以老年人女性单身户占多数。其余单身户为未婚男女青年户，占全部单身户的 35%，其中依旧是大龄单身女青年居多。

（2）一对夫妇户约占全部户数的 1/3，其中大部分是子女成家后分居的老年夫妇户，少部分是刚结婚分出来的新婚夫妇户。因终生不育形成的无子女一对夫妇户较少。

（3）在全部家庭户的类型构成中，以一对夫妇加未婚子女构成的核心家庭比重最大，占全部家庭的 6 成；其次是以母亲和未婚子女在一起构成的缺损家庭，还有以核心家庭和父亲或母亲在一起构成的扩大家庭。在缺损家庭户类型中，母亲和未婚子女组成的家庭户较之父亲和未婚子女组成的家庭户数多近 3 倍，其主要原因可能是 30～50 岁这几个年龄级的女性人数再婚比这个年龄段的男性再婚要复杂和艰难。

（4）生育状况。丽景社区人口前些年增长快，主要是出生率高和自然增长率高造成的，有近 8 成的育龄妇女只生一个孩子，另外还有 2 成的育龄妇女选择不育，或者多育。调查中发现，在这 2 成妇女中，有一部分家庭在 20 世纪 90 年代时，也就是计划生育推行了十多年后，仍然选择生育两个孩子，按照这些家庭的说法就是：当时因为是农村户口，超生罚款任务不是很大，觉得以后一个小孩太孤单了，所以就要养两个。调查也发现，有 8 成的家庭认为，养两个小孩是比较理想的，孩子多可以使老年生活有所依靠，说明社区居民的生育意愿还是较高的。

社区已婚育龄妇女中采取避孕措施的比例达 85%，妇女避孕比例已相当高。一般妇女都不同程度地知道有关避孕的知识。很多妇女分别通过计划生育的宣传教育和开会、阅读书报获得一些避孕知识。

（5）人口移动。绝大多数的丽景社区本地居民过去的活动范围就是自身社区及社区方圆十里范围，这里过去基本上是一个封闭的社区。

20 世纪 90 年代以来，上海城市化逐步推行到了丽景社区所处地带，这里逐渐成为市区的一部分，社区人口流动日益频繁。典型表现为很多人因为征地而发生住所迁移，有一部分居民被安置在本社区的拆迁安置房，另一部分社区居民则搬到了市区其他地方，尤其社区青少年长大后基本都离开了本社区。不过有一点值得一提，社区的本地居民几乎很少有迁到外地省市去的，这与上海本地人长久以来不愿意去外地就业、工作、居住的现状相吻合。

近几年来，社区里驻进了工业园区，很多外来务工人员大量涌入，使得社区人员激增，人口成分复杂，几乎到处可见来自全国各地、操着各种方言的外地人，这些人员流动性大，稳定性差，为当地社区的人口管理带来了一定难度。

任务引导

（1）社区的问题纷繁复杂，要有效解决社区的常见问题，进一步完善制定社区教育、就业、养老、医疗、住房、外来人口的管理、居民服务、社会福利等政策，必须先了解社区人口在数量、素质、文化、职业分布和家庭结构情况等方面的构成情况，以便依据社区人口现状，逐步制定解决措施。

（2）社区的人口构成决定了社区的独特性质，而社区的独特性质将决定社区问题自身特点，需要社区工作者在实际情况中因地制宜应对。

知识链接

1. 社区人口分析的含义

社区人口结构是指社区人群的特征分布状况。

社区人口分析是指以社区人口为中心的社区研究，分析项目通常包括社区人口的年龄、性别、宗教、民族的组合，还有家庭婚姻、语言、职业、教育文化水平、社会经济地位、社会态度与生理心理健康等变数以及人口的增长和流动等。

2. 社区人口分析的常见内容

社区的人口性别构成（即男女比例）会影响社区居民的择偶、婚姻家庭关系和社区发展。

社区的人口年龄构成则会关系到社会分工、消费需要、文化教育以及人类自身的繁衍。青年人口和老年人口的不同划分，会显示一个社区的社会经济活动、居民社会心态、文化、娱乐的不同类型。

社区的人口婚姻家庭构成则指明社区家庭单位的数量，潜在的结构人数，有结婚能力人口的构成，以及其他社会因素如性别比率、生育态度、家庭结构、血亲结构、平均寿命的变化、结婚和离婚的社会行为等。而考查社区人口的婚姻状态，可以帮助透视一个社区婚姻行为的价值观变化、家庭整合与解组问题、妇女儿童的权益问题等。

社区人口的社会构成是指人口在社会阶层、文化水平、宗教信仰、收入水平等方面的分布，它反映社区的现有生活水平、文化背景、收入能力、受教育程度等与之相连的社会问题和社会形式。

3. 社区人口分析的意义

分析一个社区的人口特质，有助于了解这个社区的人口问题，从而制定社区人口的管理和服务策略，它同时也是分析社会结构的有力工具，是研究社区社会角色和社会制度的自然补充。

🔄 案例阅读

东海社区的人口变化

东海社区位于 A 城市的繁华闹市中，有十多条大小街道，经济较为繁荣，人口流动变化频繁。

2008 年 1 月，A 城市进行了人口摸底，东海社区常住户和临时户 3018 户，人口 7967 人；2009 年 1 月人口摸底常住户和临时户 3111 户，居民 8230 人；2009 年比 2008 年人口增加 3%，其增加的原因主要是外来暂住人口的涌入，社区外来打工、经商人员的流入与流出成为社区人口流动的主要原因之一。由此可见，随着经济发展造成的社区人口密集、人流增加、车辆拥挤、商铺林立、社会治安等一系列有关民生的问题，已经成为社区管理中的重要职责和艰巨任务。

几年来，东海社区为做好社区工作，管理人口流动，开展了一系列行之有效的活动，如流动人口惠民政策到楼院、法律服务你我他、倡导和谐社会新观念、邻里你我一家亲等，增强了居民素质，实现了新时期的人口面貌大改观。

任务二 了解社区人口信息管理系统

🔄 任务描述

进行社区人口的管理工作时，需要事先了解社区人口的基本信息，并运用科学规范的方法将人口信息进行分类归档,建立社区人口信息管理系统。请阅读下列案例,从中获取启发,思考如何为社区建立人口信息管理系统。

任务实施

丽景社区人口信息管理系统的建立

前几年,丽景社区因为外地人口的大量涌入而出现了诸多问题,如社会环境变差、治安混乱、人口超生现象严重。通过社区工作者调查和分析,研究社区刑事、治安案件类型和违法犯罪人员构成等客观因素后,认为治安局势的恶化与人口管理的失控、失管、漏管等现象有密切关系,只有管得住人、管得好人才能保持社区治安的长期稳定。

为了进一步摸清辖区居住人口底数,建立健全准确的居住人口信息档案,提高政府公共服务和管理效率,更好地为广大居住户落实优先优惠政策和提供良好的便民服务,多年来,丽景社区积极探索人口信息质量管理有效手段,根据区政府的以"四个保障"实现城区、镇(街道)、村(社区)三级信息质量管理制度化、规范化的思想和指导意见,采取多方措施,促进了人口和计划生育服务管理工作。

按照市、区两级政府的总体要求,丽景社区探索了对社区人口"属地管理、以房登人、社区服务"的人口信息采集、管理、服务模式,针对"人变户籍不变,人变房屋不变"的规律,逐步探索出"以房找人,以房管人"的工作模式,实行政府、派出所、社区民警、社区基层组织和社区居民自我管理等多管齐下的管理模式,理顺管理体制,初步解决了长期以来普遍存在人口管理难的问题。

1. 做好人口的基础信息采集工作

该社区采取计生工作和综治工作同安排、同部署、同落实的做法,发动社区干部职工,组成人口调查分队,摸清社区所有楼房、住房(含已入住、空房、出租)、门面(含自用、流动人口承租、常住人口承租、空门面)等房屋的全部情况。

按照"四个不漏"(小区不漏楼、楼不漏户、户不漏人、人不漏项)将常住户、房屋出租户、常住户中的人户分离户、门面出租中的本城区经营户、外来人口承租户,以及流动人口、"两劳"释解人员、涉毒人员、闲散青少年,分别进行普查登记、建档建卡,基本核准了社区人口结构和入住情况。

同时,将社区住房以小区为单位,分成板块制成小区平面图,每栋楼绘制住房结构图,按楼院编楼栋号、单元号、楼层号、住房号对小区各类人员进行信息登记管理。

为了保证人口信息采集真正落实到位,该社区建立健全房屋出租查验登记、流动人口管理服务、治安高危群体、计生重点对象帮教管理责任、社区人口信息逐级报告、楼组长等制度来具体规范管理层面动作和各环节的衔接,形成了长效的运行机制,真正做到了"五清",即楼院住户清、家庭人口清、家庭成员清、重点对象清、计生情况清。

以下是丽景社区人口调查小分队的志愿者王阿姨的一段话:

"为了提高信息采集的正确率,我们并没有坐在居委等人家上门登记信息,而是主动走访小区各位楼组长,了解小区房屋出租情况,主动上门采集信息、告知居住证办理的相关事项。一方面是排摸小区的实有人口信息,一方面也是维护外来人员的合法权益。上门信息采集工作耗时耗力,吃闭门羹是家常便饭,但只要做到手勤、脚勤和口勤,这些困难和问题都能迎刃而解。比如利用清早 7 点上班前、晚间 10 点归家后、双休日休息时间等上门,除了登记见到人员信息,还要多问问是否有同住人及相关情况。前几个星期,我借助这个人口普查的上门机会,对人户分离家庭、对出租房家庭再次进行排摸,力求对居民区的实有人口情况做到底数清、情况明。"

2.对人口对象实施分类,实行重点跟踪和管理

2005 年开始,丽景社区通过学习其他地区的管理经验,对本辖区的人口实施板块式管理,全面运行"以社区为主"的人口属地管理和流动人口以现居住地为主的管理新机制,实现人口管理和计生工作无缝隙覆盖、无漏洞管理,将社区人口的管理任务落实到单位、社区经济组织、商业住宅小区、民营企业 4 个板块。

1)单位包括国家机关、社会团体和已建档管理的各类企事业单位,管理范围是单位办公楼门头(属单位开发的)、单位家属楼院(包括面向社会公开出售的楼房),管理对象为管理范围内的所有人员。

2)社区经济组织即原来的城中村,管理范围是拆迁存留下来的原村居民区、经济组织开发的小规模门头楼、住宅楼、住宅小区,管理对象为本经济组织的居民(无论在哪里居住)、居住的协管对象、流动人口和特殊人群。

3)商业住宅小区,管理范围是商业开发的面向社会公开出售的居民住宅小区,包括在住宅小区内原来的拆迁安置楼房和后来公开对外出售的商品房,管理对象为小区内居住的主管对象、协管对象、流动人口和特殊人群。

4)民营企业即未建档管理的各类私营企业,管理范围是企业所辖区域,包括企业建设或租赁的职工宿舍楼,管理对象为招聘的育龄妇女员工(辖区内已婚、流动人口年满 18 至 49 周岁)、企业辖区居住人员以及企业建设或租赁的职工宿舍楼的居住人员。

各社区、单位和市场广泛开展了纵向到底、横向到边、"拉网式"的城市人口和流动人口集中清查清理活动,做到街不漏巷、巷不漏栋、栋不漏户、户不漏人地采集人口有关信息,并且对所有的户进行细化分类。对在本辖区居住有固定职业、信息清楚、无违反计划生育政策现象的户确定为放心户;对在本辖区居住无固定职业、信息较清楚、无违反计划生育政策现象的户确定为一般户;对在本辖区居住以生育为目的且拒不提供详细信息、婚育情况不明的户确定为重点户。通过确定户别,制定了社区领导包重点户,其他社区工作人员包一般户和放心户制度,要求对重点户每周入户访视一次,一般户每月入户访视一次,放心户每年入户访视一次,以确保无违法生育现象的发生,同时对户内信息及时登记和更新,进一步强化社区人口基础信息。

3.健全信息采集队伍,落实各级责任

丽景社区成立了"以房管人"工作领导小组,形成社区负责人(书记、主任)——信息管理人(计生干部)——信息联系人(楼、组长)——信息采集人(单元长)——信息报告人(住户)"五级服务责任链"。

住户在第一时间把自己的信息或租房情况告知单元长,单元长采集信息后上报给楼组长,楼组长核实后上报给居委会,居委会计生干部核查后绘图标识、登记建卡并上报居委会领导,纳入日常管理与服务。"五级服务责任链"上的工作人员做到经常巡查,及时掌握人口动态情况。

通过签订责任书和协议书的形式，明确责任主体和相关责任。丽景社区实行街道与社区居委会、辖区单位，社区居委会与辖区单位、市场，单位、市场与门店分别签订《城市人口和流动人口信息采集与管理服务责任书》，明确了社区居委会、市场、用工单位、门店在城市人口和流动人口信息采集与管理服务中的职责。此外，社区居委会与房主、派出所与房主分别签订《城市人口和流动人口信息采集与管理服务协议书》，明确了房主协助居委会、派出所做好人口信息变更及其计划生育管理与服务的权利和义务。

4．人口信息数据实行信息化、科学化管理

人口管理信息化是社会发展和管理规范化的要求，其目的是为了方便人口和计划生育管理。

目前丽景城区社区人口计生管理信息化的基础工作已经初步完成，各街道办事处人口计生部门配备了一定数量的计算机设备和信息员，政府投入，购买了社区人口信息管理软件（集管理、服务于一体的网络软件），可以说在信息采集和数据库的建设方面做了大量投入工作。

该软件把数据质量监控贯穿于统计数据的收集、整理、录入等环节。在日常工作中做好数据信息质量核对，充分利用每月上门温馨随访服务，根据服务对象本人口述情况，对照其提供的证明证件，核对人口计生信息管理 WIS 系统数据的全员人口基本信息；充分利用信息管理 WIS 系统或国家流动人口信息反馈平台，反馈、核实信息，对漏管、漏户人员信息及时补充录入数据，及时核对全员人口信息录入质量。

在过去一段时间，丽景社区基层人口计生管理部门在人口信息化方面已投入了非常多的精力，针对不同部门之间的人口信息采集出现的信息重复、信息错误、信息不一致等问题，在下一步工作中，利用与相关部门信息共享机制，与民政、卫生、流动人口等部门合作，与卫生部门各个单位的接生记录、儿童防疫科儿童名单核对出生人口信息，与民政部门婚姻登记机构核对新婚夫妇信息，与流动人口管理办公室核对流入人口信息进行协调和信息整合，实现社区人口信息资源共享。

在丽景社区办公室的电脑上，清楚显示着社区的平面图，社区内各地段的房屋也分别用不同颜色分类，只需鼠标一点，人口信息一目了然，查询人口信息只需几秒。自从运用现代信息技术管理社区的人口、计生、民政工作，效率比以前提高至少百倍。这套管理系统中，出租户用红色标识，常住户用绿色标识，空挂户或特殊情况户用黄色标识。

丽景社区在 2009 年又创新了人口信息采集方法，社区工作人员开通了社区博客和社区论坛。工作人员在电脑边就可以跟社区居民拉家常和了解情况，居民家中的人口变动信息，常常在第一时间就能掌握。

5．建立人口信息管理规章制度，强化领导保障

社区的人口信息管理工作之所以得力，还在于有上级政府制定的完善的规章制度。

丽景社区所在的区政府社区不仅将人口和计生工作纳入重要议事日程，而且将其视为创建物质文明、政治文明和精神文明的一项重要内容来抓，在工作中坚持同计划、同布置、同检查、同考核、同奖惩的原则。

为此，区政府先后出台多项制度文件，对于人口的信息采集与管理，坚持各级单位"一把手"亲自抓、负总责，分管领导具体抓，各级各部门主要领导层层抓的工作机制，并实行

"一票否决"制。为建立健全区人口信息采集管理制度，先后规范出台了《基层信息管理员信息采集工作制度》《月检查季评比工作制度》等多项规章制度，从信息采集、录入、核对、分析、反馈5个环节严格把关。同时，落实信息采集人员制度，对各级信息采集人员逐级逐项实行责任追究；落实定期质量核查通报制度，坚持每月召开例会时，对信息数据结果进行监控和分析；落实信息数据质量评估制度，把信息质量责任制列入目标管理责任制年度考核内容中。

此外，夯实基础，强化信息源头质量保障，加强信息采集与变更的源头管理。一是坚持每月6日前召开信息变更例会，在此基础上，每月逐级召开统计管理员、信息录入员的信息变更例会，通过汇报信息变更情况，并由上一级将反馈信息进一步核实，方可录入人口计生信息管理系统。二是每个季度开展一次信息上报质量核查。由区人口计生局从人口计生信息管理WIS系统随机抽取一个社区的全员人口、出生、孕情等数据进行入户核实，发现数据不实、错误较大的单位提出批评并限期改正，对弄虚作假者严肃处理，并将核查结果作为各镇、街道、开发区"季度评比"的评分依据之一。

6. 加大对信息采集人员的技术培训，提升业务水平

坚持以服务带动管理，每年定期或不定期组织各级人口计生统计人员、电脑信息员进行业务技能知识培训，每年组织业务骨干到市里、外省市学习先进经验和做法。过去3年，丽景社区所在的区共举办有关信息知识培训班26次，培训信息人员6760人次，有效提高了各级信息技术人员的综合素质，使得社区人口管理逐步规范，效果较为明显。

任务引导

（1）社区人口的管理首先应该是人口的信息管理。社区要把本地人口和流动人口信息采集与管理服务的责任落实到管理单位、用工单位、房屋产权人，同时也把管理与服务的重点落实到已婚育龄妇女，只有做到责任明确，分工细致，才能实现人口信息管理的良好掌控，同时为下一步的计划生育工作全面覆盖打下基础。

（2）目前，我国社区人口信息采集和管理正逐步走向信息化、科学化，加强人口管理和服务的信息化平台建设，把社区计生协管员和人口信息员从繁重的信息采集工作中解放出来，腾出更多的时间来为社区居民做好社区各项服务工作，才能提升人口管理和服务的水平、质量和效率，从而提升社区居民对人口管理与服务工作的满意度。

知识链接

1. 社区人口信息采集和人口管理的重要意义

社区的核心构成要素是人口，人口是城市化进程中始终担当中心角色的发展要素。今后随着我国城市产业结构的进一步调整，人口的城市化、非农化进程加快，流动人口的数量将急剧增加。

据专家预测，我国将有约2亿农村人口转移进城，加之城市企业改制所剥离出来的大量城市居民涌向社区，城市动迁、住房制度和户籍制度改革带来人户分离现象增多，一方面城

市居民对社区的依赖性日益增强，另一方面城市社区人口日益变得异质性、复杂性，城市社区作为城市建设的基础载体，其管理水平的高下直接影响到城市的发展。如何整合社区资源、强化对城市社区人口的综合管理是一个严峻的挑战。

城市人口管理制度改革是我国城市政府现阶段面临的重要任务。人口的信息化采集和科学管理服务的不断突破和创新，是新形势下城市社区探索城市人口和流动人口管理服务的必然趋势，它使城市人口和流动人口管理与服务的重点更突出，目标更明确，管理过程更加直观快捷，大大提高了工作效率和管理服务水平，也为社区人口计划生育的开展奠定了良好的基础。今后随着工作的不断深入，需要不断总结工作经验，不断完善工作机制，进一步提高工作水平。

2. 当前社区人口信息采集和人口管理存在的问题

目前，我国城市社区人口的信息采集和管理中，主要存在以下典型问题：

（1）社区建设滞后于社区开发，出现了人口信息采集、管理和服务的真空地带。社区建设涉及服务场所和服务经费，牵涉到规划部门、开发商与政府部门的利益问题。很多房产开发商在小区完工后不会主动把场地交给所在区域的政府，让政府来建立社区。同时，建立社区需要一定的人员及经费，这部分经费由谁来负责，也没有明确的规定，导致很多社区出现了人口信息采集、管理和服务的真空地带。

丽景社区周围社区有近几年新开发的 5 个住宅小区、1 万多户管理对象，同样由于经费等原因，社区政府没有能够接管，导致小区缺乏社区居委会管理，小区居民的生育证明、育龄妇女的生殖健康等方面的服务就无人问津，从而造成了人口管理和服务的真空地带。

（2）社区人户分离现象严重，人口流动频繁，导致了人口信息采集、更新困难。由于人口流动引发的人户分离以及再分离现象，使基于户籍管理的人口管理显露出了越来越多的缺陷与弊端。城市社区管理中与人相关的各种社会问题都因为人口信息的不确定、不充分与不共享造成管理成本的居高不下，而与此相关的各种社会服务也难以发展起来。

（3）人口信息管理信息化、现代化水平低，牵制了基层管理人员太多的精力。人口管理信息化是社会发展和管理规范现代化的要求，其目的是为了方便人口和计划生育管理。目前我国很多城市社区人口计生管理信息化的基础工作已经初步完成，各街道办事处人口计生部门配备了一定数量的计算机设备和信息员，在信息采集和数据库的建设方面做了大量的工作。存在的主要问题主要是在信息更新过程中需要更新的内容有一定的重复。基层人口计生管理部门在人口信息化方面已投入了非常多的精力，甚至影响了其他日常管理工作的开展。

（4）社区人口管理工作者的待遇与劳动不成比例，导致管理队伍缺乏稳定性。在社区从事人口采集、管理和服务的工作人员主要是计生协管员，除了要完成社区人员信息的采集、建档，还要为新婚夫妇办理生育服务卡，进行社区生育二胎家庭信息资料的收集、公示和产后随访，为没有落实长效措施的育龄妇女发放避孕药具等。由于人口管理实行的是现住地管理的政策，社区人口具有较大的流动性，常规工作已经相当繁忙，再加上近几年行政手段的相对弱化，这些没有解决的任务和问题统统转嫁到了社区，增加了社区计生管理工作者的工作难度。虽然各级政府都非常重视人口管理工作，社区工作的条件也在不断改善，但相对于社区计生管理人员的繁重工作而言，每年微薄的收入还是偏低的，而且工作压力大，所以导致很多地方的计生工作队伍出现人员流失现象。

3．解决城市社区人口管理与服务工作中存在问题的若干对策建议

（1）切实加强对社区人口管理与服务工作的领导。社区人口信息的采集、管理与服务工作虽小，但它却关系到城市化战略和可持续发展战略的实施，必须引起各级政府的高度重视。

人口管理与服务属于政府的公共职能，所以在解决城市社区人口管理和服务中出现的新情况、新问题的时候，必须坚持政府主导、部门参与、优势互补、资源共享的原则，坚持"一把手"亲自抓、负总责，各部门齐抓共管。社区建设需要足够的经费，保障社区机构和工作人员的配备及社区开展活动和服务经费，也需要政府及其有关部门相互协调、大力支持。只有这样，才能真正做到社区覆盖无缝隙、人口管理与服务无死角。

（2）全面落实社区人口的属地采集、属地管理、属地服务。实行属地管理，政府部门要做好社区各部门的协调工作，所在街道、社区要把新建住宅区和封闭物业小区、单位自建房等纳入社区人口管理和服务的范畴。街道、社区应主动与社区新建物业公司协调，建立健全人口信息沟通的渠道，充分利用他们与住户比较熟悉的优势，为人口管理部门采集信息。

（3）增加社区人口采集、管理、服务经费投入，切实提高社区人口管理工作者的待遇。要进一步加大对社区人口管理与服务经费的投入，建立社区或街道计划生育助理员的人员经费的分配和保障制度，同时还要加大对新增服务项目的经费投入，按照"费随事转"的要求，切实做到有人管事、有钱办事、按章理事。切实提高社区人口管理与服务工作者的待遇，对于他们的创造性劳动给予必要的物质奖励，在解决编制等问题上对长期从事人口管理与服务的工作人员给予一定的政策倾斜，以充分调动他们的工作积极性和创造性。

（4）实施信息化人口管理战略，提高人口管理与服务的信息化水平。当今社会是信息社会，经济的高速发展势必引起人口的快速流动，面对着如此快速的变化，人口管理也不能沿用过去那种完全依靠手工操作来进行管理的模式，而要充分利用现代信息化手段，因此要加强人口管理和服务的信息化平台建设，加大对信息化所需硬件的投入力度。

城市可以根据自身人口管理与服务的实际，开发出适合自身现有情况，集管理、服务于一体的网络软件。另外，婚姻登记机构、房产交易机构及流动人口管理等部门要实现人口信息资源共享。

在信息时代，人口信息作为一种重要的社会公共资源，其在社会管理和社区服务等方面具有巨大的开发和使用价值。因此，从城市社区人口管理科学化的视角，必须对以户籍制度为轴心的传统落后的静态人口管理方式进行改革，尽快实施人口管理的信息化，并通过建立个人电子档案和个人信用体系，有效地化解城市社区人口管理中诸如人户分离、虚假身份证件、档案管理、个人信用等棘手的难题，提高人口整体管理效率与水平，使我国人口管理迅速与世界先进水平接轨。

案例阅读

社区管理网络化　人口信息一点通

在合典社区居委会里，一幅社区地图挂在办公室墙上，在工作人员电脑里，建立了人口信息色彩管理平台：社区内的房屋分别用红、黄、绿三色分类，出租户用红色标识，常住户用绿色标识，空挂户或特殊情况住户用黄色标识。红色表明管理难度大，社区需要给予更多关注；黄色标识中对房屋屋主的情况进行了详细注明。社区地图上的相关信息在电脑中随时可以调阅查询，社区工作人员只需利用电脑点击一下鼠标，便可将整个社区人口信息情况尽收眼底。这种利用运用现代信息技术管理社区的人口、计生、民政工作，使社区工作效率得到大幅提升。

除了人口色彩信息管理平台外，社区还开通了社区博客和社区QQ群，深受社区居民的欢迎。社区工作人员在电脑边便可向社区居民了解情况，谁家里来了外人、谁的房子转租了在第一时间就能掌握。此外，社区内每栋楼都安排了信息员，可在第一时间将信息传到居委会的管理系统，工作人员便可录入到人口色彩管理平台。整个社区有近万人，社区工作人员不用再像过去一样，费时费力挨个去调查人员流通情况的信息，只需在电脑前一坐，利用网络便可掌握社区人员信息。

网络化软件在合典社区使用以来，取得了良好的效果，社区人口流动得到了有序的管理，辖区治安发案率明显下降。今后随着整个社会管理日益信息化，社区管理的网络化和信息化越来越会成为基层社区管理的新潮。

任务三　开展社区人口与计划生育管理

任务描述

随着经济发展迅速，人口城市化速度不断加快，流动人口数量逐年增加，企业破产重组造成社会人增多等问题，使城市计划生育管理难度大大增加。

进入新世纪以后，城市人口与计划生育管理模式正在发生转变。随着社区功能与作用的强化，社区在城市管理体制中的地位越来越重要、越来越突出，城市人口与计划生育工作必须抓住社区建设发展机遇，探索建立新型社区人口与计划生育管理模式，势在必行。

任务实施

丽景社区的人口与计划生育管理工作

为进一步认真贯彻落实党中央关于城市人口与计划生育工作的意见的文件精神，全面建立落实城市人口和计划生育属地化管理和以现居住地统计管理为主的管理体制，健全完善城市社区计划生育管理服务网络，不断提升社区人口和计划生育管理服务水平，结合工作实际，丽景社区制定了社区人口和计划生育管理服务的总体目标：按照"属地管理、单位负责、居民自治、社区服务"的要求，建立健全城市社区计划生育信息员网络，进一步完善城市社区计划生育各项规章制度，理顺城市社区计划生育工作关系，逐步解决特殊人群尤其外来人口的计划生育管理服务问题。

1. 明确社区居委会在计划生育管理服务中的重要职责

（1）根据辖区地域、居住分布情况划分计生责任区（片），负责建立城市社区计划生育信息员管理网络，并明确责任，严格考核。

（2）把辖区内常住人口、无产权单位和破产企业、无业人员，以及散户住宅楼、平房、门头房和流入已婚育龄妇女计划生育工作纳入管理。

（3）建立辖区完整的人口和计划生育管理服务档案，及时掌握居民（含破产、失业、无业、空挂人员）和各类民（私）营企业、流动人口的婚、孕、育、节育信息及人口变动情况，切实抓好计划生育管理服务工作。

（4）承担有关计划生育方针政策、法律法规、避孕节育、生殖健康等知识的宣传教育；组织落实长效避孕节育措施、负责避孕药具的发放、产（术）后随访、避孕节育的咨询指导等计划生育优质服务工作，同时落实独生子女父母奖励费和其他奖励政策。

（5）全面实行社区计划生育信息计算机管理，定期向驻地单位反馈已婚育龄妇女情况，及时更新计算机信息，按统计口径及时上报已婚育龄妇女信息。

（6）依法制定计划生育居民自治章程，与已婚育龄妇女签订计划生育合同，约定双方的权利与义务，规范居民的婚育行为。实行计划生育政务公开，定期公布有关计划生育政策的落实情况。建立健全计划生育协会组织机构，落实人员，发挥职能作用。

（7）在街道办事处的统一领导下，做好本辖区内单位楼房、物业小区及无产权归属单位的住宅楼房、平房、门头房的计划生育管理服务工作。督促独立的物业小区落实计划生育信息员，抓好物业小区计划生育管理服务工作。

2．建立健全社区计划生育管理网络

（1）形成完善的社区计划生育管理组织机构。社区党组织成为社区计划生育工作的领导核心，社区居民代表大会是社区计划生育工作的权力机构，社区居委会下设的计划生育工作委员会是社区计划生育工作的办事机构，计划生育协会、计划生育居民小组长、计划生育服务志愿者、街道派驻社区的计划生育专干是社区计划生育工作的网络队伍。

目前，丽景社区所在区的448个社区居委员都成立了计划生育工作委员会，社区计划生育协会会员和社区计划生育服务志愿者已超过28万人，使社区人口与计划生育工作有了组织保障和群众基础。

街道党工委与社区签订"社区党建工作目标管理责任书"和"社区精神文明建设目标责任书"，明确社区党组织计划生育工作的领导责任；街道办事处与驻区单位签订计划生育目标管理责任书，落实单位法定代表人负责制；社区居委会与社区单位在街道办事处的指导下，组织单位和居民依法签订《社区计划生育管理双向服务协议书》，倡导公众自律，自觉遵守计划生育法规、政策和规章，明确双方权利和义务，整合资源，综合服务，共驻共建。

（2）筹建社区计划生育信息员网络队伍。2008年，在丽景社区所在的区政府主导下，各社区改革了人事管理制度，采取"政府出资、街聘居用、三级管理"的办法，社区计生、民政、人事部门统一组织，向社会公开招聘，经过审查、面试、笔试等程序，择优录用年纪轻、文化素质高、有较强的工作能力、会做群众工作的应聘人员担任社区计划生育干部。每个社区居委会选配一到两名计划生育干部，平均年龄40岁，全部达到中专以上文化程度，其中具有大专以上学历的有一半以上。计划生育干部专门从事社区计划生育管理和服务的行政性指导工作。

同时根据社区实际，原则上每200户设立一名信息员，由社区居委会管理，街道办事处选配并进行督导、检查、考核，区人口和计划生育局备案。未纳入社区主管的独立物业小区，由所在街道选配计划生育信息员。

（3）培育社区的中介组织和志愿者队伍。除了专职队伍，社区还积极探索了中介组织和志愿者队伍服务活动可持续发展的做法，发动社区中介组织和广大热心市民、退休老党员干部、社区积极分子等人群，把计划生育的宣传教育、技术服务和排忧解难的服务，融入到社区服务中去，开展低偿、有偿和无偿相结合的服务，对志愿者实行服务时间储蓄制，积累到一定的时间，给予表彰和奖励。

3．加强特殊人群的计划生育管理服务工作

（1）关于人户分离的计生管理问题　做好改制企业"单位人"向"社会人"转化过程中，育龄妇女的移交衔接工作。针对下岗职工、人户分离住户中的育龄妇女流动性大等难点，社区按照街道的要求，对已婚育龄人口逐人登记，并将流动已婚育龄妇女按现居住地编入自管小组，和常住已婚育龄妇女同管理同服务。

对户籍迁入社区但人还在其他地方居住、有固定住所的空挂户，以实际居住地管理为主。由本社区向现居住地社区移交，落实计划生育管理。对户籍迁到社区，并且在本社区居住的，由社区履行计划生育管理职责。户籍地社区和现居住地社区要共同做好育龄妇女管理服务和移交工作。由于户籍地社区没有移交而出现违法生育、非法抱养的，由户籍地社区承担全部责任。户籍地社区已办理移交手续，而现居住地社区拒不接收而出现违法生育、非法抱养的，由现居住地社区承担全部责任。

（2）关于无单位职工家庭的计生管理问题

1）无单位管理的已婚育龄妇女要切实落实管理单位。配偶有固定单位的，将计划生育管理移交给配偶单位主管，由现居住地社区居委会协管；无配偶或配偶没有固定单位的，由现居住地社区纳入管理。

2）失业、无业、与企业解除劳动关系以及破产企业的计划生育管理工作，根据属地化管理原则，已婚育龄妇女须移交到现居住地社区管理。破产企业计划生育管理移交时，由负责破产的牵头部门将每个已婚育龄妇女计划生育手续移交到现居住地社区管理。劳动和社会保障部门在办理失业人员社会保障手续时，要审验计划生育管理移交手续，对没有办理计划生育管理移交手续的，待手续完备时方可办理。

3）失业、下岗、与企业解除劳动关系的已婚育龄妇女原工作单位向现居住地办理移交，现居住地街道社区要无条件接收。由于原工作单位没有移交而出现违法生育、非法抱养的，由原工作单位承担全部责任。原工作单位已办理移交手续，现居住地拒不接收而出现违法生育、非法抱养的，由现居住地承担全部责任。已破产企业已婚育龄妇女由现居住地社区（村）纳入管理。

（3）关于流动人口的计生管理问题　协调发挥部门作用，认真履行部门职责，强化流动人口管理，建立流动人口管理融入社区综合治理的工作机制。丽景社区按照市、区政府制定的流动人口管理工作的政策精神，依托社区服务中心、社区警务室、物业管理机构和社区治安委员会，在社区建立流动人口管理站，对流动人口计划生育实行统一管理。

1）社区为流动人口进行集中登记办证，在查验暂住证、居住证、务工证的同时，核查流动人口婚育证明，无证发出催办通知，限期回原籍补办。

2）与房屋出租户签订流动人口综合管理责任书，落实房主计划生育管理责任。

3）坚持巡查巡访，发现计划生育问题，通报社区居委会，并协助街道做好处理工作。

4）综合开展服务，维护流动人口的合法权益。

社区计生工作人员每周巡视一遍居民楼院和沿街门点，月例会时对流动人口信息变动情况进行汇总，针对不同情况，提出具体措施，及时上门，提供温馨服务。凡有流入社区新增人口，社区为其上门送1份《流动人口须知》，发1张《流动人口亲情服务卡》，并当面向其解释说明办证、验证、孕环情服务等管理内容和注意事项，为流动已婚育龄妇女提供孕环情服务，并与流出地搞好信息通报。

此外，为经商者提供经商信息及办理工商营业执照事宜，对务工者，社区劳动保障工作站为其免费提供务工信息，对已婚无孩待孕妇女，为其办理《生育保健服务证》，并发放1份《帮您做到优生优育》、孕期保健和科学育儿宣传品，对于未采取中长效节育措施的服务对象，社区指导其到区计生服务站采取适宜有效节育措施。对办理流动人口婚育证确有实际困难的，社区、街道通过网络信息平台，摸清其婚育状况后，现住地为其代办暂时性证件，延缓办证时间。流动人口携带子女的，为其就近入托入学牵线搭桥联系，真正使流动人口感受到人性化的温馨服务。

除了居委这条线，社区派出所在查验流动人口暂住证、流动人口房屋租赁合同的同时，协调查验《流动人口婚育证明》。工商所在查验个体工商户营业执照、年检营业执照的同时，查验业主及从业人员的婚育证明。各相关部门每季度互通信息共同调整卡册一次，做到卡册与实际一致。

4．以强有力的组织领导确保工作落实到位

社区多项计划生育措施的层层落实，说到底要取决于社区各级领导者上下协调、精干得力的组织。为此，社区各机构和有关部门做了许多努力尝试，形成了有效的组织制度，使得许多政策和文件得到贯彻实施。

（1）出台了计生规章制度，使得社区在计划生育组织网络、阵地建设、制度职责、档案资料、工作流程5个方面形成规范，社区计划生育居民自治工作有章可循。

（2）成立专门机构，制定具体实施方案，尽快选配好信息员，落实责任，严格考核，保证社区计划生育工作的顺利开展。比如，城市社区计划生育信息员的信息费由区财政拨付70%，街道承担30%，社区人口（包括失业、无业、下岗人员）查体费用和城市失业、无业、下岗人员独生子女父母奖励费由区财政拨付，各街道社区原管理常住人口独生子女父母奖励费由区财政拨付25%，街道和社区承担75%。

（3）协调社区各相关部门，根据各自职能积极协助做好人口和计划生育工作，实行综合治理，齐抓共管。公安部门要切实做好解决人户分离问题的具体工作，房管部门要将物业小区落实计划生育管理服务情况纳入工作考核，对不履行计划生育职责的，不予年检，取消经营资格。

可以说，没有区、街道等多个职能部门之间的协作和协调，没有强有力的组织领导，社区计划生育工作不会出现今天的良好局面。

5．注重社区宣传教育，从管理走向服务

（1）社区建立了新型生育文化融入社区文化建设的工作机制，结合"文明街道"、"文明社区"、"文明家庭"的创建活动，有计划、有步骤地推进社区新型生育文化建设，使社区人口与计划生育宣传教育工作取得新进展。

依托社区宣传栏、公示栏，利用互联网、电视台、声讯台、文化报、广告牌等媒体，开辟计划生育宣传栏目和政务公开窗口，宣传人口计生政策、法律法规、优生优育、生殖保健、避孕节育等科普知识。

挖掘社区资源优势，利用社区教育培训室、图书室、老人活动室作为场地，充分发挥社区退休老年人艺术团的作用，将社区好人好事、计生政策法规、优生优育避孕节育知识编成小品、快板、相声等多种喜闻乐见的文艺形式，进行广泛宣传。在节假日，还以举办知识讲座、文化沙龙、家庭报告会、广场文艺表演等，深入开展"婚育新风进万家"活动，进街巷、进窝院、进楼道、进家庭，普及计划生育、优生优育、生殖保健知识，倡导新型社区生育文化，引导社区群众生育观念的转变。社区以计生宣传为切入点，积极引导外来人口和本地人口参与社区文化活动，丰富精神生活的同时，又极大地增进了外来人口与常住人口的感情交流，深受社区居民的欢迎。

（2）除了计生的宣传教育，社区还综合利用社区服务资源，拓宽服务领域，丰富服务内涵，深入提供多形式的社区计划生育技术服务。比如，依托社区计生、卫生服务室，建立避孕药具存放、环孕情检查、生殖保健服务的设施和场所，落实专人负责，为流动人口提供知识讲座、咨询、体检等服务。

在 2009 年，丽景社区结合全市范围内开展的关爱育龄妇女活动，通过计生、卫生联手，使今年上半年社区参加体检的妇女达 2823 人，其中患有妇科疾病 1559 例。

在区、街协调下，社区有关部门和单位，采取多种形式，将计划生育优质服务与社区便民服务、就业服务、志愿者服务、老年保健服务、独生子女教育相结合，重点帮扶实行计划生育的困难家庭。

（3）对于流动人口，社区坚持视同本地人口一同管理和服务，并逐渐改变过去管理为主的工作思路，逐步开展人性化计生服务。为了方便流动人口，社区建立了政策咨询、信访接待及维权"一站式"服务的便民服务台，为流动人口维权、办事提供方便，积极为流动人口提供优质的便民利民计生服务，除了计划生育服务，还为他们提供教育、医疗、就业等方面的综合服务，积极组织他们参加社区学校举办的各种文娱活动，千方百计解决流入人口就业、子女上学和家庭生活等方面的实际困难，从而增强了流动人口归属感和凝聚力。

今年3月份街道、社区组织的流动人口"关爱关怀"活动中，本社区有 5 户生活困难的流动人口得到了现场帮扶，收到帮扶金 2000 元，缓解了流动家庭的困难问题。得到社区帮扶的外来家庭蒋××夫妇收到社区送来的钱，心情很激动："社区没有把我们当外地人看待，处理问题一视同仁，我们从心眼里佩服社区的工作。"

由于丽景社区对流动人口管理与服务工作思路和方法的转变，消除了以往因督促办证而与流动人口产生的对立情绪，加之在社区生育文化的感召下，流动人口与社区工作人员逐渐能够和谐相处，流动人口开始能够主动配合社区计生工作，使"有效管理，服务到位"的工作理念变成了现实。丽景社区近几年来，流动人口无计划外生育，无上访投诉，流动人口的持证率达到了 98%，验证率 100%。

任务引导

（1）随着改革开放和现代化建设进程的不断推进，长期以来城市形成的以户籍为主的人口与计划生育管理体制已越来越不能适应社会主义市场经济新形势以及人口发展新形势，为此，今后社区的人口计生管理将会逐步探索实行以现居住地为主的人口与计划生育管理模式。

（2）在新的形势下，城市各级政府和社区要根据中央政府关于进一步加强人口与计划生育工作的政策精神，积极探索新形势下城市人口与计划生育工作的新体制，既要和城市发展规划相适应，又要依据社区实际情况，改革管理体制，转变工作观念，健全服务体系。

知识链接

1. 我国当前的人口与计划生育管理体制

随着经济社会的变革与发展，我国城市人口与计划生育管理模式也经历了不同发展阶段，由20世纪70、80年代的部门和户籍地管理为主阶段，发展到90年代的"以块为主"和"单位负责"阶段。

21世纪以来，我国大部分城市社区人口与计划生育管理体制的基本框架是"政府指导、属地管理、单位负责、居民自治、社区服务"，结合了居民自治与行政管理，体现了"依法管理、居民自治、以人为本、优质服务，共同参与、综合治理"的原则，这种模式将是今后一段时期城市社区人口与计划生育工作比较理想的管理模式。

具体的做法是正确处理政府行政组织与社区居民自治组织的关系，通过市、区两级政府及职能部门的行政协调，在街道辖区构建社区人口与计划生育工作的行政指导和技术服务系统，社区居委会在街道办事处的指导下，组织整合社区计划生育专干队伍、计划生育技术服务队伍、计划生育协会网络队伍、社区志愿者服务队伍和流动人口管理机构，构建社区人口与计划生育工作的居民自治组织系统。街道办事处、社区居委会通过发动辖区机关、团体、企事业单位和居民群众，构建社区人口与计划生育工作的社会支持系统。

2. 构建城市社区人口与计划生育管理新工作体制

要从以下方面加强社区人口与计划生育管理与服务工作：

（1）打破以户籍为主的管理体制。最近几年来，我国很多城市人口计生部门已经把人口与计划生育现居住地为主管理作为一项重点和难点工作，积极探索。具体做法是：市政府对各区、县政府下达的人口与计划生育目标管理责任制中，把常住人口计划生育率作为一项主要考核指标；区、县政府结合实际，制定了具体实施人口与计划生育现居住地为主管理的办法；各相关部门加强了通力合作，逐步提高综合管理水平和效率。

（2）坚持以人为本，建立融宣传、服务和管理于一体的工作机制。在过去，城市社区的人口与计划生育工作的机制主要以行政制约和行政监控为主。随着经济发展和社会文明进步，单纯以管理和监控为主的工作机制已经不能适应社会发展和建立和谐社会的要求，必须积极探索依托社区，融宣传、服务、管理于一体的人口与计划生育工作新机制，满足广大市民对于计划生育、优生优育、生殖保健等方面日益增长的需求。

比如，上海卢湾区作为全国首批城区计划生育优质服务试点单位，最近几年走出了一条以人为本，依托社区，各部门通力合作，开展融宣传、服务、管理于一体的一门式服务的城市计划生育优质服务新路子。卢湾区的经验不仅迅速在上海市全面推广，而且在国内外产生了良好影响。

（3）建立健全社区计划生育生殖保健服务网络。社区是人口与计划生育工作的汇集点和基础，社区计划生育网络是面向家庭、服务群众的桥梁和载体；可以在各个社区因地制宜，建立计划生育生殖保健综合服务站，推动社区计划生育生殖保健服务网络建设。

（4）探索社区人口与计划生育信息化管理，提高工作水平。近几年来，我国很多城市社区在探索社区人口与计划生育信息化管理和服务方面，取得了一些好的经验。在社区人口信息采集日益科学化、信息化的同时，对育龄妇女管理、避孕药具管理、生殖保健综合服务等信息管理系统完全可以配套建立，同时可以将人户分离育龄妇女、外来流动人口育龄妇女纳入信息管理系统。有一些城市已经开设了人口与计划生育政务信息网，为社区居民提供计划生育办事指南、各种计划生育生殖保健服务知识，同时计生部门加强与公安、房地、工商、卫生、民政等相关部门的协调，实行信息资源共享，促进社区人口与计生工作的科学化、规范化。

3. 建立城市人口与计划生育工作机制的保障体系

（1）以法治化推动工作机制的完善。《中华人民共和国人口与计划生育法》（以下简称《人口与计划生育法》）的颁布，是新时期特别是我国加入世贸组织后人口与计划生育工作最根本的保障和最有力的推动，同时也对人口与计划生育工作依法行政、依法管理和服务提出了更高要求。

在新时期，探索新的人口与计划生育工作体制，推动人口与计划生育工作机制的完善，离不开人口与计划生育法治化进程的深入推进。

社区是人口与计划生育工作的基础，要把计划生育法治化建设落实到社区，通过多种形式，认真做好《人口与计划生育法》和《计划生育技术服务管理条例》等法律法规和规章的宣传工作，全面实行计划生育政务公开，深化计划生育行政审批改革，加强社区计划生育行政执法监督检查，维护社区居民的计划生育与生殖健康合法权益，这些都需要城市在现有基础上，进一步完善法规和配套文件，提高依法行政、依法管理、依法优质服务的水平。

（2）探索建立人口与计划生育综合信息系统，提升社区人口计生工作水平。21世纪是信息化的时代，各级人口计生部门要加快推进人口与计划生育信息化的步伐，提升社区人口与计划生育管理与服务工作新水平。目前，我国一些城市已经在着手进行人口与计划生育管理信息系统的筹建工作，实现人口与计划生育现居住地为主管理中的信息异地查询和数据异地处理，推动人口与计划生育行政事务处理走向电子化和规范化、现代化，这样可以方便社区广大市民办事，提高人口与计划生育统计质量和行政工作效率，还可以减轻基层计生工作负担，节约社区人力、物力、财力。

（3）提高人口计生干部队伍素质。在新的形势下，人口与计划生育工作要提高质量和水平，当务之急是要提高干部队伍的整体素质。社区的计生干部队伍，特别是基层干部队伍的状况与新形势和新要求相比仍有较大差距。要进一步巩固健全社区人口与计划生育工作网络，必须着力吸收年轻、大专以上、工作能力强的干部队伍充实社区人口与计划生育干部队伍，同时现有的各级人口计生干部要加强自身建设，增强责任性和主动性，开拓奋进，拓宽工作领域，提升工作水平，还要不断更新知识，加强法律、科技、信息、外语等知识的学习和应用，努力提高自身的科学管理、组织协调以及社会发动能力。

（4）改革人口管理与计生工作经费投入机制。城市的市、区两级政府在确保计划生育事业经费按规定比例增长的同时，还要逐步解决流动人口计划生育宣传、管理和服务经费的投入问题。市、区计划生育行政管理部门应当按照"权随责走、费随事转"的原则，通过项目拨款、以奖代补等方式，加大对社区计划生育宣传教育、技术服务的投入。此外，还要积极探索建立人口与计划生育公益基金，鼓励民间捐资和社会捐助，争取社区单位和组织的财力、物力支持，多渠道为社区人口与计划生育事业筹措资金。

案例阅读

Y市完善社区人口计生管理服务新体制

为进一步完善适应新形势要求的计生管理服务新机制，Y市市委、市政府出台了《关于切实加强城市社区人口计生管理服务工作的实施意见》。

（1）明确管理主体和职责，实行全方位无缝隙管理。党政群机关、事业、企业单位、居委会为计划生育管理责任主体，负责本部门计划生育工作。破产企业居委会管理的已婚育龄妇女，归并到现行的辖区居委会管理。

党政群机关、事业、企业单位（指正常运转的企业内设居委会）的已婚育龄妇女计划生育管理和服务由其所在单位负责，单位离岗、内退人员仍由原单位管理；男方为党政群机关、事业、企业单位职工，其配偶无工作单位的，其计划生育关系由男方所在单位负责；夫妇双方均无单位，但有固定住所的，其计划生育管理由现居住地居委会负责，并向男、女方户籍地通报婚育情况；夫妇双方均无固定单位，亦无固定住所，双方均为农村居民的，由男方户籍地负责，并向女方户籍地通报婚育情况；夫妇一方或双方为城镇居民的，由女方户籍地负责，并向男方户籍地通报婚育情况，现居住地负有协助管理责任；对居住在本单位房改房中的外来人员、在本单位辖区内开发的商品房中的居住人员、本单位出租房屋中的租房人员、本单位团购房中居住人员以及户口空挂在本居委会等情况人员明确了管理责任主体。

（2）明确各街道、居委会、计生管理服务人员、党政群机关、事业、企业单位管理职责。街道党工委、办事处对本辖区内党政群机关、事业、企业单位和各居委会的计划生育工作负总责。居委会具体全面负责本居委会的计划生育工作，既管理常住人口，也要管理流入本辖区的流动人口；既管理本区域内的单位人口，也要管理本区域内的单个人口。计生管理服务人员负责社区内常住人口和流动人口的计划生育管理与服务工作；党政群机关、事业、企业单位负责本单位各类干部职工计划生育管理的日常工作。

（3）加强机构和队伍建设，落实责任。党政群机关、事业、企业单位、居委会，成立计划生育办公室，设专职计生办主任，具体负责本单位的计生工作；对各居委会，街道党（工）

委、办事处要配备社区居委会党支部书记，落实党支部书记计划生育第一责任人责任。按照年轻化、知识化、职业化的标准，配备社区内计划生育管理服务人员。每个社区按照 1 名/500 住户的比例配备专职计划生育管理服务人员，由所在街道计生办聘用、管理、任用。聘任人员实行绩效工资制，每人每月 1000 元，由所在街道办事处计生办考核发放，人员经费实行街道财政负担、市财政补贴的办法，市财政补贴每年分二次划拨。

（4）创新管理机制，全面提升管理服务水平。进一步深化计划生育属地管理体制改革，建立健全"逐楼绘图、逐户建卡、依房管人、同住同管、优质服务"的育龄人员社区管理服务机制。

1）逐楼绘图。按照社区内楼房（含平房）分布状况，逐楼绘制计划生育一览图，将楼房状况、各楼层育龄人群方位进行实名标注。对发生变动的每年修改一次。

2）逐户建卡。社区在界定管理范围的基础上，逐楼、逐户、逐人进行清理清查，摸清各类育龄人员的底数，建立《已婚育龄妇女基础信息卡》，并采用不同的卡片区别管理主体或类型。社区依据卡片信息对已婚育龄妇女实行直接管理和协助管理。信息卡分绿、黄、红 3 种，绿卡为社区直接管理的育龄妇女，黄卡为协助管理的育龄妇女，红卡为流动人口。

3）依房管人。已婚育龄妇女人员入住到社区，无论是住公有房、自有房、租赁房，只要有常住趋势均纳入管理范围。对流动人口、下岗离岗、人户分离等特殊育龄人员，凭房产证（租房协议）和户口性质证明向居住地街道申请，审核属实后，与社区签订《协议书》，纳入管理。

4）同住同管。在落实工作单位和社区"双重管理"责任的基础上，重点强化社区管理职能，对所有育龄人群打破居住地、工作单位和户籍地之间的界线，以现居住地社区为主，实行同居住、同管理、同服务。

5）优质服务。本着依托社区、面向家庭、服务群众的原则，整合社区宣传、卫生和服务资源，提高计划生育家庭生活质量，使社区的所有育龄群众参与社区计生服务、享受计生宣传教育、生殖保健服务。

（5）部门联动，形成齐抓共管的工作合力。房管部门将人口和计划生育工作纳入物业服务公司行业管理的重要内容，在每个物业公司中确定一名专兼职计划生育工作人员；在物业服务公司进行从业资格年审时，对人口和计划生育管理服务工作落后的，延缓办理年审手续；在物业服务公司进行达标、升级、评选先进时，主动征求当地人口计生部门的意见，实行计划生育"一票否决"。民政部门加强社区居委会的建设，为社区开展人口和计划生育工作提供保障，将较大住宅小区物业服务公司主要负责人吸收为社区两委班子成员，并把人口和计划生育作为社区建设示范活动和社区建设工作的重要内容。公安部门积极落实现居住地户籍管理体制，户随人走，人户一致，在办理住宅小区育龄妇女户籍迁入手续时，及时通报给同级人口计生部门。

（6）财政部门为社区人口计生专职工作人员的工资报酬提供保障。工商部门监督物业服务公司办理营业执照年检手续时，出具驻地街道办事处（镇）的人口和计划生育管理服务工作情况证明。劳动部门在办理失业、下岗和城镇居民医疗、养老保险手续时，主动查验育龄妇女管理证明。教育部门在子女入托、上小学、升初中及转入学生时审验其父母计生证明。

人口计生部门加强同房管、民政、公安、财政、建设、工商、经贸、劳动、卫生、教育等部门的协调，建立定期联系制度，把社区人口和计划生育管理服务工作作为一项重要内容纳入工作考核体系。切实做到责任到位，措施到位，投入到位，服务落实到位。继续实行分级、分类、分线考核，届中、届末奖惩兑现，逐步加大对工作过程、服务态度和群众满意程度考核力度，并把集中考核同有奖举报、案件查处、调查研究结合起来，把推行依法行政与机关、企事业组织、社会团体依法落实法定代表人或者负责人责任制和社区居民自治结合起来，提高责任评估的科学性和实效性。

🔄 课间休息

我是一名社区计生信息员

顾××是某社区居委会的一名计生信息员，承担了社区大量的计生重任，他的工作职责如下：

（1）认真学习并宣传人口和计划生育方针、政策、法律法规，不断增强社区居民计划生育、优生优育意识，确保居民无违反计划生育政策法规现象。

（2）按时参加社区计划生育例会和培训，建立并完善本责任区已婚育龄人群计划生育档案，保管使用好"计生信息员工作包"，及时为已婚育龄妇女发放知识袋（包括宣传资料、已婚育龄妇女合同书、协会章程）。

（3）在社区的领导下，做好辖区内已婚育龄妇女健康体检和定期随访服务工作。

（4）督促本责任区内已婚育龄妇女及时落实避孕节育措施，做好药具发放工作，确保长效节育措施落实率达100%。

（5）加强与住户的交流，及时掌握住户基本情况及迁入、迁出、流动人口变动情况，做到底数清、育龄妇女信息准，每月向社区报送本责任区人口和计划生育统计信息的报表。

（6）收集、上报本责任区育龄人群对社区人口和计划生育管理服务工作的意见和建议。

作为一名计划生育信息员，工作要时刻接受上级部门的考核，社区对信息员的考核办法如下：

（1）考核内容

1）信息员掌握住户基本信息情况。对辖区住户门牌号、家庭成员、工作单位、联系方式等基本信息不熟悉或不知情的，每户扣5元信息费；每漏管1名育龄妇女扣10元信息费。

2）不按月上报人口和计划生育统计信息的报表，信息变更不及时、不准确的，一次每项扣10元信息费；无故不参加计划生育例会或培训的，每缺席一次扣10元信息费。

3）管理辖区内已婚育龄妇女（包括无业、失业、下岗、流动人口等特殊人群）的计划生育健康查体，在规定时间内查体每少一人次扣5元信息费；不能及时完成计划生育随访工作的，一例扣10元信息费。

4）不规范使用《计生信息员工作包》或资料不全的，扣5元信息费；不及时为已婚育龄妇女发放知识袋宣传品等资料的，一例扣5元信息费。

5）出现合法怀孕的育龄妇女私自鉴定胎儿性别流引产而未及时向社区报告的，一例扣50元信息费；出现违法怀孕知情不报的，一例扣50元信息费。

6）出现弄虚作假、虚报人数、套领信息费的，在辖区内出现违法生育、非法抱养的，因工作不到位被媒体曝光的，取消信息员资格。

（2）考核办法

城市社区计划生育信息员由所在街道与社区负责考核，每季度考核一次，实行信息员互查制度，区人口和计划生育局不定期随机抽查。各社区每季度末将信息员工作完成情况上报街道，街道审核汇总报区人口和计划生育局备案。信息员信息费根据考核情况每季度兑现一次。对成绩突出的信息员由区、街道年终进行表彰奖励。

课 后 实 训

1. 将你所在的学校也视同为一个社区，结合所学知识，对学校的学生构成写一份分析报告，同时简述学校是如何在学生宿舍生活园区进行学生的管理与服务的？

2. 请在业余时间走进你所在的社区，向社区工作人员了解社区对外来人员的计划生育的管理与服务现状，并采访一些外来人员，了解他们对社区计生管理与服务的反馈和建议。

项 目 九

社区流动人口管理

项目概述

20 世纪 80 年代中期以后，我国人口迁移日趋活跃，其主要表现为流动人口的大量增加。90 年代以来，东南沿海地区经济实现率先发展，拉大了东西部差距，诱发了全国性的从西部到东部、北部到南部的人口流动，即农村劳动力的区域性转移。大量、相对廉价的劳动力转移到东部沿海地区，为当地社会、经济各方面发展都作出了积极的贡献，如加快城市建设，推动城市化发展，缓解劳动力紧张矛盾，实现优化资源配置，促进区域经济发展，保障和谐社会和新农村建设等。本项目旨在让学生通过社区实地调查，了解社区流动人口的构成、生活现状及社区针对流动人口子女的服务与管理。

背景介绍

中国改革开放引发的流动人口的大量膨胀带来了相应的负面社会问题和矛盾。有学者甚至指出，人口流动可能潜藏着现代中国社会最大的社会矛盾隐患，如果流动人口持续上升的趋势得不到适当的管理和疏导，将会带来一系列负面问题。

在这样的社会背景下，作为社区工作者，尤其要对社区流动人口问题给予更多的关注。

任务一　调查社区流动人口的构成

任务描述

要了解外来人口生活状况，制定与社区外来人口相关的政策措施，有效解决当前社区外来人口激增带来的社会矛盾和问题，同时也为城市建设和经济发展提供政策依据和参考资料，我们必须首先了解社区外来人口的构成概况。请阅读下列案例，思考如何调查社区流动人口的构成。

任务实施

绿园社区外来人口构成调查

绿园社区在 2008 年曾经做过社区外来人口的摸底调查，当时调查的数据采集采用入户访问和企业填报相结合的方式进行，调查对象为年龄在 16～60 岁之间、在社区工作或居住半年以上、户籍在上海以外的流动人口。调查的结果分为两个部分：

1. 调查社区外来人口的基本构成

（1）了解人口的数量　该社区的外来人口为 24480 人，占社区总人口 46%，其中女性为 11920 人，而且近几年外来人口的数量总量持不断上升态势。据大致估计，到了 2010 年，外来人口数量已经上涨到 4 万多人。虽然外来人口流动性较强，但今后这里的外来人口依旧会持快速增长趋势。

（2）了解人口的空间分布　外来人口在城市的空间分布基本呈环形分布，即主要围绕在市区较远的郊区。

绿园社区本身位于上海近郊地带，这里及它的四周是工业园区，工厂多为劳动密集企业，需要大量劳动力，所以这里汇聚了相当多的外来人口。

（3）了解人口的性别及年龄分布　外来人口性别以男性居多。绿园社区男性流动人口占 52.3%，女性流动人口占 48.7%；从年龄构成看，中青年劳动力占主体，其中 20～49 岁之间人数占 92.8%，此外，有很多外来儿童跟随父母进入本社区。

（4）了解人口的文化程度　由于外来人口普遍来自经济欠发达地区，教育资源有限，经济条件欠缺，加上对教育缺乏认识，所以社区外来人口的文化素质普遍低下，近八成的外来人口文化程度在初中及以下（含不识字），很多 80、90 后外来务工者大多为初中学历，少数人有高中学历。

（5）了解人口的来源地分布　社区外来人口来源涉及全国多个省、直辖市和自治区。调查中发现，绿园社区 80% 的人来自河北、河南、安徽、山东、四川、江苏、湖北、黑龙江、内蒙古、陕西 10 个省，余下的 20% 则来自其他省市。

（6）了解人口的婚姻情况　绿园社区外来人口已婚比例为 75.6%，其中男性中已婚比例为 76.1%，女性则为 74.3%。从年龄段看，男性 22～29 岁结婚率为 40%，30～49 岁结婚率为 94.5%；女性 20～29 岁结婚率为 48%，30～49 岁结婚率为 98.5%。另外，已结婚外来人口中携配偶及子女来沪居住或工作的比重达到 76%。

（7）了解人口的外出动机　经济原因是外来人口外出务工的主要原因。从最初离开户籍地原因看，认为出来就是要打工赚钱的人占 77.4%，认为出来是想多学点技能或者重新学习的人占 8.8%，认为出来是要增长见识的人占 2.2%，其他如经商、随家属搬迁、服兵役等则占 11.6%。

2. 调查外来人口的就业构成

（1）就业的产业分布　绿园社区外来人口就业 57% 集中分布在第二产业，其中最多的为工业，其次是服务业，约占 38%，有 5% 的人口则为自主经商或就业，这种分布某种程度上印证了上海市外来人口"主城区以从事服务业为主，城乡结合部从事二、三产比例相近，农村地区以从工业为主"的总体分布特点。

从具体从事岗位看，外来人口中相当多人从事扫地、装卸、建筑、娱乐业、服务业等脏、苦、累的简单体力劳动，较少的外来人口从事管理岗位或个体户经营。由于工作的不稳定和低层次性，他们经常处于不稳定状态，失业率严重。

（2）权益保障方面　首先是法律学习情况。外来人口的法律意识逐步在加强，由原先的不知或被动学习向主动学习转变。调查结果显示，有99%的外来务工者听说过或熟悉新《劳动法》，仅有0.8%的外来务工者从未听说过。在知晓新《劳动法》的人群中，通过电视、广播、网络等途径知晓新《劳动法》的外来务工者最多，占64%，其他途径有单位组织学习、自己学习、宣传栏学习、法律咨询。

至于劳动合同及保险情况，在上海及周边地区，因为政府相对严厉的监管措施和其他多种原因，外来人口劳动合同签订情况总体良好，外来务工者参保率较高。绿园社区调查中显示，有85.6调查对象与单位签订了劳动合同。其中有79.1%参加了失业保险，80.9%参加了养老保险，78.1%了参加基本医疗保险。

但是在我国大多数城市中，外来人口签订劳动合同的状况令人担忧。企业为了规避风险和成本，加上外来人口自身流动性强的特点，往往不愿意与外来人口签订劳动合同，这为接下来外来人口的权益受损埋下了隐患。

绿园社区外来人口平均每周工作时间很长，很多工厂基本不按照法定上班制度制定劳动时间，而且劳动强度大，这也是当前很多外来人口的工作现状。目前，在工业企业里大部分实行的是计件工资，工人只有每天劳动且尽可能延长劳动时间，才能赚到更多的钱，因此双休日及每天8h的工作制度一般在工业企业里尤其是对从事简单体力劳动者难以贯彻。

在工作压力方面，有78%的外来者认为有压力，有10%的外来者则认为压力比较严重或者非常严重，只有11.5%的外来者认为没有压力。

（3）技能培训及教育情况　政府及企业对外来务工者的职业技能培训有待加强。据调查，仅43.4%的外来者接受过如专业技能培训、上岗培训等，在接受过培训的外来者中有61.4%的人参加的是由单位组织的免费职业培训。在未参加各类培训的外来人口中，有95.3%的人有参加培训的意愿。

任务引导

（1）在探究流动人口的构成概况时，应该从如外来流动人口的基本数量、来源、就业情况、权益保障、教育培训和生活状况等要素着手。

（2）调查社区外来流动人口的构成是进行社区分析、了解成员需求、进行行政管理和提供社区服务的首要基础。

知识链接

1. 外来人口出现的社会背景

就我国目前而言，经济发展是流动人口出现的主导因素。改革开放以来，由于东部沿海地区经济特区的建立，吸引了大量的人口迁入。很多时候，农村居民为了谋求自身的发展，往往愿意背井离乡，到经济发达、机遇更多的城市打拼。在经济发展较为落后的农村地区，人们的这种流动愿望更为强烈。

此外，生态环境因素也是流动人口产生的重要原因。自然环境为人类提供了物质基础和精神寄托，所以它对人口迁移起着不可替代的作用。在科技飞速发展的今天，自然环境对人们的农业生产已无太大影响，但环境因素仍然与人们的迁移有着密切关系。人们越来越注重自己的身体健康，环境的好坏也时刻影响着人们的心情、学习工作的效率。

在经济发达地区，环境条件往往较差，该地区的人们为了追求健康舒适的居住地，就会往周边的城郊或小城镇迁移，形成了一批逆向的流动人口，往往最适宜人们居住的气候条件和自然条件的宜居城市往往会吸引很多人迁移居住。

此外，其他一些因素如交通运输、文化、教育、医疗等，也对流动人口的出现产生了一定的影响。

2．外来人口对城市发展的重要意义

外来人口的存在，对城市的经济发展有着至关重要的影响。在上海，常住外来就业人口约占全市就业人口总量的 1/4～1/3，而其年劳动报酬总额仅占全市劳动者报酬总额的一小部分，说明使用外来就业人口降低了企业生产成本。

此外，外来人口能够大力推动了城市消费需求的增长，也会增加商品住宅市场的需求。在我国很多城市，近几年外来人口在城市中购买商品住宅的数量越来越多，其购买潜力不容忽视。即使不能购房，外来人口的大量租房也增加了部分本市居民出租房屋的收入。绿园社区很多上海本地居民赖以生计的经济来源就是房屋出租给外地人收取的租金。

外来人口在部分行业发挥了支柱作用。外来就业人口集中在建筑业、住宿餐饮业、批发零售业、制造业和居民服务业 5 个行业。尤其建筑业，几乎是外来人口最为集中的行业，其比重接近 100%，住宿和餐饮业中的外来人口达到 90%，批发零售业和居民服务业中的外来人口在 60%以上。可以说，城市一旦离开了这些数量众多的外来人口，将很难正常运行。

外来人口对于城市最大的意义还在于提供了丰富的劳动力资源，某种程度上也延缓了城市人口老龄化的进程。上海市已经进入老龄化社会，老龄化进程也在不断加快。由于外来人口中年轻人多，他们的到来延缓了城市人口老龄化的进程，也为其户籍所在地经济增长做出了贡献。

3．外来人口分布的特点

一般地，在城市化程度相对较高，商务、商业较为发达的核心市区，吸引的通常是商务、商业人士前来就业或创业；而在面积广阔、工业经济较为发达的郊区，通常分布着纺织业、通用设备制造业等劳动密集型或技术含量相对较低的工业行业，这些地方更容易吸引一大批到城市谋生的农民工聚集就业。

此外，城市郊区相对低廉的住房成本是吸引外来人口的首要因素。对于外出打工者而言，房价或租房价格是他们选择居住地的首要因素。绿园社区是城市的郊区，其低廉的商品房价格、租房价格，使得成为附近外来人口集聚的首选。

优越的政策待遇也是吸引外来人口的重要因素。政府为促进工业增长，以及加强外来人口管理，在绿园社区所在工业园区，不仅在招工用人方面有优惠政策，还专门在计生、教育、管理、社会保障等领域出台了一系列的政策措施。优越的政策某种程度上成为所有密布工业园区的郊区吸引外来人口聚集的重要原因。

案例阅读

推进外来人口调查　加强外来人口管理

江海新村地处上海某郊区中心镇繁华地段，是20世纪80年代建造起来的社区，居住设施老化，生活环境比较差，但居民构成中外来人口的数量呈递增趋势，在一定程度上繁荣了当地的经济。外来人口结构的复杂性、就业的临时性、流动的频繁性，对社区经济发展、社区安全稳定和社区管理带来一定的压力和影响。如何加强对外来人口的服务和管理，充分发挥其积极作用，最大限度地减少外来人口带来的负面影响，成为江海新村社区面临的一个十分紧迫的问题。

为了更详细了解外来人口现状，2009年6月29日至8月3日期间社区采用了入户走访和居民群众座谈的形式对社区的外来人口现状展开了调查。社区的外来人口1480人，占新村总人口26%，其中女性为920人。

外来人口的特征主要有以下几点：

（1）外来人口总量不断上升。2007年登记外来人口数为890人，2009年登记数为1480人。外来人口每年以29%的速度递增。

（2）外来人口文化水平较低。外来人口中85%是初中及以下文化水平，8%人数是高中文化水平，1.9%为中专文化水平。

（3）外来人口以经济活动为主，分别分布在建筑及餐饮、服装、装修、五金销售等服务行业，为当地社区居民提供了必要的生活便利。

（4）外来人口流动性较强。34%的人口在社区居住超过两年，39%人口在社区居住满一年，其他人口则在社区居住未满一年，总体上社区人口的流动性较为频繁。

……

通过组织社区调查，掌握流动人口基本信息，是社区流动人口管理与服务的基础。

任务二　调查社区流动人口的生活现状

任务描述

社区流动人口的生活现状和质量关系着社区的和谐稳定，由于他们在城市社区中的弱势地位，社区管理人员应该更加注意调查了解社区流动人口的生活现状，以开展针对性服务。请阅读下列材料，分析城市社区流动人口的普遍生活现状如何。

任务实施

他们的希望——做城市的主人而不是过客

夕阳西下，苏州某科技经济园，原本看似寂静的园区渐渐变得喧嚣起来。工厂的铁大门打开，工人们如潮水般从一排排大厂房内涌出来。他们中大多是年轻人，不少人手上拿着一把勺子和一个搪瓷碗。

园区对面是饭馆区，因为有些厂里没食堂，就在小区里包一个个体小饭馆当食堂。吃饭是免费的，以素菜为主，如大白菜和茄子。不过，工人们吃得挺香而且很快，一天工作下来会很饿，更重要的是，等会还得回去加班。

小饭馆的一边，是一家台球房，台球桌的油漆已经有些斑驳了。三五个年轻人快速扒完饭后，忙里偷闲，尽情地挥杆。也许只有在此时，他们才找到了最真实的自己。

在总规划面积 5km² 的科技经济园，新生代民工不下千人。他们不愿再过父辈那种"面朝黄土背朝天"的生活，更不想成为城市的匆匆过客，他们梦想有朝一日能在这个城市里扎根生存下来，成为城市的"主人"。

这是中国千千万万的中国农民工生存状态的缩影。像案例中主人公们这样的外来务工人员在我们今天的城市中随处可见。你知道他们真实的生活状态吗？

绿园社区的调查显示，社区外来人口家庭人均年收入在 3 万以下的外来人口超过 6 成，占 63.9%，其中 2 万元以下占 31.4%；而人均年收入超过 6 万的大多是一些高素质的企业管理人才或高技术的专业技术人员，此类人才比重仅占 3.6%。

外来人口大部分人收入偏低，普遍经济上有严重压力。有 76.2%的外来者认为有压力，有 14.7%的外来者则认为压力比较严重或者非常严重，只有 9.1%的外来者则认为完全没有压力。

这些数据真实地反映了当前城市中外来人员的艰难生存现状：工作压力大，挣钱很有限。与此同时，大量外来人口在对城市经济社会发展做出贡献的同时，也增加了城市能源和基础设施的负担，带来一些环境卫生问题和社会治安问题。

如同千千万万外来人口碰到的问题一样，绿园社区的外来务工者在城市中的生活面临着重重障碍，表现如下：

1．面临就业歧视与就业压力

农民在进城成为农民工之后，其就业上便处于不平等的地位。这可追溯到 20 世纪 50 年代中期二元制的户籍制度及相应不平等的就业制度。1957 年 12 月，国务院通过《关于各单位从农村招用临时工的暂行规定》，明确要求城市"一切部门的劳动调配必须纳入计划，增加人员必须通过劳动部门统一调配"、"不得私自介绍农民到城市和工矿区找工作"。从这时起，城市居民优先就业的劳动就业制度就形成了，不仅就业制度，随之而来的农民工和城市人口享受的各方面权利也是不平等的。改革开放后，农村剩余劳动力大量涌入城市，一定程度上冲击了这一就业制度，但城乡劳动力的平等就业权远未实现。

因为外来者身份，绿园社区的外来人口无法享受和本地城市人口平等的人身权、财产权、受教育权、就业、医疗卫生、社会保障等方面的权利，更不能顺利实现城市化。

社区有一个安徽来沪 3 年做保安的王先生，他说："我们和他们（本地上海居民）做着相同的岗位，我们月薪大概 1500，而本地保安的月薪居然能达到 3000，他们过节有福利，我们则没有。这种差距也太大了！"

还有一个务工者张先生，是做家庭装修行业的，在上海已经做了 12 年，他的月收入很高，平均有 9000 元，但是因为外地户口，学历太低，没有办理居住证，所以单位基本也没有为他缴纳社保金。提到此，张先生总是一肚子苦水，因为没有交过社保金，他前几年打算在上海买房，但没法申请商业贷款，所以买房的计划落空了。虽然在上海呆了十几年，可自己仍然有漂泊的感觉，一方面感觉老家已经不是自己的家了，但另一方面在上海也没有归属感。

王先生和张先生的经历代表了许多外来务工者的经历，因为没有户口而带来的负面效应。所幸，张先生的月薪在外来务工者中间已属高薪，还有更多务工者的境地与张先生相差万里。

2．劳动岗位层次较低，工作待遇差

由于歧视性制度的存在，劳动者职业的有无与好坏不再取决于一个人的能力和工作态度，而取决于他们的某些身份属性，受歧视的群体通常要支付更高昂的代价。

绿园社区的8成外来人口从事的是那些本地人不愿意干的重、累、脏、险性质的工作，而且往往是报酬低、待遇差的临时工作岗位。

外来者收入水平较低，在消费支出方面的消费水平也相应较低。在被调查者中，在日常支出最多的选项中，有77.6%的外来者在日常支出中是以吃为最多，其次是住，占12.7%。还有在业余娱乐方面，看电视、找老乡聊天是外来者主要的休闲方式，分别占90.5%和42.4%；此外如看电影占12.4%，运动健身占11.6%，唱KTV占3.0%，其他如睡觉、看书、上网等占18.8%。

在定期体检方面，有24.5%外来者定期参加体检，参加体检的人中有59.1%体检费用是由单位承担，另有10.3%的人体检费用由单位与个人共同承担。

很多时候农民要进城打工，还必须交纳各类或多或少的费用。在过去，仅仅是办理能在城市就业、临时居住的各类证书要花去几乎是普通农民工一个月的收入。假如要通过职介所找工作，再加上其他杂费，一个月收入也不够。因此大多数农民就被迫转入地下，成为城市"黑工"。这样一来，劳资双方建立的劳动关系不具合法性，便无法通过加强政府管理来规范，外来人口的合法权益根本无法得到保障。

3．居住条件恶劣，生活质量不高

在居住条件方面，绿园社区有73.8%的外来人口通过租房方式解决居住问题，有19.4%的外来人口由单位提供租房，有4.5%外来人口已经购买了自有住房。在租房者中有77.1%居住在人均 $10m^2$ 以下的小房子内。

由于现实制度原因和户籍问题，加上外来人口自身都是低层次就业，他们很少可能在城市购买住房。有厂房的工矿企业的民工便睡在拥挤的集体宿舍，没有厂房的如最突出的建筑行业，民工只能挤在狭小拥挤的临时工棚，冬冷夏热，这些地方永远都不可能成为一个家。而很多时候农民工失去一份工作、更换工作是家常便饭，没有工作又没有地方借宿的时候，露宿街头也是常见的事。居住条件恶劣、生活质量不高对农民工来说是一件迫不得已的事，今后也将成为长期存在的社会问题。

4．子女难以享受平等的教育服务

绿园社区的外来人口大多为青壮年，这些人中有很大一部分已有妻小，一般都是夫妇一同外出打工。很多外出打工者希望能把孩子带到自己打工的地方接受教育，但这并非易事。在城市中小学读书，很多城市会因农民子女户口不在本城为由拒收他们或收取高额的借读费、建校费、增容费等各种名目的费用，这只能让许多农民工子女望而却步。当然也可进入政府批准的民办私立学校，但这类学校同样是收费较高。

绿园社区外来人口中有482名学龄外来儿童，在2006年，未解决儿童上学难的问题，社区有一个外来务工者创办了一所民工子弟学校，并得到了社区的各项支持，所以大部分流

动儿童就在这所民工子弟学校就读。但这所学校只有小学和初中，没有高中和幼儿园，导致很多外来人口子女无法进入幼儿园、高中就读。

2006年初，国务院曾发布了《国务院关于解决农民工问题的若干意见》，要求保障农民工子女平等接受义务教育，明确提出输入地政府要承担起农民工同住子女义务教育的责任，以及城市公办学校对农民工子女接受义务教育，要与当地学生在收费、管理等方面同等对待等。而做到这些，在目前情况下也实为不易。因为这不仅涉及我们现行的税收、财政、户籍管理等一系列制度，也涉及城乡二元结构等更具根本性的诸多复杂因素。

5. 聚集区缺乏有效的社会管理与服务，治安混乱

外来人口的大量涌入对绿园社区基础设施和公共服务构成了巨大压力。前几年，由于缺乏有效的管理和疏导，加上外来人口犯罪中文盲、半文盲的无业人员所占比例较高，人口自身的流动性强特点，导致外来人口聚集区违法犯罪情况比较突出，也给社区治安带来了严峻考验。

外来人口犯罪案件主要涉及盗窃、抢劫和诈骗。他们或是结伙共同作案，或是以原籍同乡纠合在一起，犯罪手段以偷盗、抢劫、团伙作案为主。

据社区居民张阿姨介绍，她有几次见到小区门口那几个外地收垃圾的人，他们装废品的三轮车里时不时会放着一辆崭新的自行车，这些人一边在小区门口收着废品，一边公然拿着锯子割着车锁，这些自行车可能是这些收废品的人盗窃所得，也有可能是小偷销毁的赃物。

前几年的绿园社区，流动人口居住区的环境脏乱差。一些流动人口所在企业没有宿舍，他们大多群租在居民家里，由于没有完善的设施，缺乏良好的卫生习惯，垃圾不及时清理，随处堆放。此外，流动人口往往卫生意识差，往往边吃边丢，甚至随地大小便。

社区工业园区厂房外面有一条小吃街，每天晚上工人晚班结束后，人来人往，热闹非凡，但热闹过后基本狼籍一片，需要清洁工人花费很长时间清理。

针对辖区外来人口群体带来的多方矛盾和问题，提高外来人口的社区生活质量，绿园社区遵循"属地化管理、人性化关怀、市民化服务"的工作原则，积极探索社区流动人口管理和服务新途径，从2003年开始建立，社区把流动人口的管理服务工作纳入社区综合服务体系，收到了较好效果。

2003年，该社区建立社区楼组长联系制度，形成有问题"三找"，即找房东、找楼组长、找经营主，做好外来人口的管理和登记工作。

社区党支部定期召开社区内警务治安、劳动就业、社区卫生、妇联、民政等部门参加的联席会议，配合做好流动人口计划生育清查及走访工作，做到信息互动，及时通报流动人口管理服务情况，增强了共同抓好流动人口管理与服务工作的合力。

采取多方措施，与企业、租房房东联动，对流动人口做好督促和监管工作，目前社区卫生已经整洁许多，治安状况也有很大改观。

外来人口的工作不仅需要管理，更重要的是要建立社区服务体系。绿园社区一直严格落实流动人口上门服务制度，由社区工作人员，每月上门清查随访，及时掌握动态信息，了解流动人口的需求，为流动人口提供服务场所，社区内设置计生服务室、流动人口活动之家，为流动人口提供宣传、就业培训、法律咨询、权益维护及文体娱乐等多种服务，还开通了计划生育便民热线电话，群众随时可以拨打电话咨询计划生育法律法规、优先优惠政策和证件办理等方面的问题，免除了上班族、个体工商户流动人口的奔波之苦。此外，把流动人口纳入社区扶困救助范围，设立扶贫基金，对流动人口计划生育家庭实行倾斜和优先。

通过一系列提供给流动人口在生产生活方面的社区便民服务，社区的外来人口问题得到了有效缓解。

任务引导

（1）经过社区工作者多年工作中进行的走访和观察，总体上当前许多社区的外来人口在就业、工作待遇、居住条件、子女教育等多方面存在诸多问题，甚至一些社区对外来人群存在社区服务的空白和管理误区，如不应对和解决，将带来多方矛盾和问题，成为社区的隐忧。

（2）提高外来人口的社区生活质量，社区必须积极探索社区流动人口管理和服务新途径，不仅要探索实现属地化管理，对他们实施社区的人性化关怀，还应将管理与服务融合，从管理走向服务，使他们享受市民化。

知识链接

1. 外来流动人口的生存现状

外来人口进入城市后，面临艰难的生存处境，究其原因，除了滞后的城乡二元社会制度，农民工自身缺乏在城市谋生并融入城市生活的能力也是造成外来人口城市尴尬生存现状的原因。

据国家统计局农调队的一项调查显示，只有 15.9% 的农民在外出之前进行过相关的专业培训，绝大多数农民工未进行过任何培训，这使农民工难以抓住一些好的就业机会。另一方面，农民工没有在城市生活的一些相关知识，难以真正融入城市生活，无法合理维护自身的合法权利，难免受人歧视。

此外，相关政策法规制定不完善，也没有有效贯彻执行，使农民工的合法权利难以得到保障。

农民进城后产生了很多问题，包括劳动用工、工资拖欠、社会保障等问题，这些问题一方面要求我们根据我国的基本法律来规范，另一方面又要根据特殊情况完善已有法律或者制定新的法律法规，特别是保证其有效的贯彻执行。而现阶段外来人口就业受歧视、子女入学难、被拖欠克扣工资的现象大范围存在，社会保障更是无从得到。这一切或者是因为政策制定不全面，或者是因为政策得不到有效贯彻执行，而政策法规的贯彻执行是非常重要的一方面。

在对待农村劳动力大量转移这一问题上，社会各个层面的认识存在误区。对企业来说，他们是欢迎农民工进入的，但他们的欢迎是基于可以给农民工较低的工资、较差的福利保障和工作条件的基础上的，由此也造成了农民工的生存现状。其次，对城市居民来说，二元制经济体制下，他们享有一定的特权与福利。长期以来，他们便将此视为理所当然，并在潜意识里形成一种城市中心主义的思想，往往从表面看，他们认为农民工进城妨碍了自身利益，而这容易造成思想上的对立，同时也是造成农民工受到不公平待遇甚至歧视的原因。对于政府来说，在经济转型时期的很多问题，如失业率、社会治安等问题，很多时候会认为是农村劳动力转移带来的，而给农民工人为地设置一些进入障碍。

2. 改善外来流动人口生存状况的建议

无论如何，农村劳动力的大量转移是社会经济发展的结果，也是社会经济进一步发展的需要，一方面各级政府应从战略的高度顺应并规范其发展，而不是人为地设置障碍抑制其发展；另一方面，针对以上种种原因造成的农民工尴尬的生存现状，也应采取措施改变，否则即使农民大量成为农民工，也是与提高农民收入、实现城市化与工业化协调发展、实现人民共同富裕的目标相违背的。结合社会现状与相关成因，我们可以从以下几个方面入手：

（1）构建新型外来人口社会政策 外来人口一般来说具有较高的流动性，从治安角度看，这是诱发外来人口犯罪高发的主要因素之一；从经济发展角度看，外来劳动力的流动，不利于企业平稳生产，提高社会劳动生产率，以及区域经济快速发展。而生活保障则是外来人口流动的主要原因之一，因此提高外来人口生活保障，增强他们的归属感和社区认同感，这是解决外来人口流动的关键。

相关调查显示，外来人口最关注的生活保障问题中位列前几位的分别是居住、子女教育、社保。因此要提高外来人口的稳定性，促进经济社会又好又快发展，首先要改善外来人口居住条件。居住是生活保障的首要条件，也是外来人口落户、安心工作的前提。相关部门可以考虑给予为城市发展作出积极贡献的部分外来人口户口落户、解决住房政策上的同城待遇，如允许申请经济适用房、廉租房等，缓解该部分外来人口的住房压力，促成其安家落户。此措施对获此待遇者是肯定和奖励，对其他外来人口则是激励和促进。

有关政府部门应一方面完善制定相关法律法规，从更高更规范的高度来保障农民工的权益，同时加大主动执法的力度，在外来务工人员集中的地方和企业建立定期的、经常性的劳动保障检查和监察制度，及时发现并纠正违反劳动法律法规、侵犯外来务工人员合法权益的行为，并依法追究有关人员的责任。为外来人口建立个人账户，进一步完善和落实工伤、医疗、养老等基本保险，同时加强新《劳动法》的监管力度。

（2）提升外来人口居住条件 缓解外来人口租房压力，鼓励企业建造集体宿舍，为本企业外来务工者提供相对宽松的居住环境，解决后顾之忧，促使其安心工作。

（3）改善外来人口子女教育环境 随着外来人口"家庭式"流动的增多，子女教育问题越来越受到关注，而关注的焦点源于户籍。各级政府应加大户籍改革力度，积极推行居住证制度，保障部分外来人口在劳动就业、务工经商、医疗保险、子女读书就业、租赁房屋、购车购房等方面具有同等待遇，同时要求公办学校对外来人口子女接受义务教育要与当地学生在收费、管理等方面同等对待。

（4）加强外来人口职业培训 构建劳动力交流平台，加强职业技能培训，既是外来人口的诉求，也是提高外来人口素质的需要，更是企业、社会经济发展的需要。因此，要统筹规划，明确各部门职责，构建全区统一的劳动力交流平台，既可为企业提供充足的具有一定技能的熟练工人，解决企业用工荒，尤其是技工荒的现状，又可解决外来人口就业，促进社区稳定和谐。

要制定外来人口培训计划，分层次搞好外来人口培训，社区可以与社区劳动就业保障站积极联合办公，全程参与劳务输出及就业培训工作，组织外来人员进行集中就业培训，使流动人口在外出前掌握相关的就业技能，提高就业能力。要把提高外来人口岗位技能与当地发展需要纳入职业培训计划，提高培训的针对性和实效性。对通过技能鉴定者颁发职业资格证书，推荐上岗。

（5）创新外来人口的社区管理和服务模式　外来人口融入当地社会，是建设和谐社会、新农村建设的要求，也是社会结构和资源重新配置的需要。社区应当建立外来人口管理领导小组，加强做好外来人员的管理工作，让外来人口增强社区意识，自觉按照社区公约自律。同时社区要充分发挥融合功能，积极邀请外来人口参加社区活动，促进外来人口参与本地社会事务管理，将外来人口纳入社区各项工作范围。加强对外来人口的引导教育，表彰优秀外来人员，全面提高外来人口自身素质。

要重视和加强社区治安管理、社区暂住管理以及外来人口的计划生育管理。社区应当对人口流动性情况及时了解，明确暂住人员的来去时间，及时反馈人员增减。

传统的户籍制度是计划经济的产物，随着市场经济制度的建立，客观上要求实现人力资源的自由流动。但在我国的社会现实中，大部分的权利，包括财产权、教育权、社会保障福利权等，实现与否都与户籍制度有着密切的关系，因此如果在这些权利上存在差别，就不可能把一个农民真正变成市民，农民工不合理的现状就难以改变，所以要改变外来人口的生活和就业现状，就必须从根本上改革城乡二元结构户籍制度，同时改变把农民和市民分开对待的传统做法。户籍制度的改革，与户籍制度密切联系的就业制度也会随之改变。

社会也要加强宣传教育。必须对企业加强法制、规章和政策的宣传教育，使其自觉遵纪守法，合理对待农民工；而对城市居民，必须对他们进行宣传教育，改变其以往的观念，使其认识到，农民工进城干的都是城市人不愿意干的脏、累、苦、险的活，并不能完全说他们抢走了城市人的饭碗，相反，他们的到来导致城市经济总量的扩大，必然带动就业总量的扩大，甚至为城市创造若干新的就业机会；政府应转变观念，农民工虽然没有本地户口，但他们同样是国家公民，同样是城市的建设者，他们的权利同样不应当受到忽视，特别应注意到，农民工由于经济与社会地位和受教育程度等因素的影响，他们在城市里属于弱势群体，对他们的权利保护，更是不能推脱的重大责任；最后，对农民工也要进行法制、生活观念、城市文明的教育，使他们能更好地融入城市生活。

总之，要借助社会各界的力量，通过改革政策，落实措施，提供服务，积极探索社区流动人口管理服务的新路子，才能把社区流动人口的管理和服务工作提高到一个新的水平。

案例阅读

社区提供亲情化服务外来人口

C市黎明社区用亲情化服务外来人口，在社区营造了一个融洽祥和的氛围，推动了社区的社会治安综合治理。

外来务工人员余××和丈夫于2004年到C市务工，今年她8岁的儿子也来到父母身边，全家团圆的喜悦并没有持续多久，余××很发愁儿子的就读学校。日前，黎明社区工作人员得知了这一消息，就设法帮忙为余××的儿子找到了学校。当工作人员来到余××家中，告知已经为她的儿子找到了接收的就读学校，令余××很是感动，感受到当地社区的温暖和关怀。

同样是外来人员刘××，失业已经半个月多，后来在工作人员的帮助下，最终成功地在这里找到了一份工作。

据了解，黎明社区有常住人口 10900 多人，而外来流动人口就达 32000 多人，近年来，已有 200 多名外来人员经社区推荐到社区内的各家企业上班。这个社区还为外来人员提供篮球场、图书室等文化娱乐设施，社区公寓还设立了医疗服务站。

亲情化服务融洽了本地居民与外来人口的关系，为他们解决了实际困难，解除了后顾之忧，推动了社区的社会治安综合治理，近年来社区没有发生过重大刑事案件，溜门撬锁的事今年也比往年下降 30%。

任务三　社区流动人口子女服务与管理

任务描述

流动儿童（或叫民工子女）一般是指 18 岁以下，随着父母亲和亲戚离开户籍所在地，没有现在所在地户籍的儿童。流动儿童是我国改革开放过程中人口流动的产物，是我国农村大量剩余劳动力向城市转移过程中所带来的副产品之一。2000 年以后，流动儿童的教育问题普遍受到大家的关注，成为社会热点话题。现阶段，我国城市、农村经济发展水平差别太大、社会保障制度不健全；加上农民工大多从事体力活，工作时间长，工作不稳定，整日为生计奔波劳碌，根本无暇顾及随迁的孩子。由于其外来者身份，加之长期缺少父母实质关爱及有效的教育、引导和管理，这些因素都会对民工子女教育、心理和社会发展等产生巨大的负面影响。

外来人口对城市经济与社会发展特别是建筑、住宿餐饮、批发零售、居民服务等行业的发展做出了积极贡献，对其子女的教育、身体与心理状况、权益维护等问题，社区管理人员应该加以重视和关注。

任务实施

绿园社区通乐民工子弟学校调查

绿园社区的通乐民办打工子弟学校是一所九年义务教育学校，该学校有 301 名学生，全部为随父、母务工进城在暂住地就读的学生。其中在本社区暂住生活在 3 年以上的占 70%，有的甚至长达 9 年以上。为了摸清这些流动儿童中存在的共性问题，该学校曾对 301 名流动儿童进行了问卷调查，得到与学生心理健康有关的几组数据。

调查中发现，71% 的流动儿童承认经常跟监护人顶嘴，理由主要有监护人唠叨和不被监护人理解，两项合计占 80%。72% 的流动儿童在心烦时不向监护人诉说，选择藏在心里，或偷偷哭一场；超过 86% 的流动儿童认为自己在家庭里生活感到很孤独；79% 的流动儿童承认曾经说过谎；84% 的流动儿童认为自己与真正的城市市民子女难以沟通，群体界线分明。

这些结果表明，流动儿童在城市就读中产生的心理状况是令人堪忧的，而心理状况往往是由他们所处的特殊社会环境引发的，总体上他们的很多现状令人堪忧。

1．受教育难的问题

流动儿童主要面临的一个问题是入学时出现的困难。目前流动儿童就读现状是一部分人进入公立学校念书，一部分人在专门的打工子弟学校就读。国家政策虽然一再强调要流动儿童进入公立学校，但很多公立学校和地方政府还是不愿意接受流动儿童，这里面有教育保障体制以现有户籍为主的教育经费分配体制的原因，最后使得流入地政府往往采取一些隐性抵制的方式限制他们进入学校，所以很多城市中打工子弟学校扮演着接受外来儿童入学的重要角色。

流动儿童教育面临的另一个新问题是儿童长大后也就是义务教育结束后的教育问题。我国的高考制度比较复杂，如果流动儿童要留在城市继续上高中比较困难，他们基本上不能在暂住城市上高中，也影响了他们在初中时的选择，往往到了小学六年级时，很多家庭都会根据孩子上学情况来选择是否留在城市。

虽然很多外来儿童能够在城市入学，可是还是存在很多的障碍，很多地方进入公立学校的门槛比较高，必须办理很多证件，有些地方甚至规定了许多名目的证，这些证常常是流动人口特别是在非正规行业家庭没有办法提供的，有些学校要求考试，这些都成为了进入公立学校的门槛。公立学校甚有很多的隐性费用，不只是针对流动人口家庭，对很多城市家庭也是非常大的负担。国家统计局 2006 年的调查显示，一个农民工子女在城市里读书平均学费支出达到 2450 元，占到家庭支出 1/5，是非常高的一项支出之一，这也成为了他们上学难的一个方面。虽然打工子弟学校也接收了很多的儿童，但是这类学校与公立学校的办学条件等都有非常悬殊的差距，这其实造成了教育不公。

2．身体健康问题

由于家长工作非常忙，流动儿童普遍缺乏照看，出现儿童意外事件比较严重。

通乐民工子弟学校有一名一年级儿童，因父母很忙，她小小年纪自己一个人做饭，有一天，烧开水不慎被开水烫伤，造成胳膊和手臂大面积肌肉萎缩。

由于打工子弟学校和家长的传统观念基本还是"不打不成器"，不听话的流动儿童常常会遭受到一些如罚站、罚跪甚至被殴打等家庭暴力和学校暴力。

流动儿童居住于非常狭小的住房，住房条件不好，也给儿童身体成长带来了一些不好的影响。该校老师反映，学校流动儿童预防接种率低于城市儿童，他们生长的迟缓率、营养不良、营养性贫血高于城市儿童。由于在城市中看病费用很高，孩子生了病后往往不进入公立医院，而是回到老家看病，当然这也和他们缺乏医保政策保护、城市排斥非户籍儿童进入医保有关。

3．心理和行为偏差

除了身体健康之外，流动学生在心理健康方面的状况也令人堪忧。

依恋关系是孩子身心健全发展过程中的一个基础，依恋关系可以帮助孩子形成对社会安全、信任的基本态度。父母是孩子的"第一任老师"，对孩子的教育、情感的培养与成长起着至关重要的作用。中小学生正处于身心迅速发展的时期，在这一过程中产生的烦恼与冲突需要倾诉的对象，需要父母指引孩子正确对待这些问题。

由于进城务工的农民工从事的多是体力活或做点小生意，收入微薄，生活艰苦，劳动强度高，因而空闲时间少，与子女情感沟通少，或很难与子女交流，民工子女与父母间依恋关系的正常发展过程被中断，导致有些孩子产生孤独、寂寞、胆怯心理，形成孤僻性格；而作为监护人通常不管或管不了、不会管，孩子几乎生活在无限制状态下，无形中又助长了其自私任性、蛮横霸道、逆反心理、以自我为中心等极端性格。

有的父母与孩子之间一两个星期谈一次话，有的父母一年到学校不到一两次，对孩子的情况基本不知情。当孩子想找父母的时候找不到或者碍于情感的隔膜拼命克制，使许多流动儿童多数时候只能独自面对生活中遇到的各种挑战。流动儿童由于长期缺乏亲情的抚慰与关怀，情绪焦虑紧张，心里缺乏安全感，人际交往能力较差，孩子对社会的安全感、信任感无法建立。

4. 学习困难

农民工没有时间去关心孩子的学习，也很少对孩子提供针对性、个性化的辅导，一旦孩子在学习上遇到了问题，无法给其释疑解难；如果是隔代监护的话，爷爷奶奶外公外婆因年老体弱或文化水平较低，根本无法担负起教育管理孩子的责任，他们对孩子学习上的问题往往不能给予帮助。因此，流动儿童的学习教育，一般要比城市市民家庭的孩子的学习教育要差一些，学习困难重重。

在通乐学校调查的301名儿童中，有32%的学习成绩较差，31%的学习成绩中等偏下，24%的学习成绩较好，仅有13%的学习成绩优秀。

在孩子的行为管教方面，由于忙于生计，孩子只要不犯大错，流动父母对孩子的行为一般都采取认可态度，缺乏及时有效的约束管教，使部分民工子女纪律散漫，在家里不听教导，在学校道德品行较差，不遵守规章制度，常有迟到、旷课、逃学、说谎、打架、欺负同学等行为，有的迷恋桌球室、网吧和游戏厅，甚至与社会上一些有不良习气的成人混在一起。

每一年通乐学校会有少部分流动儿童辍学，有些人是随父母迁移去别的地方读书，有些人可能是较早的进入社会，成为第二代打工者。该校5年级有一名13岁的大龄就读生王××，平时不爱学习，爱与人打架，学习成绩非常差，上学期是班级最后一名。他父母觉得孩子这样在学校混下去也没什么出息，不如早些出去就业，还能多挣一些钱，于是这学期王××就辍学了，跟着父母在菜市场卖鱼。班主任经过家访，屡次无效，最终只能作罢。

流动儿童其实普遍期望和社会接触，但因为是民工子女身份，城市用另一种眼光看待他们，他们进不了真正城市人的圈子。由于农民工聚居区孩子缺少公共活动场所及设施，既没有少年宫也没有儿童活动中心，只有社区电子游戏机房是向他们开放的，流连在游戏机房就成了部分孩子课余的主要生活方式。

调查中还发现，流动儿童中间经常出现一群在学校学习落后、不求上进、年龄相仿的孩子，他们过早逃课，而打工年龄还小，在家里又无事可干，不会也不愿回家乡种田，总之没有正儿八经的事可以做，就三五成群，在街上四处游荡，有人称这些孩子为三无少年：无学上、无业就、无事做。时间一久，这些人的不良倾向就出现了，或小偷小摸，或寻衅滋事等。已经成为"问题少年"的孩子们又反过来影响在校的同龄人，受了影响的学生，成绩和品行都不可避免地下滑，从而在学业的竞争中被淘汰下来，被淘汰下来的这些孩子也成了"三无少年"，如此往复，形成了一个恶性循环。

流动儿童的诸多问题已经引起了相关部门的重视。为了解决城市农民工子女的就学问题，近年来，教育部多次以文件的形式颁布流动儿童就学的政策法规，提出了民工子女在城市有书读的一系列指导政策。但中央的政策到了地方，如何真正落实实施，成为一个最大的问题。

绿园社区的通乐民工子弟学校，在学习了其他社区的经验后，采取了以下措施，关注孩子们的成长和心理健康：

（1）建有流动学生的档案，把他们的基本信息以及各阶段情况记录下来，开展个案研究，勾画出他们千变万化的轨迹，制定健康成长的策略。学生存在着行为、学习、心理等方面严重问题的，给予特别关注。在学生生日当天送去一张生日卡片，以示祝贺，当学生取得成绩之后，学校向学生父母和监护人送去一封报喜信，坚持传统节日向儿童们赠送礼品。

（2）学校建立"知心姐姐"信箱，专人负责给学生回信，帮助学生解决学习、心理等问题，使学生的心理障碍能够得到及时疏通引导。

（3）建有"儿童之家"，购置了电脑、体育设施、图书等专供孩子们活动使用，经常组织儿童参加文体娱乐活动，充实课余生活，多与他们沟通交流，慰藉他们受伤的感情。开展以培养发展学生个性特长为内容的兴趣活动，如小制作、参观、实践活动等，不但丰富学生课余生活，更重要的是减轻民工子女在假日里的孤独感。

（4）学校充分利用假期，召开家长会，与家长定期交流；建立儿童家长（监护人）与学校的定期联系制度，帮助、督促、提醒家长履行监护职责等，各负责老师经常深入问题学生家庭进行家访，与家长（监护人）、学生开展定期谈话，跟问题学生交朋友，密切配合班主任老师做好问题学生的转化工作，使学校内外对儿童的影响产生合力效应，引导流动儿童走过人生发展的关键时期，帮助他们健康、和谐发展。

（5）学习上重点帮扶。由于农民工家庭的特殊情况，学生更需要学习上的帮助。因此，除老师热心辅导外，班级也组建结对学习小组，学习优秀的同学带动学习落后的同学，以便遇到学习难题时能够及时得到解决。根据学生表现情况，设立进步奖，对那些经帮教而进步较快的学生实行奖励。

创设宽松和谐的校园环境，开展一些务实的心理辅导活动，充分发挥学生集体教育功能，虽然学校的关爱无法替代父母的关爱，但至少可以使流动儿童的不安、烦恼、孤独、离群感情体验得到淡化，有效缓解了儿童们进入陌生城市、陌生地区的紧张和压力感，帮助他们健康成长。

任务引导

（1）对流动儿童问题的关注，不仅要聚焦于入学难、学业和心理健康方面，还应该关注儿童的身体健康、自信心与自我成长、交往能力等多方面。

（2）实地走访一次民工子弟学校，观察儿童的学习、运动、校园文化、校园人际交往等，能够全面深入了解流动儿童的生存处境。

知识链接

流动儿童同留守儿童一样是一个将长期存在的特殊群体。他们能否健康成长，既涉及这些儿童的权益保护,又牵动着千万家长的心,关系到千万个家庭的幸福及社会和谐稳定的大事,需要家庭、学校、政府部门以及社会的共同努力。

1. 家庭改善教养方式,加强亲子沟通

家长要转变观念,重视流动儿童的全面发展,并尽可能地保持与孩子的密切联系和心灵沟通。流动儿童出现生存危机和道德失范的问题,农民工家长负有不可推卸的责任。家长要破除"只要给孩子挣更多的钱,让孩子有实力接受更高的教育,就是对孩子负责"的思想,树立孩子的教育和全面健康发展需要家长的精心呵护和全面关怀的理念。

要改变家庭亲子交流方式,加强与子女的联系与沟通,不要因为孩子小、照顾少而对他们加倍的溺爱。监护人应该在孩子最需要的时候给予更多的关爱,学会倾听孩子的心声,了解孩子的所想、所需,要多跟他们交流、沟通。当孩子遇到困难时,父母要及时帮助解决。如果自己不能解决的,也应尽力替孩子想办法出主意,寻求解决办法的途径。如学习上无法指导孩子,可以通过电话请教老师或别人。只有这样,孩子心里就不会有孤立无援的感觉。

2. 学校采取措施,及时跟进流动儿童的心理与学习

学校应该关注流动儿童的心理健康问题,适时开展心理辅导成立心理咨询机构,开设针对青少年身心发展规律的心理课程,选聘心理教育教师,共同对流动儿童的显性和隐性的心理压力进行疏导,为他们提供倾诉的渠道。在合适的条件下,学校可以定期召开流动儿童学生专题会议,教育学生正确对待生活,静下心来,克服困难,自己寻找解决问题的办法,变被动为主动。

3. 政府要进行政策扶持

流动儿童的问题,根本上其实是社会政策的问题。要从教育政策上,落实农民工和流动儿童的国民待遇,让农民工子女与城市市民子女一样享受正规的城市教育,不仅有助于全体国民素质提高和促进经济发展,同时有利于维护社会稳定,因此流动儿童应受到更多的照顾与关爱。从这个意义上,要加快户籍制度改革,逐步消除城乡差距,充分挖掘现有城市资源,适当鼓励、帮助农民工子女在城市正常上学和正常生活,使流动儿童在城市新家庭中快乐成长,政府部门责任重大,责无旁贷。

4. 社会创造有利的社会环境

从社会环境上,要建立城市社区流动儿童教育和监护体系。目前,有的城市已经开始积极建立托管中心和志愿者服务中心,鼓励社会人士(志愿者)当流动儿童的代理家长,为流动儿童完成学业,健康成长创造有利条件。如在退休人员中选聘义务监护人、义务辅导员,鼓励身边没有小孩的父母实行一对一的义务帮教,通过各种社会团体组织开展形式多样的活动,加强协作,创造一个良好的社会环境,引导流动儿童参加社会实践活动,培养和发挥他们的个人兴趣和专长,使他们身心得到健康成长。

此外,应加强城市治安综合治理,对不良社会现象诸如儿童赌博等进行治理,对游戏室、网吧的营业活动进行规范,为农民工子女的健康发展创设良好的社会环境。

全社会都要关心、关爱民工子女,关注民工子女问题,这是一项十分艰巨的系统工程。我们应该站在对后代负责、对社会负责的政治高度,社会、学校、家庭相互配合,营造良好

社会氛围，关注流动儿童的心理健康、身心成长，才能真正实现教育事业的健康快速发展，才能推动社会主义和谐社会的建设。

案例阅读

社区为外来儿童免费组织暑假活动

暑假的一天上午，长明巷社区活动室里一片热闹，近 30 名小朋友在一起谈天游戏，欢声笑语吸引了周围不少居民。原来，这是该社区开展"在同一片蓝天下"暑假活动的第一天，在这些小朋友当中，大部分是来社区里过暑假的外来农民工子女。早上 8 时不到，在社区做了 10 年保洁员的河南籍农民工闻××就带着 14 岁的儿子等在活动室门口了。她告诉记者，以前每到放暑假，看着当地城市家庭的小孩都去少年宫、暑期班，心里就特别羡慕，也特别放心不下在老家的孩子。几个月前她得知社区组织这个活动，就去报了名，早早地把孩子从老家接过来了。看着自己的儿子和其他小朋友玩得这么开心，闻××欣慰地说："多亏社区给孩子提供了这么个好去处，我们放心多了。"

长明巷社区居委会主任说，今年是社区第三年组织这样的活动。考虑到社区里外省农民工比较多，一到暑假不少留守老家的孩子都到城里来和爸爸妈妈一起过暑假了，为了丰富他们的暑假生活，社区就试着为这些孩子组织一些集体活动，没想到特别受欢迎，参加人数也越来越多，最多的时候有近 200 人。"从今天起到 8 月 16 日，每周二、四上午我们都会组织这些孩子一起活动，平时他们也可以到社区图书室和多媒体室看书、上网，这些都是免费的。"

社区文体委员还向记者展示了一张今年的暑假活动计划表，上面有"清洁家园，从我做起"、"关爱孤寡老人"、"消防知识培训"、"学唱一首经典老歌"等丰富多彩的节目，活动结束时，社区还会给表现好的小朋友颁奖，并把奖状送给他们的家长或寄到他们的学校。

租住在该社区的安徽籍李大姐感激地说："以前每年放暑假，我就没心思做生意，生怕孩子一个人乱跑会出事，现在可好了。"李大姐的小孩今年已经是第 3 次参加暑假活动了，和这里的小朋友都打成了一片。

课后实训

1．选择一个社区，走访一些社区工作者，并对社区外来人口状况进行初步调查，撰写一份简要的社区外来人口调查报告，要求包括：

（1）社区背景介绍。

（2）社区外来人口的基本构成和生存现状。

（3）社区外来人口的子女教育现状和问题。

2．实地走访一个民工子弟学校，与学校的老师进行访谈，并且深入与 3～5 名不同年级的小朋友进行认识、熟悉和聊天，全方位了解他们的内心世界，之后分享你的心得体会，并提出你的一些解决办法。

项目 十

社区特殊人群服务与管理

项目概述

社区特殊人群服务与管理是维护社会和谐稳定的重要工作。本项目要求学生通过查找文献和走访社区特殊人群，了解社区特殊人群的特点以及需求，重点培养学生为社区特殊人群提供服务与管理的能力。

🔘 背景介绍

社区特殊人群包括哪些人？他们的特殊性主要体现在什么方面？他们有什么特殊需求呢？针对这些需求，我们能够提供怎样的服务呢？在管理方面，我们要注重什么？这些都是我们要在实践中搞清楚的问题。

任务一　社区居家养老服务与管理

🔘 任务描述

老年人群体是社区服务中规模最大的群体，老年人的养老方式已成为政府和社会关注的重要问题之一。社区居家养老模式一定程度上弥补了家庭养老和机构养老的不足，也为老年人的健康老年生活提供了重要保障。

🔘 任务实施

杨奶奶的居家生活

78岁的杨奶奶，一辈子没请过钟点工。近日，她听说区里新推出"75岁以上老人请钟点工，政府给补贴"后，首次请了位钟点工来家搞卫生。看着原先积满尘垢的玻璃窗擦得干干净净，满是油污的油烟机变得清清爽爽，老夫妻俩心情舒畅了许多。她说，"我和老伴身体都不太好，做力气活力不从心；请钟点工，想想又太贵。现在政府承担一部分，减轻了我们的负担，我们也'敢'请钟点工了！"

此次推出的"居家养老"社会福利性家政服务，以"政府+社会+个人"共同承担家政服务的模式，帮助老年人提升生活品质。符合条件的老人，可直接打电话给社区民政福利委员，由他们根据老人的要求联系落实，并由社区与钟点工结算。满一个月后，福利委员上门收取老人应承担的部分费用。补贴政策一经推出，便受到退休老人欢迎。

【思考】杨奶奶这样的情况很普遍，大多数家庭都有老人，而老人主要的养老方式是社区居家养老。作为社区管理者，我们应该提供怎样的贴心服务让老人感受到社区的关心和政府的关怀？

任务引导

（1）社区居家养老服务与管理是一个系统工程，需要我们全社会的关注，你了解国家全面推进居家养老服务工作的政策吗？通过杨奶奶的案例，或者联系自己家里的老人或者亲朋家中的老人的生活境况，你能谈谈社区居家养老服务可以深入发展的空间有哪些吗？

（2）了解国家全面推进居家养老服务工作的政策以及各地社区居家养老服务的政策体系能够培养学生宏观层面理解事物的能力。通过老年个案的分析可以培养学生微观层面关注老年人身心健康以及居家老年人真正的需求。两方面的结合可以让学生深入了解社区居家养老服务与管理的发展现状、内容和存在问题。

知识链接

随着我国人口老龄化进程的加快，庞大的老年群体对养老服务的需求日趋强烈，养老服务已成为社会问题。国家民政部等十部委 2008 年 1 月下发的《全面推进居家养老服务工作的意见》提出，要发挥和利用社会资源，建立健全与经济社会发展相适应的居家养老服务体系，解决有限的养老资源与急剧增长的养老需求之间的矛盾，最大限度地满足广大老年人的养老需求。

1. 什么是居家养老

居家养老是指老年人按照我国民族生活习惯，选择居住在家庭中而不是入住在养老机构内安度晚年生活的传统养老方式。居家养老的主体是老年人，居家养老的载体是家庭，养老照料的责任是亲属。让老年人生活在熟悉的家庭环境中，接受家庭其他亲属成员对其晚年生活的照顾，享受亲情融合的家庭生活氛围，是符合中国国情的主要养老传统选择。

2. 社区居家养老服务与管理的主要内容与方式

（1）生活照料服务　为老年人提供日托、购物、配餐、送餐、家政服务等一般照料和陪护等特殊照料的服务。

（2）医疗保健服务　为老年人提供疾病防治、康复护理、心理卫生、健康教育、建立健康档案、开设家庭病床等服务。

（3）法律维权服务　为老年人提供法律咨询、法律援助，以及维护老年人赡养、财产、

婚姻等合法权益服务。

（4）文化教育服务　为老年人提供老年人大学学习、知识讲座、书法绘画、图书阅览等服务。

（5）体育健身服务　为老年人提供活动场所、体育健身设施、健身团队等服务。

（6）精神慰藉服务　通过邻里结对、老年人互助、志愿者慰问、社区关怀等为老年人提供服务。

3．居家养老服务与管理存在的主要问题

（1）居家养老服务内容单一，不能满足多样化的需求　目前各地开展的居家养老服务，虽然承诺的服务内容和项目较多，但实际上真正提供给老年人的往往比较单一，由此所提供的居家养老服务内容与老人的需求之间存在着一定程度的错位。

（2）居家养老服务组织体系的运转需要衔接规范　各地居家养老服务的工作机制是政府主导、部门协同、社会参与、民间组织运作，形成了区、街道、社区三级组织架构，分工负责居家养老服务的各项工作。目前，居家养老组织体系中各有关部门之间缺乏有效配合，各涉老部门之间缺少协调沟通，没有真正形成合力。

（3）居家养老服务需要广泛开拓，资金来源需要多元化　各地居家养老服务的资金来源主要有4个方面：①财政拨款，②彩票公益金的资助，③社会捐助，④市场化运作。这些资金的用途大致为3个方面：①用来支持各级居家养老服务中心的建设，②补贴接受服务的老年人支付服务费用，③用来支付居家养老服务人员的报酬。目前的资金数量普遍较少，补贴的服务对象数量也比较少，如果要扩大补贴服务对象的范围，则需要进一步拓宽资金来源渠道和增加资金总量。

（4）居家养老服务队伍的规模、素质有待扩大和提高　各地居家养老服务的提供者主要分为两类，一类是受薪的服务人员，另一类是不受薪的志愿服务人员。由于居家养老服务对象的有效需求不足，使得居家养老服务中心或服务站雇用的服务人员数量严重不足，难以达成既解决老年人的居家养老服务需求问题，同时也较多地解决下岗失业人员再就业问题的目标。此外，现有居家养老服务人员的专业化程度不高，绝大部分人员没有经过系统的专业培训，不具备养老服务护理员的专业资质和执业资格。

案例阅读

ZD 物业公司的探索——物业管理与社区居家养老的结合

ZD 物业成立于 1996 年，管理面积达千余万平方米。以"社区综合服务运营商"为品牌定位，以"文化社区、精神家园"为社区建设目标，以"追求业主满意，缔造品质生活"为服务宗旨，在行业中率先推行"全龄化社区养老"模式。

ZD 物业对中国社会老龄化问题进行深入研究认为，目前家庭和机构两种养老方式都不能适应社会对养老服务的需求。家庭养老是目前的主要形式，但鉴于我国城市独生子女政策以及四二一的家庭结构，使得家庭养老模式已难以为继。虽然近几年各类养老机构应运而生，但一方面政府财政投入不足，公益性养老机构严重短缺，而民营养老机构普遍存在

收费和运作不规范等问题。加上受几千年中国传统观念影响，老人一般宁可在家中独居，也不愿到专门的养老机构生活，居家养老成为多数老人的选择。但由于成熟的社区养老体系尚未形成，目前有的是街道办事处或居委会开展一些力所能及的服务，有的靠家政公司提供服务，有的是志愿服务团体或社区互助组织介入。存在的共同问题是：服务质量不稳定，服务标准和收费缺乏规范，服务时限不能够全天候，很难在第一时间赶到老人身边，解决老人所需。

ZD物业在调查研究并反复斟酌后认为，物业服务企业相对最适合开展社区养老服务：一是物业服务企业在社区服务中拥有会所、场地及设施管理主导权，可以充分利用这些资源为老年人开展各项服务；二是物业服务企业24h不离小区，能解决老人紧急求助问题；三是物业服务企业长期服务于业主，能够得住户信任；四是物业管理以企业行为提供服务，质量上比家政服务员较有保证；五是物业服务企业掌握业主家庭信息，有利于开展养老服务。

经精心策划，ZD物业推出了全龄化社区养老新模式，即：利用物业服务占社区服务主导地位的优势，通过开发商在养老设施、设备及场地等硬件的先期投入和后期完善，通过物业服务公司组建的专职社区养老服务队伍和全员性助老服务，调动并整合社区内外所有可用于为老龄人服务的力量和资源，利用社区养老服务网络平台，通过包含各方面的672条人性化特色养老服务，使老年人不出社区，不脱离熟悉的生活环境，即能享有专业化养老机构的服务，并可让老人或发挥余热，或参加各类活动，融入社会大家庭，实现"老有所养、老有所乐、老有所学、老有所为、老有所医、老有所安、老有所惠"。

ZD社区养老模式主要做法是：一是在服务硬件上进行改造。根据各小区情况和老年人生活特点，因地制宜地对小区内道路、广场、会所、标识等进行全方位改造。二是利用各类场馆、场地，开辟老年人活动中心。建设老年餐厅、开设老年大学、老年康乐中心等，满足老年人健身、生活、精神文化等需求。三是组织开展丰富多彩的适合老年群体的活动。四是专职服务和全员参与相结合，在组织上保障居家养老模式常态化运行。每个物业服务处设立专职养老服务部，负责65岁以上老年业主的入户巡访、档案登记、临时照料、活动组织、服务监督等工作，保障老年住户物质和精神文化等需求。此外，还把养老服务项目划分到若干岗位上兼职执行，比如每日问安服务交由客服部，老年大学交由会所服务部实施等。五是整合社区内外医疗机构、家政公司等各类养老资源，将其打造成一站式养老服务供应平台，输出各种养老服务，包括医院绿色通道服务、社区卫生入户巡诊服务、中介帮办服务等。六是专门设计住户来电一键弹屏系统，当老人有紧急需求向物业服务处打电话或按快捷键，客户中心电脑立刻把来电者的家庭情况通过自动弹屏形式向客服人员显示，方便服务人员第一时间赶至住户家中。七是在社区内推进孝文化建设，营造尊老爱老氛围。连年举办"社区孝亲敬老模范家庭"和"好儿媳"评选、"爸妈，给您过节"等活动，通过橱窗、社区报纸等多种形式积极宣扬孝道文化，使得尊老爱老在社区蔚然成风。

开展物业管理与社区养老的结合，是社会、社区、企业、业主多方共赢的利国利民德政工程。对社会而言，能改善老年人晚年生活质量，缓解家庭压力，促进社会和谐；对社区而言，是融洽社区人际关系、拉近物业与住户感情的粘合剂与巧妙切入点；对企业而言，是践行社会责任，彰显物业管理社会价值，实现企业社会效益与经济效益双赢的有益尝试。

课间休息

老年人题材的电影有哪些？

　　老年人生活、情感题材的电影有《桃姐》、《暖春》、《相约黄昏》、《空巢之旅》、《蝴蝶》和《别惹小孩》等，这些电影以老年人为主要讲述对象，虽然选取的角度不一样，但是都反映了老年人的情感和生活。

任务二　社区智障人士服务与管理

任务描述

　　社区智障人群是需要全社会给予关注、给予关爱的群体。了解社区智障人士服务与管理的相关政策能够培养学生宏观层面理解残疾人事业的能力。同时，在微观层面掌握社区智障人士服务内容与方式也是至关重要的。

任务实施

上海"阳光之家"模式的分享

　　我国现有智障人群的生存状态是怎样的？上海"阳光之家"模式让智障人士融入社会值得我们学习借鉴。为让智障人士更好地融入社会，上海近年来探索"阳光之家"培训模式。智障人士在该机构中不仅可以学习各类工作技巧，还可获得生活常识、心理辅导、体育锻炼等各方面的培训。为提升"阳光之家"的专业程度，上海市残疾人联合会计划开展规范管理指标体系建设，并引入第三方评估，对其工作进行全面的梳理和评价。此外，上海市残联将对"阳光之家"的管理服务人员实行社会工作者职业资格认证，组织开展社会工作者职业资格培训。

任务引导

　　（1）看过"阳光之家"模式之后，你的体会是什么？请查阅关于智障人士服务与管理的政策以及近期关注智障人士的生存状态的媒体新闻，走访"阳光之家"以及智障家庭，深入了解智障人士的特点以及需求。

　　（2）了解社区智障人士服务与管理的政策能够培养学生宏观层面理解残疾人事业的能力。查阅近期媒体新闻关注智障人士的生存状态，培养学生关注智障人士，培养学生的爱心以及社会良知。走访智障家庭可以深入了解智障人士的特点、需求以及智障家庭的艰辛和需要的帮助。

知识链接

1. 何谓智障

智障是指智力明显低于一般水平，在成长期间（即 18 岁前）在适应行为方面有缺陷。智障人士是在 18 岁之前被评估出智力明显低于普通人，即智商在 70 或以下，并且在以下的生活范畴中有两项或以上相对于同文化同年龄的人发展得迟缓而适应有困难的：沟通、自我照顾、家居生活、社交、使用社区资源、认路、学术、工作、余暇、健康及安全。智障是永久的缺陷，既不是疾病，也不是精神病，不是药物可以治愈的。但智障人士可以经过训练而发展其有限的潜能，增强其独立及正常生活的能力。

2. 智障人士的特质

（1）学习方面 ①缺乏统整能力，没法把一件事完全统整，了解事情都是一部分、一部分的，且每个部分皆独立。②短期记忆拙劣，刚做过的事马上就忘掉了，没有办法把自己刚完成的行为进行事后检讨、改进。③分辨同一事件在不同环境及情景下区别的能力不足，也就是常分不清楚什么时候可以做这件事，什么时候不可以做这件事。

（2）人格方面 ①自我中心倾向，认为别人所想的跟他一样。他认为怎么样，你一定也认为怎么样，以自我中心在思考。②依赖倾向，智障者常有依赖的倾向，家长、师长应避免他们过分的依赖。

（3）情感沟通方面 ①思想纯真，性格率直。只要有人愿意与他们谈话、关心他们，他们便会很开心。②表达能力，特别是言语方面比较差，常常不能表达自己心里想说的话。③抽象及应变能力较差，未必能独立处理问题。

（4）行为方面 ①直接行为。例如：人在直走时，前有障碍物，一般人会绕道，智障人士会把障碍物推开，是人就把人推开，是东西就把东西推开。这种直接的行为常会被家人、老师解释为攻击、破坏行为，其实是被误解了，他只是想达到他的目的地，而不晓得通往目的地的路上有障碍物，仅此而已。②非统整的行为，智障人士像路边草一样窜来窜去，他没有一个主题，找不到中心，他只注意事物的某个部份。例如：走在路上看到那边吸引他的地方、东西，他走过来，所以在街上常会迷失、走错地方。

3. 智障人士的需要

智障人士的需要基本上与一般人无异，整体来说，他们的需要可分为 3 大类：

（1）一般需要 物质上，他们有衣食的基本需要。精神上，智障人士需要别人的关怀和接纳，也需要自我表现的机会，以确立自信心。同时，他们也需要朋友及群体生活。

（2）学习机会 由于智障人士学习能力较为迟缓，因此他们需要更多及稍长时间的学习机会。

（3）因材施教 个别智障人士的能力差异很大，因此不但需要公平的对待，而且要按其个别能力而教导，使他们发挥潜能。

4. 智障人士的潜能

（1）自我照顾 轻度及中度智障人士在日常起居方面大部分可自我照顾；而严重智障人

士通过重复的学习，也可掌握一些日常起居生活的技能，如梳洗、如厕、烹饪等，无须依赖他人。

（2）兴趣 智障人士可发展的兴趣非常广泛，包括音乐、舞蹈、体育和艺术，在兴趣发展的过程中，他们能享受各种活动所带来乐趣，亦能发挥天赋的才华，丰富个人生活。

（3）工作 轻度和中度智障人士，若通过适当的培训，就能拥有一技之长，贡献社会。以下便是一些智障人士能做的工作：快餐店/餐厅侍应、速递/信差、超级市场仓务、办公室清洁、抹车、精品店/文具店售货，以及工厂/庇护工场加工、包装。事实上，只要获得机会，智障人士也能自食其力、独立生活，不致成为家庭和社会的负担。

案例阅读

西安慧灵智障人士服务社区化的尝试

1. 关于慧灵

这是一个全国性的民间组织，也是一个纯草根组织，创办人是一个普通的老百姓。1990年在广州开始服务，延伸到北京、西安、西宁、兰州、重庆、长沙等，这些分机构都是做16岁以上的智障人士。西安慧灵的服务内容主要有：日间活动中心，提供白天的日间活动；针对中轻度智障青年的职业训练以及庇护性就业；针对晚间的家庭式的住宿、青年公寓。

2. 智障人士的状况和需求

智障人士有着和正常人一样的正常需要，如正常人需要的被接纳、被了解、被关怀，以及尊重、对社会有贡献、人生有价值等；他们也有自己感兴趣的事情，有美好的理想愿望；但他们跟别人不同的地方是他们在行动上、理解上、认知上慢了一点、低了一点，这时候需要一些特别的支持才能更好的生活。

因此，慧灵针对他们的需求开发了一套生活品质评估服务大纲，大纲的核心概念就是推动智障人士的生活品质评估。这个品质评估涵盖他们的总体需要及不同领域的需要。慧灵以正常人的需要对待，在健康、生活、居家、社区、休闲、工作、情感、社交、公民生活、学习生活以及物质生活9大领域及各支领域一共做了108项的评估工具。这个评估工具可以有效评估出每个服务对象目前在哪个领域是最有需求的。

3. 机构康复的缺陷：过度保护阻碍了案主的成长

大型机构很难有人手做到一对一、一对二的服务，这种情况下就不能做辅导和支持，全部是做替代，慧灵称其为消极式服务或者放羊式服务，这种服务阻碍了案主的成长。要进入机构的案主多过机构所能负荷。于是机构就一起老化，学员越来越老，工作人员越来越老，机构就越来越老，这是机构康复的一个问题。

4. 新理念下的社区化尝试：正常化

考虑到这些问题后，慧灵就在新理念下尝试先进的服务方式"社区化"，其核心理念是"正常化"，即常人常态化，"让智障人士像正常人一样的生活"是慧灵的理念。工作、生活消遣、住宿的地方分开，这样有一个上下学、上下班的感觉。另外还包括一些生日、节假日、亲友往来，感受季节变化等，使他们拥有正常的生命进程、经济条件、设施水平，使他们的需求得到尊重。

5. 社区服务的优点

一是依照他们的喜好来从事工作。二是在家中获得支持而独立。慧灵是家庭式住宿，一个家庭可能有6名成员，他们是正常的过日子，就是要做饭、收拾屋子、洗衣服，他们在家庭中得到的技能在他自己家里都可以用。三是享受社区和友谊。四是利用社区设施积极参与社区的一些活动。五是借生涯转衔与支持性就业的方法，使智障人士获得该有的人生经历。六是学员能够参与社区活动，享受社区居住环境。七是学员从中得到开心、快乐、成就感。

6. 社区化服务的创新点

员工不是在照顾，而是在设法开发和动员并使用社区资源，和社区形成互动；智障人士平等参与社会、贡献社会的体现；公众教育，改变社会大众对智障人士的认知；服务成本低、可提供朴素又多元的服务方式。

7. 工作中的困难与挑战

社区民众的接纳与理解不够；服务风险增大；对工作人员的专业性要求较高。

课间休息

你知道世界残疾人日的由来吗？

1976年，联合国大会宣布1981年为"国际残疾人年"，并确定"国际残疾人年"的主题为"全面参与和平等"。1982年，联合国宣布1983~1992年为"联合国残疾人十年"。为纪念这十年，1992年10月14日第47届联大通过决议，确定每年12月3日为"国际残疾人日"，决议要求世界各国政府和有关组织采取更积极和广泛的行动与措施，以求实现"联合国残疾人十年"和《关于残疾人和世界行动纲领》的改善残疾人的处境，以期建立一个"人人共享的社会"。同年12月3日，正值亚太经济社会理事会发起的亚太残疾人十年会议在北京召开。数百名中外残疾人和会议代表举行联欢共同欢度第一个"国际残疾人日"。

任务三　社区育龄妇女健康服务与管理

任务描述

关心育龄妇女的健康就是关心女性、关注社会发展的未来，社区育龄妇女健康服务与管理既要关注相关政策，也要关注到育龄妇女孕期心理焦虑等方面的需求。

任务实施

走访社区计生干部和育龄妇女

本次课程任务是走访社区计生干部和社区育龄妇女，了解社区育龄妇女健康服务与管理的主要内容。在课程教师先期走访过程中，社区计生干部刘老师（化名）给我们详细介绍了计生干部的职责，针对社区育龄妇女的管理，她给我们介绍了国家相关政策，基本上是按照政策办事。当我们问到还有什么其他服务时，她给我们看了一些服务活动的照片、宣传册，如知识讲座、免费体检活动以及发放避孕工具等。在工作中最困难的就是对流动育龄妇女的管理。在和育龄妇女王女士（化名）的交谈中，我们得知除了政策之外，她们更加需要的是关于优生优育方面的知识以及孕期心理焦虑的缓解知识。

任务引导

　　请你根据你所在社区的情况调查走访计生干部和社区一位育龄妇女，主要是了解政策是否为人所熟知，是否宣传到位，以及育龄妇女真正的需求以便于在今后的服务与管理中更加有针对性，开展多种形式的活动更好地为育龄妇女提供服务。

知识链接

　　育龄妇女是指处于生育时期的妇女（理论上一般指妇女截至统计点处于 15～49 周岁，不管未婚、已婚和丧偶，但在实践中，逐人监控时，是从婚龄即 20 周岁开始的，特别是统计、监控已婚育龄妇女，这些都用于人口和计划生育工作）。其中，20～29 岁属于生育旺盛期。社区育龄妇女健康服务与管理的主要内容有：

　　（1）做好政策宣传　将计划生育的宣传资料及时发送到广大育龄妇女手中，帮助育龄妇女选择避孕措施。让广大育龄妇女了解计划生育，理解计划生育，继而支持计划生育工作。

　　（2）提供政策咨询　帮助广大育龄妇女办理有关计划生育手续。社区计生专干主要提供两个方面的政策咨询：一是帮助初婚夫妇了解自己生育一孩所办理的相关手续，和符合再生育条件的夫妇申请再生育所办理的程序，告知育龄妇女办证程序时附带的相关材料。二是宣传《准孕证》、《生育保健服务证》的发放使用。

　　（3）提供上门服务

　　1）产后随访，了解本社区（单位）的妇女生育子女后，应及时上门随访，随访内容包括：①及时登记婴儿出生的日期、性别和健康状况，并对父母双方的年龄进行核实登记，包括户口簿、身份证、结婚证的年龄，是否属于计划内；②告知其生育后应在 3 天内申报出生人口；③为已生育的育龄夫妇及时送去避孕药具，告知药具使用方法。

　　2）流、引产随访，对有流、引产事实的育龄夫妇进行随访，了解流引产的事实、原因、作好记录并上报计生局。

　　3）节育手术随访，育龄妇女做了上环、结扎手术后，随访时告知应注意事项，注意休息和营养补充等，并对手术的有效性进行登记。

　　（4）做好流动人口计划生育管理和服务工作　免费办理《婚育证明》和环孕情服务，为流动人口提供优质服务和信息咨询服务。

案例阅读

NJ社区通过人口普查工作进一步做好育龄妇女管理和服务工作

近日，NJ社区借人口普查之机，重点做好流动人口和人户分离已婚育龄妇女的管理和服务工作。通过前期人口普查摸底入户登记，了解了居住在辖区内的流动人口动态，摸清了流动人口和人户分离的底数，为做好育龄妇女的管理和服务工作打下坚实的基础。社区按照调查表和统一的标准时点逐户逐人的登记，详细登记了本社区已婚育龄妇女的生育节育状况和计划外二胎的出生情况，建立了已婚育龄妇女计划生育信息，掌握了"人户分离"已婚育龄妇女的动向，与其建立联系制度，做好人户分离人员的计划生育管理服务工作。通过人口普查，对人户分离已婚育龄妇女的计划生育实行综合治理，齐抓共管。最大限度地减少管理服务中的盲点，实现真正意义上的无缝隙覆盖，从而建立起计划生育管理服务新机制。

课间休息

什么年龄最适合生育

事实上在医学界来说，极端生育年龄指的是20岁以下，以及35岁以上的妇女，容易发生产科并发症，此时怀孕及生产的风险增加，对健康尤为不利。一般认为，育龄妇女最适合生育的年龄应在25～35岁之间。法国遗传学家摩里士的研究指出，最佳优生组合年龄为：女性在25～30岁之间；男性在30～35岁之间。

任务四　社区未成年人教育与管理

任务描述

社区未成年人教育的成败是关系国家和民族前途、命运的根本大事。社区未成年人教育不仅需要学校教育的进步，更需要成人社会的教育觉醒和行为规范，需要社会教育和家庭教育的崛起。

任务实施

请欣赏一篇心情日记。

回首2011，好像也确实是没有什么太让我觉得难以忘怀的事情。如果非要说些什么：

2011的三月，补习回家的时候遇到你和你朋友。或许在17岁的以后，我会选择淡忘某些事情。

2011的六一，吃了很多糖。

2011的八月，我高二了。甚至于到了现在我好像还没能从高一缓过劲，没能接受我已经成为一个高二文科生这个赤裸裸的事实。似乎当一个文科生唯一的好处只是再也不用和一大堆的元素符号、离子化合式纠缠不已。

2011 的八月，后知后觉地知道了某段故事的结束。终于明白秘密是像冰块，会被猛烈地太阳光所踩踏，所以也只能藏在心里。因为那是身体最温暖的地方。

2011 的中秋节，和 R 和 X 打扑克牌半夜跑到外面吃烧烤，又聊天到很晚。翌日告诉别人我夜不归家的事迹后，居然每个人都问到，朋友是男的女的。

2011 的冬至，奇怪为什么已经是大人的老师还是会说出，只要不吃汤圆就不会长一岁这样的话来。

2011 的最后一天，光荣地迟到了。教导主任说，你看，你是这一年最后一天唯一一个迟到的。搞得我有泪奔的冲动。迟到的客观原因实在是很多。可是他却放过我，在广播里听到一连串迟到的名字里没有我时莫名其妙很高兴。看来，可恨之人必有可爱之处。

还算圆满。那篇要背诵的王勃先生的《滕王阁序》里有一句话我很喜欢：东隅已逝，桑榆非晚。

嗯。顺便提醒一下，我们离 2012 很近哦。

◎ 任务引导

你看了这篇日记后，有何感同身受？请寻找一位未成年人，了解未成年人的家庭教育、学校教育和社区教育状况以及社区教育在未成年人成长过程中的地位和作用。如果这位未成年人是陌生人可以通过 QQ、飞信等聊天工具，如果是熟人亲朋好友可以直接面谈或者通过电话访谈的方式深入了解未成年人的成长经历以及社区教育在其中所发挥的作用和不足之处。

◎ 知识链接

未成年人教育的成败是关系国家和民族前途、命运的根本大事。社区未成年人教育不仅需要学校教育的进步，更需要成人社会的教育觉醒和行为规范，需要社会教育和家庭教育的崛起。

1. 社区未成年人教育面临的问题

（1）社区未成年人教育大多处于空白状态　社区未成年人教育大多停留于一般的讲话、文章以及零星的活动上，而缺少实际、系统的行动措施。街道、居委会、村镇和企事业单位领导很少顾及社区未成年人教育；社区共青团组织的工作对象主要定位在社会青年，很少关注在校未成年学生；学校对学生参与社区实践活动也停留于原则要求和零星活动，难以实行与学生社区生活能够有效互动的措施；社区开展某些公益活动会要求学校配合支持，但极少能够对家长和学生直接提出要求。可以认为，我国大多数地区的社区未成年人教育工作，仍处于空白或萌芽状态。

（2）消极文化充斥未成年人生活环境　消极文化泛滥，也是成人社会事实上的反道德、反教育行为。网吧、书刊和歌厅的暴力、色情喧染已经到了登峰造极的地步；个人主义、拜金主义和享乐主义在人们日常生活中的表现已经无须遮遮掩掩。消极文化严重地危害着社会公德和公众利益，危害着未成年人的身心健康，已成为国家和民族的祸患。

（3）重智轻德仍然是主流教育行为　教育总将孩子的学习成绩看得最重要，并将大量时间和精力用于督查学习，而不太在意思想道德和其他素质如何。许多家长不支持学校开展体、音、美等课余活动，理由就是担心影响子女升学必考课程学习。学生在校学习负担已经很重，多数学生睡眠严重不足，但家长依然要子女参加晚上或双休日家教。面对不良的社区文化环境，许多家长只想到如何以文化课学习安排将子女与周边环境隔离起来，而很少能够引导子女去正确认识社会不良现象和成年人不良行为。因娇生惯养、片面追求学习成绩、缺少榜样引导和劳动实践磨练而造成的未成年人过于以自我为中心、过于贪图安逸以及心理脆弱、身体羸弱、做事能力和交往能力薄弱等问题已经非常突出。

（4）文化、科技活动场所和劳动实践基地严重不足　我国多数地方政府对于教育的支持仍满足于为学校解决校舍和课桌椅问题，而十分轻视为社会教育创造各种物质条件，以致可供未成年人活动的校外文化、科技活动场所和劳动实践基地奇缺。加之教育行政部门出于安全考虑限制学校组织学生远距离活动，许多地方学生参观或郊游就难免在同一地方重复进行，致使学生很有意见，学校也十分为难。相比之下，可供成年人开展文体活动、吃喝玩乐的场所，则金碧辉煌且随处可见。这种巨大的反差，正好反映出当前成人社会在功利主义、享乐主义和拜金主义的腐蚀下，已经对精神文化的贫困显得很麻木，对本应承担的未成年人教育责任也很漠视。

2. 社区未成年人教育的主要内容

举办家长学校，开展家长教育活动；帮助未成年人成立各种自我教育和自我管理组织；筹划未成年人教育实践基地；与学校共同开发社区课程资源；组织成年人和未成年人教育活动（如实践活动、教育报告会等）；组织社区未成年人教育团（成员为各级领导、企业家、专家学者、离退休干部、先进人物、学有专长者、学生家长等）；筹措"爱心基金"，资助家庭经济有特殊困难的未成年人学习；利用社区教育资源于假期、假日举办各种不以升学为目的的未成年人培训班；协助执法部门整治社区内消极文化场所；通过各种媒体宣传未成年人教育工作要求和意义；评比未成年人教育先进单位和个人等。学校要将自身拥有的教育资源与社区共享，为社区开展成人教育活动提供服务，以促进社区教育、家庭教育与学校教育的互动。

案例阅读

对 W 区未成年人社区教育现状调查分析

1. 未成年人社区教育工作认识在逐步提高

对社区机构中与青少年教育相关的部门的调查发现，被访社区工作人员将共青团组织放在首位，说明共青团组织在社区青少年教育中发挥着重要作用。另有 3 成以上的人认为，社区中专为青少年设立的青少年维权站或青少年委员会作用亦十分突出。认为社区专职工作者在青少年教育中起突出作用的，约占被调查者的 42%。在社区现有委员会分工中，文教委员会和计生委员会对青少年工作负的责任较大，有近 1/4 的社区由文教委员会负责，有近 1/6 的社区由计生委员会负责。

值得注意的是，有近 40% 的返回问卷对社区青少年机构问题未给予回答或给予否定的回答。这表明社区中青少年组织机构建设上还存在着不健全的状态。有超过 8 成的社区有青少年教育机构设置，不到 2 成的无青少年教育专门机构。

2. 未成年人社区教育经费场地有所改善，但仍待加强

目前社区未成年人教育的经费来源情况有 3 个途径：一为政府拨款，占社区中的大部分，约为 2/3，其中仅靠上级拨款占 1/3。二为社区自筹经费，这种完全由社区自行筹集经费的占不到 20%。三为靠商家的资助。这种情况占很小比例，仅为 3.4%。多数社区教育经费为上级拨款和社区自筹参半，社区用于未成年人教育的经费是十分有限的。有近 20% 的社区未发生经费使用情况。年均用于未成年人教育的经费在 3000 元以下的占被访社区的 52.9%，超过了半数。明确回答年均使用经费超过 5000 元的只有 6 个，占被调查社区的 5%。这样低的经费也在一定程度上反映出未成年人社区教育的现状仍处于较低水平。从经费使用的具体情况看，一般用于开展小型活动、购买奖品、开展讲座、进行宣传等。

调查发现，社区没有未成年人活动场地的超过 20%。而有场地的社区一般为兼用。社区中青少年活动场地十分狭小，超过半数以上的社区活动场地为 $150m^2$，这些活动场地绝大多数为一处多用，能够专供未成年人活动所用的场地几乎没有。

3. 未成年人社区教育活动内容形式需增强吸引力

由各社区牵头开展未成年人教育活动的占被调查的 70% 以上，时间大多安排在中小学的寒假或暑假。从活动的主题看，奥运和安全并列排在最前面，其后为思想道德、法律、礼仪、科普、英语等内容。从未成年人教育活动内容看，文体活动被排在榜首，其次是科普、奥运、教育讲座及知识竞赛、外出参观等活动，公益实践活动、观看影视、自我设计及夏令营等活动也榜上有名。而从活动形式看，外出参观和文体活动的形式排在前 2 位，另外联欢演出、知识问答、知识讲座、户外游戏、动手制作、公益志愿活动等也深受未成年人的喜爱，互动活动、有奖竞赛和观看影视也榜上有名。

从对开展活动的满意度看，调查中的被访者对社区教育效果评价不高。多数认为没有达到预期目标。究其原因包括经费、场地、设施等客观条件，也包括因组织者能力水平、工作繁忙所限，造成活动形式单一、内容陈旧，使学生的积极性和参与率不高。

4. 未成年人社区三结合教育组织不完善，人员需增强

学校、家庭和社会三结合教育，是现代社会未成年人教育的重要模式。目前以社区为单位建立未成年人三结合教育组织的情况不容乐观。调查发现由社区牵头的三结合教育委员会设置很少，有 1/4 的社区回答有三结合教育委员会。但其中半数以上建立在街道一级，真正在社区一级建立的只占 5%。这种现状表明，大多数社区并未建立三结合教育委员会，也很难形成在未成年人教育中的社会合力。从辖区中有中小学的社区看，社区与中小学校间保持着良好的合作关系，合作的主要内容是通过开展活动，如公益劳动、文体活动、教育讲座、卫生环保等，为未成年人教育提供了良好的环境。

目前社区居委会下设的 6 大委员中没有专门的青少年委员，一般情况都是由其中某个委员兼管，即一个委员负责着许多项具体的工作，青少年工作只是其工作中的一部分。当然也有部分社区并未明确分工由谁来负责青少年工作。总之，社区中专职负责青少年教育工作的人员很少，绝大多数为兼职人员。值得欣慰的是，志愿者或退休教师成为一支值得注意的力量。此次调查反映出志愿者为19.8%，退休教师为7.5%。这一数据明显高于2005年。这一大幅度提升的数据，展示出现代社会的巨大变化，一批退休教师、干部活跃于社区各项活动中。在校大学生将为社区教育与服务出力纳入生活方式。可以预测，在今后的社会发展中，志愿服务事业将愈加蓬勃繁荣。

课后实训

1. 阅读下面资料并思考社区居家服务未来发展趋势。

社区居家养老服务市场开发计划

（1）鼓励和吸引更多的企业，包括金融、信息、房地产、家电等企业加入到社区居家养老服务中来。这是一项长期任务，有难度，但前景看好。建议政府从现在开始，就着手培育。

（2）能否在老社区建大超市，方便老年人购物。建议街道、社区联合商务部门，与商家联系，进行论证。

（3）促进老年用品市场开发。建议各级政府制定鼓励措施，引导企业开发、生产老年人特殊用品，促进老年用品市场发展。政府为商家提供老年人需求信息，引导企业研发、生产老年人需求的提高视力、助行类、听力辅助、操作器具、协助吞咽设备等各种辅助设备。

（4）加强职业培训，增加就业。建议劳动和民政部门把社区居家养老服务业纳入到整体就业规划中，并予以政策上的优惠。

2. 联系实际，请比较老式小区和新式物业小区在居家养老服务方面提供服务与管理方式和内容的不同之处。

3. 请利用寒暑假或者课余时间为社区未成年人组织一些活动，活动主要是增进亲子沟通，加强父母和孩子感情交流，为和谐社区和和谐家庭的建设贡献自己的微薄之力。

模块 四

社区环境管理

项 目 ⑪ 一 社区文化环境管理

> **项目概述**
>
> 　　社区文化服务对于繁荣基层文化生活，加强社会主义精神文明建设，具有十分重要的意义。本项目要求学生通过实地调查、社区参与和策划活动，了解社区文化环境管理的含义和意义、社区文化环境管理的原则和目标以及社区文化环境管理的内容和方法。重点培养学生的创新思维和活动策划能力。

🔹 背景介绍

　　随着我国经济社会的发展和改革的深入，越来越多的"单位人"变成了"社会人"，人们以多种多样的身份从不同的社会空间进入社区，把不同的思想、需求和问题都带到了社区，使社区成为各种社会问题和思想问题比较集中的地方。因此，社区管理不仅仅要加强社区组织、社区人口、社区治安的管理，更要加强社区文化环境的管理。社区文化环境管理应适应社区居民不断发展的多样化的文化教育需求，社区可以通过多种形式和方法，繁荣基层文化生活，促进社会主义精神文明建设。

任务一　调查社区文化建设现状

🔹 任务描述

　　社区文化建设对于社区建设起着重要的作用。学生通过访谈社区负责人和走访社区居民，了解社区文化建设现状，掌握社区文化建设的指标体系，以此培养学生的实地调查和操作化的能力。

🔹 任务实施

某社区文化建设考核指标体系

（1）建立社区阅览室，藏书300册以上，图书借阅率达75%以上。

（2）社区内建有两处以上全民健身点，总面积不少于300m²。

（3）社区内体育健身器材总数不少于9件，设有健身室和健身路径。

（4）建立社区读书会，有制度、有活动内容。

（5）社区有一支多功能群众文艺队伍，每周活动一次。社区年内举办一次较大型居民文艺活动。

（6）定期开展科普宣传活动，每年不少于2次。

（7）社区内无公开封建迷信活动。

（8）文明家庭达标率达80%以上。

（9）社区有两支30人以上的经常性体育健身队伍。

（10）社区文化教育实施做到3个落实，即专人负责、场地到位、活动制度到位。

（11）居民对社区体育健身设施及管理满意度达70%以上。

（12）居民对社区文化教育设施及管理满意度达70%以上。

（13）居民对社区文化教育活动满意度达70%以上。

（14）居民对社区体育健身活动满意度达70%以上。

任务引导

（1）了解社区居民对社区文化的看法，分析社区文化在理论和实践上的差异。

（2）总结归纳社区文化建设对社区建设的重要意义。

知识链接

1. 社区文化的含义

解析社区文化范畴，先得理解文化的本质属性。只有先弄清楚文化究竟为何物，才能在此基础上界定社区文化，否则会造成对社区文化认识的模糊。文化究竟是什么？文化是一定社会人们所共享和遵从的观念和价值系统。文化是一种意识形态，属于精神领域的范畴。

社区文化的提出，由来于社会思考。一定社会必然形成一定的文化体系，没有文化，社会将不复存在，因文化而结成共同体。社会可大可小，大的社会可至一个民族、区域，小的社会可至几个群落，这样就有了大、小文化之区别，一个民族的文化显然同小群体文化有很大差异。在一个民族的文化体系内，会衍生出众多的不同的较小文化体系。为此，社会学家将整个社会的文化体系称为主文化，它是整个社会、民族的人们共享的和共同遵守的观念及价值系统；将这个文化体系中衍生的众多较小的文化体系称作亚文化。除反文化因素之外，亚文化体现着主文化精神，是主文化的具体化和延伸。社区文化就是一种亚文化，是社区的核心内容和标志，人们往往按文化来区分社区界限。社区文化不同，使各个社区呈现出千差万别的特征。

关于社区文化的含义，国内还没有一致的说法，常见的说法有"生活方式说"、"社区特色说"、"广义狭义说"、"文化活动说"、"群众文化说"。综合这些观点，我们认为社区文化是指社区成员精神活动、生活方式和行为规范的总和。社区文化包括社区居民的思维方式、

价值观念、精神状态，风俗习惯、公共道德等思想形态，以及学习、交往、娱乐、健身、休闲、审美等日常活动。所以，社区文化具有区域性、兼容性、自发性、开放性、趣味性、感召性等特点。

2．社区文化建设的意义

社区是地域性的居民生活共同体，不仅具有地域特征，而且成员之间具有内在互动关系和共同的文化维系力。文化尤其是社区文化与社区共同体的存在和发展密不可分。社区文化具有多方面的功能，学术界也有多种概括，本书主要从社区自组织的视角作一分析。

（1）社区文化是满足社区内居民多样化需要和塑造社区人的重要载体 生活在社区中的居民，既有物质方面的需要，也有娱乐、审美、接受教育、健身、休闲、沟通等方面的精神需要，社区文化正是适应社区居民的需要而产生，并随着社区居民需要变化而发展。物质生活和精神文化生活是社区居民最为基本的生活内容，也是社区能够成为生活共同体的最基本的构成要件。社区居民在社区生活实践中创造和使用着社区文化，同时又受到社区文化的塑造。在人的基本社会化和继续社会化进程中，社区文化始终发挥着重要的作用。

（2）社区文化是社区共同体自我整合的重要基础 社区文化为生活于社区中的居民提供了共享的生活方式、行为准则、风俗习惯、伦理道德、规章制度，有的还日积月累定型化为"传统"。社区文化的这种共享性使居民在思想和行为上的相互协调成为可能。它不仅减少了居民在社区生活中合作交易的成本，而且增加了彼此之间行为预期的确定性，因而成为社区共同体自我整合和公共生活有序化的重要手段。现代城市社区，不再是传统村落或城市老胡同中祖祖辈辈生活在一起的熟人共同体（熟人社会），而是一种由半熟人甚至陌生人构成的社区生活共同体。但这种半熟人甚至陌生人构成的社区生活共同体同样需要信任与合作，而共享的社区文化是居民共同体走向信任和合作的必要条件。

（3）社区文化是维系社区共同体的精神纽带 社区文化是社区特有的文化风貌。一定特征的社区文化，不仅是不同社区共同体相区分的标志之一，也是社区共同体与其他社会群体、社会组织相区分的标志之一。社区文化好似一条精神纽带，能够把社区中众多的不同职业、不同身份的居民联结在一起，形成社区共同体，同时增强了居民对社区共同体的认同感、归属感。

（4）社区文化是社区文明存续和发展的前提条件 社区文化将社区共同体在长期生产和生活实践所创造的一切文明成果传递下去，生生不息。文化传承是社区文明存续和发展的前提条件。在传统社会，社区文化传承基本上是在特定的社区内流传、延续的，而且具有明显的地域特色。而在现代社会，社区文化传承在开放性的交流中被赋予新的内涵，获得了时代规定性。

3．社区文化的构成

（1）文化精神 文化精神是社区文化的核心层面，在整个社区文化体系中占据主导地位。文化精神包括思想观念、价值体系以及体现我国社会主义精神文明的伦理道德精神等内容。

社区文化精神是整个社区文化的灵魂、本性、内在性和理性化的根基，其他文化层面都是文化精神的具体化和体现。缺少文化精神的社区文化是不可思议的，当然也决不可能

存在。文化精神是社区居民行动的根本指导和动力，因此它又必然是社区居民根本的共同利益体现。一旦确立了特定的社区思想观念、价值体系和伦理道德精神，它们就成了社区居民追求的境界、行为选择的准则和舆论评价的标准。因此，打造社区文化精神，不仅是构筑社区文化的根本的、关键的一环，而且也是锤炼社区精神、提升居民精神境界的关键所在。

（2）文化规范　文化规范是社区文化中的行动准则层面，是对社区居民具体的要求和指导。社区文化规范是社区文化精神的具体表达，体现文化精神的灵魂，又是将文化精神贯彻到具体行动中的直接力量。因此，文化规范是文化精神的直接传承者，没有文化规范，文化精神就无法进一步被理解和传承。

文化规范主要包括伦理道德规范、人际关系规范、行为方式规范、生活方式规范、礼貌和礼仪规范等。文化规范旨在确保社区居民共同生活的良好秩序，也就是创造社区居民的有益的生活和文化活动环境。

（3）文化行为　将文化落实到行为，这是社区文化建设所追逐的目标。文化行为就是指社区居民依一定文化要求所展开的行为活动，包括个体文化行为、集体文化行为、社区文化活动、社区生活方式、交往方式、对人态度、风俗习惯、道德风尚等具体的领域。

文化行为，是社区文化的外显层面，是社区文化最具体的、动态的表现形式，其中凝聚了浓重的文化内涵，体现了一致的文化形式。文化行为最具有感染力、说明力，当社区有组织地推进各项文化行为活动之后，往往能产生直接的影响，形成特定文化氛围。长期坚持下去，就会将文化精神和文化规范持久地凝固在人的行为中，形成社区文化的习惯。

（4）文化载体　文化载体，即承载文化内涵的一切有形要素。社区文化载体，广义上包括社区文化行为在内的一切与居民活动有关的行为因素、物质因素及设置因素；狭义上则指纯物质方面和设置方面的因素。这里我们取狭义的文化载体的含义。

文化载体的物质性因素，是指那些饱蘸文化内涵、体现文化精神的一切有形实物体系。诸如社区内的建筑、实物造型、特别装饰、花草树木、人文景观、文化设施、广场道路，以及居民所用的服饰、用具等。这些物质性因素并不能称其为社区文化，但却凝聚着、映射着一定文化精神，理所当然应成为社区文化建设的重要构件。

文化载体的设置方面因素，是指社区内各种各样的社会组织。各类社会组织作为社区文化载体，是实践社区文化的重要基础、力量和可靠保障。家庭、学校、政府机构、工业、商业、服务业、居委会以及各种各样的社团等，都会通过其各自的行为活动承载社区文化精神，实践社区文化规范，整合社区文化要素及奉献社区文化精神。

🔵 案例阅读

雨花区街道办事处全力打造文化社区

随着经济社会的快速转型和发展，居民精神文化需求日益凸显，对实现自身文化权益的诉求越发强烈。近年来，为促进基层文化事业的繁荣发展，正确引导和服务基层社区文化活动，更好地使社区群众共享文明发展成果，提升市民精神文明素质，雨花区街道办事处坚持"以先进文化引领和谐社区建设"的理念，把社区文化建设作为构建"和谐雨花"、"人文

雨花"的重要抓手，以先进文化占领基层文化阵地，以队伍建设凝聚社区群众，以品牌活动提升基层文化层次和品位，构建起了更加健全的基层公共文化服务体系，激发出了基层群众参与社区文化的热情和活力，有力促进了社区文化事业的大发展、大繁荣。

任务二　了解社区居民的文化需求

任务描述

　　了解社区居民的文化需求，是开展社区文化建设工作的重要依据。学生通过走访社区的不同人群，了解社区中不同人群的文化需求，为进一步策划社区活动奠定基础。要求调查过程中注意样本的挑选，应考虑不同年龄、不同职业、不同文化程度居民的参与，以此培养学生的组织策划能力和沟通表达能力。

任务实施

社区居民文化需求调查问卷

尊敬的居民：

　　您好！社区文化建设是社区建设的灵魂，是构建和谐社会的主旋律。在此耽搁您几分钟的时间，了解关于您所在社区"社区文化建设"的情况。您只需如实填写本份问卷。感谢您支持我们的活动！

　　注：本次调查是不记名的，我们绝对保密您的资料。希望您按真实情况作答，希望得到您的支持！谢谢。

　　性别：

　　　　A．男　　　　　　　　　　B．女

　　年龄：_____

　　职业：_____

　　文化程度：

　　　　A．初中及以下　　　　　B．高中　　　　　C．大学及以上

一、请选择您的答案

项　目	满　意	一　般	不　满　意
您对所在社区的文化设施			
您对所在社区的文化娱乐活动			
您对所在社区的社区教育体系			
您对所在社区的邻里关系			
您对所在社区的网站建设和利用			
您对所在社区的图书阅览室			
您对所在社区的居民素质			
您对所在社区的节日活动			

二、请填写您的答案

1. 您是否了解所在社区的文化形象：
   A. 很了解　　　　　　　　B. 了解一点　　　　　　　C. 不了解

2. 您参加社区组织的文娱活动（如舞会、合唱等）的频律：
   A. 每天都有参加　　　　　　B. 每周一两次
   C. 每月一两次　　　　　　　D. 很少

3. 您觉得社区的体育休闲设施：
   A. 齐全　　　　　　　　　　B. 基本齐全　　　　　　　C. 太少

4. 您最喜欢的业余体育活动：
   A. 蓝球　　　　　　　　　　B. 足球　　　　　　　　　C. 网球
   D. 羽毛球　　　　　　　　　E. 乒乓球　　　　　　　　F. 舞蹈
   G. 其他
   您觉得社区最受欢迎的文娱活动是_____
   您希望社区增加什么文娱活动设施_____

5. 您觉得社区"文化节"的活动：
   A. 很好，活动内容丰富　　　B. 活动节目单调
   C. 节日可有可无　　　　　　D. 浪费时间
   E. 没有这个节日

6. 您觉得社区义工的存在：
   A. 很好，为社区提供很大帮助　　B. 一般，能提供一点帮助
   C. 作用不大，没有得到什么帮助　　D. 没有存在的必要

7. 您觉得社区的文化宣传栏：
   A. 内容丰富，全面　　　　　B. 内容一般
   C. 内容太简单，知识太少　　D. 很不好
   您希望社区增加什么方面的宣传

8. 社区文化站、文化馆或图书阅览室开放时间多长？
   A. 天天开放　　　　　　　　B. 每周三次
   C. 每周一次　　　　　　　　D. 偶尔开放
   E. 不开放

9. 您住的社区有业余文艺团体吗？
   A. 有　　　　　　　　　　　B. 没有

10. 您认为丰富社区居民文化生活的关键是：
    A. 充分利用现有的文化基础设施
    B. 继续加强文化基础设施建设
    C. 开展文化交流活动，提高居民的参与热情
    D. 加强社区、街道文化服务，大力培养文体骨干，形成文化特色

11. 您认为下列哪些文化设施和活动是需要增加或控制的：（可多选）
    A. 增加馆藏图书　　　　　　B. 建设社区网站、论坛

    C. 举办大型公益讲座   D. 增加文化、技术培训

    E. 增加文艺演出   F. 减少不必要的节日宣传

12. 您是否了解本社区文化建设未来的发展方向？

    A. 了解   B. 不了解

13. 如你对社区文化建设有什么建议，欢迎留下宝贵意见：＿＿＿＿＿＿＿＿＿＿

再次感谢您的支持与参与，祝您身体健康，家庭幸福！

任务引导

（1）通过调查社区居民的文化需求，明确社区文化所包含的具体内容。

（2）在发现社区文化建设存在问题的基础上，提出建设社区文化的建议和对策。

知识链接

1. 社区文化内容

（1）公益文化　公益文化是社区文化中最重要、最受公众欢迎的内容，社区公众的文化消费在目前阶段上大多依赖于公益文化。公益文化通常以各种公共文化设施和场所为依托而发展，其中最有代表性的是各类公共图书馆、博物馆、纪念馆、文化馆、美术馆、科技馆等，在公益文化板块中除了这些传统的公共文化设施提供的服务外，又出现了一些新的公益文化形态，如"广场文化"已成为社区文化活动中不可缺少的"半壁江山"，另外还有楼院文化等。

例如，江西景德镇投资 2000 万元打造社区文化广场，集休闲、文化、娱乐为一体。社区文化广场融汇千年瓷都文化的底蕴，广场的灯杆用青花图案的瓷柱制成，路面采用花岗岩砌成，广场中种植了花卉、树木，设有市民休闲区、老年人活动区、儿童乐园、音乐喷泉等，这是市政府大力推进城市社区建设，丰富城市居民生活，为民办实事、好事的具体体现，得到广大市民的好评。

（2）演出文化　演出文化是专业性的文化演出活动，它是文化产业的核心部分，通常以各种表演艺术，如戏剧、歌剧、音乐会、演唱会、歌会、舞蹈、马戏、杂技等为代表。演出文化主要由专业队伍进行，一般来说，公众很难直接参与，但演出文化在赢利的同时也给社区公众带来了丰富的文化生活内容，尤其是一些高雅文化艺术只有演出文化才能提供，它对提高社区文化的档次至关重要。随着社区经济的发展以及社会整体的进步，一些上档次的专业演出今后必将越来越受欢迎，在人们的文化消费中所占比例必然会不断提高。

（3）娱乐文化　娱乐文化一般以主题公园、歌舞厅、影视、酒吧、电子游戏、卡拉 OK 厅、健身房、保龄球馆、游乐园等为代表。它也是营业性的商业行为，虽然跟演出文化一样以营利为目的，但它同样为丰富社区居民生活提供了不可缺少的选择；没有娱乐文化，社区文化就会很贫乏。而社区娱乐文化设施能否满足社区公众的相关文化需求是社区文化发展的重要标志。

（4）民俗文化　民俗文化主要由具有民族特色和地方特色的习俗、风俗性聚会等文化活动所组成。它通常同传统节日文化活动相联系，如春节贴春联、元宵节包饺子、端午节包粽子、划

龙舟、中秋节吃月饼、重阳节登高等。民俗文化的丰富内容是社会文化底蕴的表现。民俗文化越丰富，说明该社区的文化根基越深厚。因此，发扬和发展民俗对社区文化发展具有特殊作用，它同时也是弘扬传统文化的重要途径。"纳凉晚会、中秋赏月、正月观灯"等大型群众文化活动，使一年四季活动不断，社区活跃，万民同乐。

（5）群体文化　群体文化指的是各种群众性的自发性体育文化活动，要抓好以群众体育和竞技体育协调发展为基础的全民健身运动，积极推广《全民健身计划》、《奥运增光计划》，广泛开展群众性体育活动，不断增强群众体质，提高竞技体育水平。可以通过开展社区体育运动会等，使社区体育文化活动搞得有声有色。在群体文化中，群众自编自导的各种娱乐活动、文娱节目、业余兴趣小组等，颇受市民欢迎，一些退休下岗人员在这种自娱性文体活动中起骨干作用。随着社区的进一步发展，居民的社区意识应当明显增强，而提高社区公众的社区意识在很大程度上要靠调动他们参与各种各样的社区活动，群体性文化活动最好是自发参与的，只要参与度提高，参与者的社区意识必然增强。

例如，北京市宣武区樟树园社区等 102 个"大家乐"舞台，因为在促进社会主义精神文明建设方面做出积极贡献，被团中央等单位命名为首批"青年文明社区大家乐"舞台。青年文明社区"大家乐"活动自 1999 年初开展以来，各地区坚持用先进文化体育活动，以大家唱、演、跳、写、画、读、讲等形式，宣传党的基本路线、方针和政策，传播道德新风，倡导健康文明的生活方式，深受居民欢迎。

（6）科普文化　科普文化的目的是大力宣传和普及现代科学技术知识，用科学的思想引导人，用丰富的知识培养人，用文明的行为规范人，用高尚的情操陶冶人，以此来促进社区精神文明建设。

青岛市某社区在社区规划中，非常重视社区科普，如"三个建立"、"六个进入"、"四个转变"。

"三个建立"：建立科普小组，完善科普三级网络；建立社区科普阵地，加大科普工作力度；建立社区科普教育辅导站，提高科普服务。

"六个进入"：科技知识送上门；制作科技展牌到居民楼院巡展；向居民提供书籍，举办家庭卖书活动；开办家庭心理咨询和职业技术讲座，开展保健医疗咨询服务；开展家庭普法活动；指导科学健身活动。

"四个转变"：在科普队伍上，从以区街科协及其他在职队伍为主向依靠社区单位、居民转变；在科普设施的投入上，由区街科协的投入向发动驻区社区力量共建的转变；在科普资源的利用上，从单纯依靠科协到依靠全社区的转变；在科普活动上，从单一的科技常识向适应现代化城市生活和社区发展的现代科技知识普及的转变。

（7）专题文化　专题文化在社区里已越来越普遍，如各种各样的艺术节、电视节、旅游节、食品节、服装节等。有些专题性文化活动还同商业性活动相配合，形成独特的商业性节日文化活动，如啤酒节、西瓜节等。有些专题性文化活动把商业与文化相结合，这对于丰富社区文化内容起到了不可低估的作用，如厨师节、菜帮节、鞋文化节、茶文化节、酒文化节等。

（8）休闲文化　随着居民生活水平的提高，人们的休闲方式开始多样起来，除了旅游、参加演出等娱乐文化消费之外，还大量地参与其他各种休闲文化活动，如养生保健、鱼鸟宠物、插花养花、盆栽盆景、家庭绿化、象棋、书法爱好等。这些活动既可以是个人参与，也

可以集体参与。

（9）企业文化　工商企业是社区的一部分，也要依靠社区才能发展。反过来，它们的发展又推动社区的发展。许多工商企业也十分注意开展丰富多彩的文化活动，并积极参与或同社会其他部门一起组织各种文化活动。企业参与社区建设，社区依赖于企业发展并推动企业发展，将成为不可避免的必然趋势。例如，湖南白沙集团的"鹤舞白沙，我心飞翔"活动，它的企业文化正在与社区文化融为一体，成为社区文化发展的重要标志之一。

（10）观念文化　观念文化指的是文明先进的思想观念和道德风尚以及良好的人际氛围。观念文化可以体现社区生活以及社区人的理念和价值观。例如，许多社区提倡文明和睦的邻里关系和家庭关系，倡导居民尊老爱幼，这样和谐的生活氛围无疑也塑造了一种特殊价值观念，成为社区文化的独特点。有些社区开展"文明社区"的创建工作，通过大力开展家庭文化活动，以期形成良好的社区文化氛围。

2．社区文化建设内容

（1）完善公益性群众文化设施　发展社区文化事业，加强思想文化阵地建设，要不断完善群众文化设施。社区文化设施是开展社区文化的物质基础。只有具备一定的文化活动空间，社区居民才会集合到一起开展社区文化活动，同时才会有社会主义的思想文化阵地。

完善社区文化设施，应从以下几个方面着手：

1）创造性地利用社区现有设施或空间。每个社区都会有一定设施、空间，可被创造性地加以利用，以构成公益性群众文化设施，如已有的街道文化站、公共活动室、小广场、开阔地、楼前空地以及某些可利用空间，人们完全可以创造性地利用它们开展各种各样、各个层次的文化活动。例如，罗山市的金杨社区就充分利用了各种社区资源，创造了 27 个文化角，使金杨社区文化活动开展得有声有色、异常活跃。他们开辟了 $700m^2$ 的科普苑文化角，内设气象角、钓鱼角、健身角、药用植物角、珍稀树木角、科普画廊等，每天吸引着男女老少来此休闲娱乐和交谈。除此之外，他们的腰鼓角、外语角、交谊舞角、戏曲角、合唱角、太极拳角等都是因地制宜地利用了社区的空间创设而成。可见，要完善社区文化设施，就要靠社区成员自己去创造性地构想、动手并利用好现有社区设施和空间。

2）争取社区内实力部门的支持。社区内若有实力较强的企业或其他有实力的部门，通常是扶助社区建设的重要的支持力量。他们都力图为社区公益事业做点贡献，社区文化设施的投入和完善能够吸引他们的资助热情。因此，社区的组织机构人员可以有目标地加以游说，本着互惠互利原则，争取他们的支持。例如，他们可以腾出房舍，为社区增添文化活动场所，也可以捐资扶助社区文化设施建设，还可以亲自动手建造社区文化设施。

3）组织社区成员共同营造文化生态景观。文化生态景观，不仅陶冶人的情操，还能提升人的文化品位和生活质量。种花种草、植树造景，不仅美化家园，同时也是一种文化生态。上海凌云社区就充分利用社区内一切空间，大搞绿化、美化，令人赏心悦目，使居民非常喜爱自己置身的生态环境，如营造充满生机与活力的"绿色围墙"、"绿色世界"，片片空地植上葱绿的青草，栽上云霞般灿烂的四季名花。

4）争取公共场所的文化活动机会。并非每一社区都能有完善的群众文化设施，为此就要想方设法利用所在城市的公共场所进行特定的社区文化活动。这也是完善公益性群众文化设施的有效途径。一次大型体育竞赛需要借助所在市区的某体育场所，一场大型文艺活动可

能要借助某演出场所。有些公共场所就是公共性的资源，它们可为社区文化活动提供支持。如果事事都靠自己具备，那是不可能的，借助外力实行资源共享才有更广阔的空间。除上述所及之外，公共广场、公园及各类有教益的公共场所皆是可充分加以利用的活动空间。

（2）开展丰富多彩的群众文化活动　这是一个社区最能调动成员文化趣味的领域。所谓丰富多彩，即体现社区成员所热衷参与又喜闻乐见、层出不穷的活动内容。应当说，开展丰富多彩的群众文化活动，是人心所向和聚合社区成员积极参与社区活动的最佳切入点。当然，开展丰富多彩的群众文化活动，并不仅仅是形式多样化或数量上的表现，而是内容与形式并重、质与量的统一。

1）要不断研究社区居民文化需求的差异，尽量满足不同居民的不同文化需求。应当看到，社区居民的文化需求产生于居民求知、求美、求乐的精神欲望上，而不同社区居民的文化水准、知识构成、文化素养以及情趣的差异，表现在文化需求的层次也是有明显差异的。文化素质高、需求强的成员，对一般社区文化娱乐、消遣会索然无味；相反，一般大众对过于高雅的文化艺术形式也会毫无感觉。所谓丰富多彩，正是基于这种种差异的文化趣味需求而采取的不同选择。社区成员的多元文化需求，必然要求丰富多彩的群众文化活动；社区文化的多样化组织筹划，实际上就是为满足或服务于社区成员的多元化需求。

2）要从发展变化的观点出发，不断变换社区文化活动的内容与形式。需求是人类永不满足的心理欲望，也是人不断进取奋斗的动力源。所有社区的文化需求都是历史的、动态的、永无止境的、永不满足的，他们决不会停留在某种文化需求水平上。当一种文化需求或趣味得到满足时，他们会要求另一种文化需求或趣味取而代之；一般层次的文化需求得到满足时，会要求更高更新的文化趣味。因此，不断研究社区成员文化需求的变化，适时推进令各类社区成员分别接受的多样化的文化活动，是社区文化建设的永恒课题。

3）不迎合低俗。尽管多数社区成员在生活中都是普通市民，能够接受一般的或层次较低的文化内容，但高雅的文明的事物永远是人们追求和崇尚的境界。低级趣味和粗俗文化可能有一时的市场，而高尚的文化趣味则更有影响力。低级趣味无法携带高级的文化内涵，而且很快就会为人们所唾弃；相反，高尚的文化内涵活动，将久久震撼人们的心灵，永远牵动人们高尚的追求。

4）发动群众，依靠群众，还群众文化活动于群众。社区文化活动本是社区成员自己的兴趣，只要稍加组织发动，就会得到普遍响应。问题是，组织者应确定好不同趣味群体乃至不同类别的文化活动，以使人们各取所需。为此，就要发动群众、依靠群众，充分听取群众的呼声，而不是主观去认定文化活动的内容和形式。如果组织者真正能够发动群众、依靠群众，那么所展开的社区文化活动就会有声有色，令人留连忘返。反之，任何努力都将付诸东流。

5）为群众文化活动寻找、提供和搭建舞台。不同的群众文化活动需要不同的舞台，因而需要社区的组织者能够长久地开展丰富多彩的群众文化活动，社区有义务为群众文化活动舞台提供及时周到和尽善尽美的服务。"寻找"，是在社区内、外寻找群众需要的文化活动场所，尤其是在社区外部找到某个社区难于提供的空间，如大型体育活动。"提供"，是指社区文化资源可提供选择的空间。"搭建"，是指将社区群众的文化活动与社会的或其他社区的群众文化活动相结合，延伸社区群众文化活动、拓展社区群众文化活动的领域和内容。

（3）建立团结互助、文明和谐的社区文化氛围　社区文化建设最终要形成的局面，

就是建立起团结互助、文明和谐的社区文化氛围。如果一个社区真正形成团结互助、文明和谐的社区文化氛围，从根本上说，就是走入了社区建设的本质境地。一切社区建设活动，或者说，一切社区文化建设工作，其实质就是要创造社区成员团结互助精神与文明和谐的社区文化氛围。一个没有团结互助精神的社区，是人与人之间淡漠无情的社区；一个缺少文明和谐的文化氛围的社区，则会令人们感到乏味和无亲和力。在城市社区中，这一问题显得尤为突出。

1）在社区文化建设中，应当大力倡导社区成员的团结互助精神，在社区活动和成员生活的每一领域，使团结互助美德蔚然成风。社区从整体上倡导什么、崇尚什么，会对成员行为产生导向作用，而高尚的文化也正是人们所追求与向往的。社区统一的团结互助的价值导向，必然会唤起成员高尚情操的回归并引起全体成员的共鸣。

为做好这一点，组织者一方面要大力加强团结互助精神的宣传和灌输，另一方面应当运用典型引路，并以此为导向扬善抑恶，形成群众性舆论评价的习惯，使人们以团结互助为荣，以不能团结互助为耻。除此之外，社区还可以确立奖惩等激励措施，使团结互助者受到充分肯定，使违背者受到公正的否定。一旦善恶标准确立起来，并得到广泛认同和践行，人们的团结互助行为就会蔚然成风。这种醇厚浓郁的人情味和高尚德风，是社区与成员的共同利益要求。

对于社区成员而言，要促成他们的团结互助美德，除了上述措施外，还要调动其自觉性。应当通过各种形式的教育引导，提高他们的认识，还需要不断强化他们的行为，以使得团结互助真正被内化为个体行为准则并外化为一贯的德行。应当使成员感到，团结互助将使人格变得崇高，团结互助是人们共同生活在一起的道德基础，同时也是人们共同受益的良好社区风气。至此，大家的共同生活才变得更有意义、更有人情味，更乐于相处。

2）在社区文化建设中，大力推进文明行为与和谐共处精神，需要整体导向，还需要形成风气与习惯。社区整体导向，指社区有统一的规范标准为社区成员指明方向。风气习惯，指社区成员普遍形成文明和谐的风气与习惯。

文明是个人行为状态，涉及到个人行为举止、言语表达的礼貌、礼节、礼仪和道德要求，因而文明行为属于个人修养层面。文明行为同样透视着文化价值，体现社区成员的风尚和文明程度。如果社区成员人人都文明，很有教养，那么，整个社区的精神文明、精神状态就呈现健康向上的态势。为了达到这一点，社区应统一为成员制定一整套规范标准，并开展长期的宣传教育和运用一定控制措施督促、强化人们的文明行为，以至形成风气与习惯。

和谐是人与人相处的关系状态，涉及人与人之间如何交往的观念、态度和行为取向，因而和谐共处属于社区社会关系层面。社区是所有成员一起生活的共同体，和谐共处作为一种良好的人际关系状态显得尤为重要。不和谐，社区成员就像一盘散沙；和谐，大家相处得融洽、协调、密切，就会使社区形成良好的人际关系格局，而这恰恰是社区价值统一性的根基。和谐也是良好的社区风尚标志，同样也需要统一制定规范和措施来加以引导，同样也要形成风气与习惯。

总之，文明和谐是长期坚持的结果，也是社区文化建设的起始目标，有组织有目标的

社区文化建设应将文明和谐作为一个重要层面加以认真规划和坚持不懈地推进下去。

（4）推进科学文明健康的生活方式　在社区文化建设中，大力推进科学文明健康的生活方式，是社区工作者十分重要的使命。社区文化的先进性，首先从生活方式上加以衡量。大力推进科学文明健康的生活方式，在一定意义上就是社区文化最直观的内容。

生活方式，是一个复杂的综合概念。从广义上讲，生活方式是与生产方式相对应的一个范畴，包括劳动和日常生活两个领域。从狭义上讲，特指人们在日常生活中一切生活活动表现形式的总和。推进科学文明健康的生活方式，首先要改变旧的剥削阶级思想残余的影响，告别腐败、堕落、迷信、低俗、病态的生活方式内容，反对剥削阶级的利己主义、纵欲主义、享乐主义的思想观点。只有这样，科学、文明、健康的观点才能确立起来。其次，社区应大力倡导科学文明健康的生活方式。应当让成员深刻认识到，只有科学文明健康的生活方式才能给他们带来高质量的生活，那种纸醉金迷、迷信无知以及黄、赌、毒等不仅堕落人生，而且伤害了生活的真正意义。事实是最有力的说明、最有力的教育手段。可以通过正面教材，让社区成员懂得科学文明健康的生活方式是他们应当追求的；也可以通过反面教材，让社区成员理解那些背离科学文明健康生活方式的悲剧性结局。

（5）加强社会主义精神文明的宣传　社会主义精神文明是促进社区建设与发展的根本精神力量，也是社区文化建设的灵魂、核心和根源。社会主义精神文明包括两大方面，一是思想道德范畴；二是教育、科学与文化范畴。思想道德范畴主要包括革命理想、道德与纪律等内容，后者则主要指教育、科学、文学艺术、出版、广播电视、卫生体育等各项事业。

加强社会主义精神文明的宣传，主要就是向社区成员传播或灌输思想道德方面的内容。对社区成员进行社会主义精神文明的宣传，实质目的就是为社区培养有理想、有道德、有文化、有纪律的社会主义公民。

社会主义精神文明宣传的内容包括：宣传社会主义思想和信念；宣传社会主义新观念；进行共产主义理想宣传；进行四项基本原则宣传；形势政策宣传；爱国主义、革命传统主义宣传；社会主义伦理道德宣传；社会公德宣传；移风易俗宣传；社会主义民主宣传；"三讲"宣传；社会主义法制宣传；以德治国宣传。

社会主义精神文明宣传的途径主要包括：社区内各种专栏、板报；组织社区成员座谈、讨论；文艺活动；演讲活动；展览活动；社区自制宣传资料；形势报告；录像宣传；典型报告；读书活动；竞赛评比；纪念活动；社区特定活动日等。

案例阅读

社区文化建设要做十大工作

社区文化建设要做好 10 个方面工作：有一个先进的社区文化理念；制定一个科学的社区文化建设规划；出台一套刚性较强的社区文化建设措施；落实一笔保障社区文化建设经费；形成一个确保达标、争创先进的社区文化建设格局；努力建设一支专兼结合、活跃的社区文化队伍；精心构造丰富多彩、居民喜闻乐见的社区文化活动；正确把握健康有益、积极向上

的社区文化的方向、内容；发动和鼓励社会共建共享；发挥市直文化单位的资源优势，继续落实文化进社区工作。

任务三　策划社区文化及娱乐活动

⚙ 任务描述

　　为了帮助学生更好地理解社区文化建设在社区建设中的作用，提升学生的活动组织策划能力，学生可利用相关时机（如五一劳动节、青年节、端午节、国庆节），组织适宜的社区广场文化活动。或者结合社区的相关活动（法制、科普、政治），以此为主题，配合社区居委会举办一堂市民教育课。

⚙ 任务实施

父爱如山，孝行社区

一、活动背景

　　每年6月的第三个星期日是父亲节，2009年6月21日是世界第75个父亲节。相对于母亲节来说，父亲节一直是人们比较陌生的一个节日。因为我们耳边的唠叨是母亲，每句叮咛也是母亲，好像父亲的严厉已经把父爱给淡化了。当五月的康乃馨铺天盖地，六月的石斛兰却被遗忘在人们心底的角落。我们也曾在父亲怀里撒娇，也曾嬉闹在他宽厚的肩头。母亲十月怀胎含辛茹苦，父亲也在努力地扮演着上天所赋予他的刚强威严角色。可就在我们能够独挡一面之时，父亲瘦削的肩膀和昏花的双眼或许渐渐模糊。其实父爱像山一样沉重，父爱是世上最厚重的爱，拥有它，你就拥有了世上最伟大的一笔财富，因此在父亲节来临之际让我们一起祝福伟大的父亲，营造以孝为先的社区文化。

二、活动目的

（1）感恩父情，回报父爱。

（2）加强亲子关系，促进社区家庭的和谐融洽。

（3）打造孝行社区的文化氛围，活跃社区气氛，增强社区凝聚力，使社区文化更加繁荣。

（4）加强社会对父亲角色的认同感，肯定父亲这一角色对家庭及社会的贡献。

三、活动时间

2009年6月19日～6月21日

四、活动主题

父爱如山，孝行社区

五、活动口号

把爱说出来，让爱行动起来

六、活动具体内容

（1）健康爸爸：社区卫生服务中心免费为社区男士进行体检。

（2）光影之爱：19、20 日每天晚上在社区内播放讲述父爱的电影。

（3）父子笑脸墙：征集社区居民的父子（女）合照，做成一面笑脸墙，进行展示。

（4）夺宝父子兵：大型社区互动游戏

（5）父亲节晚会：

1）主持人开场白，介绍嘉宾、活动流程等。

2）文艺表演：诗朗诵《我的父亲》；情景剧《我和父亲的那点事》；亲子服装秀；歌舞表演等。

3）现场互动：

A. 爸爸，我爱你——真情告白，作为父亲节给父亲最好的礼物。大家可以通过此环节借此节目勇敢地说出自己对父亲想说的话。

B. 寻找记忆中的父亲——影视、歌曲名字大猜想（跟父亲有关的题材作品）。根据主持人放出的影视剧的片段或歌曲的片头，观众用抢麦的方式参与，猜出该作品的名字。答对者即可获得活动奖品一份。

C. 歌唱我的父亲——父亲节 K 歌（唱跟父亲有关的题材歌曲）。本环节参与观众可自由大胆地发挥，自由选歌，只要题材和父亲有关即可，大胆地唱出你对父亲的爱吧。

D. 献给爸爸的爱：用一些废弃的物品，做一个小礼物送给自己的父亲并且让社区居民进行评选。分儿童组、青少年组、中年组进行比赛。

E. 心有灵犀一家通：进行家庭默契大考验，选出最具默契的家庭。

4）总结 3 天活动情况，进行现场颁奖。

5）活动结束。

七、预计困难及其解决措施

（1）居民参与度不高　加大活动宣传力度、利用社区媒介进行宣传、社区工作人员进行上门宣传。

（2）资金问题　拉赞助，寻求驻区单位的支持。

（3）天气问题　及时关注天气动向，如有需要向驻区企业租借大礼堂。

（4）活动秩序　在社区内招募志愿者，协助社区工作人员。

任务引导

（1）根据上述活动方案，为社区的市民学校撰写一份社区教育课程教案。

（2）通过上述社区活动方案，总结归纳活动方案的内容及要点。

知识链接

1. 社区教育

社区教育是社会教育的一个方面，是指在政府部门的倡导和支持下，由社区组织带头，协调社区内各方面力量，共同参与教育工作的一种教育方式。社区教育融学校、家庭、社会为一体，利用本社区的政治、经济、文化、风俗习惯、风土人情、生活方式和思想风貌

等，对社区成员施以直接的潜移默化的影响，使之形成对某些事物的共同评价标准而相互承认，从而形成社区的群体凝聚力。社区教育的目的是提高居民素质，净化社区环境，优化教育环境。

社区教育是以社区为依托，以全体社区成员尤其是社区青少年为教育对象，以提高全民整体素质和培育"四有"新人为宗旨的教育形式。其实质是教育社会化和社会教育化的统一。

（1）社区教育的形式　社区教育的形式是多方面的，包括学校教育的社区化、社区活动的教育化和居民终身教育等。

1）学校教育的社区化主要是指发挥社区力量对学生进行思想品德教育和社会实践锻炼，并且把学校变成社区教育的主阵地，可以在学校建立社会实践基地、爱国主义教育基地等。

2）社区活动的教育化是指把每一项社区工作都变成对居民的一种教育过程，使居民在参与的同时接受教育和训练。

3）居民终身教育是指对不同年龄、不同阶层、不同性别的各类社区成员，尤其是对成人居民进行思想道德、科技文化和职业等方面的教育培训。

根据各个地区的特点，全国许多社区都开展了有特色的教育活动，如燕山石化所属的燕石社区成为中国"婴幼儿教育方法实施基地"。随着社区建设示范活动的步步深入，加强社区建设既为发展婴幼儿教育提供了有利条件和机遇，同时也提供了许多新问题。以社区为依托平台，创建婴幼儿科学教育的有效管理机制，是社区工作者和广大社区居民共同研究和探讨的问题。又如为了开展好关心下一代工作，某街道依托社区服务中心开办法制教育学校，聘请街道政法干部、派出所干警、离退休老同志为教员，以社区青少年为对象，开展形式多样、内容丰富的专题教育活动，形成了社区、学校、家庭3方面结合的教育机制。

4）现代文明家庭生活教育。社区利用学校阵地，利用原有的师资力量，开办家长学校、妇女学校、老年学校、市民学校等，讲街情、讲生理、讲养老、讲服饰、讲心理学、讲遵纪守法，使家庭生活优化、美化、现代化，使每个家庭都成为幸福美满的家庭。

（2）社区教育的内容

1）加强社区居民的理论学习。通过编印学习资料、出墙报、架设有线广播等方式，组织社区居民深入开展党的路线、方针、政策的学习，把《公民道德建设实施纲要》真正落到实处。

2）深入开展爱国主义教育。充分利用当地的爱国主义教育基地，广泛开展爱国主义、社会主义、集体主义教育，结合当年国家发生的大事开展教育，激发社区居民的爱国热情，如利用"五一"、"七一"、"八一"、"十一"等节日。

3）街道、居委会切实抓好"三德"（社会公德、职业道德、家庭美德）教育。社会公德在教育居民告别陋习、规范言行上下功夫；职业道德要在文明服务、文明经商上下功夫；家庭美德要在尊老爱幼、不重男轻女上下功夫。要积极倡导尊老爱幼、夫妻和睦、男女平等、移风易俗、邻里团结的新风尚。

4）要不断巩固提高社区教育"两基"达标，"普九"各项指标均达到国家教育部和省政府规定的标准的成果，推进社区教育，使社区内无青年文盲。

5）要动员街道、居委会协助学校办好"家长学校"，加强学校与家庭的联系，提高教育效果，力争在校生犯罪率为零。

社区教育是与社区发展密切结合的教育活动，社区教育的根本功能就在于推进社区发展。离开社区发展的社区教育，不是真正意义上的社区教育；离开社区教育，社区发展也不能很好地实现。因此，社区教育与社区发展是密不可分的，社区教育在社区发展中发挥着重要作用，它能够提高社区全员的素质，能够增强社区凝聚力，能够改善社区的文化环境，能够促进社区经济的发展，这些在实践中都得到了充分体现。

总之，在近几年的实践中，社区教育对社会发展的作用越来越突出地表现在教育社会化上，教育社会化是未来教育发展的大趋势，也是社会全面改革和社会全面发展的重要途径。

2. 社区文化规划与实施

（1）社区价值体系建构 文化的本质是价值。社区文化建设，首先需要在文化价值的本质上予以定位。社区文化规划，是对社区文化建设的理性化安排，亦即有组织、有目标、有步骤、有系统的文化规划。在整个社区文化规划中，社区价值体系的建构是首先的与核心的层面，也是整个社区文化最关键的部位。因为它是社区文化的本质、精神与根本导向，社区文化的其他层面都是由它决定并体现它。

社区价值体系包括社区文化理念、社区伦理精神和社区文化个性或风格。

1）社区文化理念，是在社会主义精神文明基础上产生的范畴。它是依据社区精神文明建设的基本任务要求以及体现以人为本的现实要求，为推进社区文化建设积极向上的思想观念。它是社区文化中最高层次的范畴，它登高望远、高屋建瓴，是社区文化建设所追求的终极目标。因此，它是社区居民文化努力的根本方向。这就不同于那种简单的娱乐观、健康观、休闲观。社区文化理念的确立并没有统一模式，而是根据各社区特点分别提出的。社区文化理念可以是一连串的理念口号，也可以是某种推理性的表述。确定社区文化理念的工作要群策群力，广泛征求成员的意见并反映大多数成员的意愿。这样，文化理念才能为大家所共有、共信和共同恪守。

2）社区伦理精神，是社会主义伦理道德价值在社区的延伸和具体化。它应当能激励人们积极进取和能体现居民崇高的精神境界需求。因此，那种能激起人们对崇高理想追求的，能使人们助人为乐、与人为善、关心别人、舍己为人的精神都是应当提倡的。

3）社区文化个性或风格，是社区成员在各种行为表现和活动中所表现出来的一贯的总体的倾向。因而社区文化个性或风格的规划重在成员行为和活动的基本要求。例如，高品位的文化追求、浓郁家园特色、纯朴的助人精神、积极进取等，就是不同的社区文化个性。

（2）社区规范体系建构 在社区价值体系建构的基础上，构建社区规范体系，是社区文化规划中最大量的内容。社区规范体系关系到社区成员行为活动最直接的指导准则和判断标准。在这个意义上，我们可以说，如果仅仅只有社区价值体系的精神层面，而没有社区规范体系的行为指导层面，社区文化及其建设很难落到成员行动的实处。

社区规范体系构建包括社区道德规范、公共场所规范、人际交往规范、礼貌礼节规范等。

1）社区道德规范，即对社区成员道德行为选择的各项具体准则要求，包括公德、私德两个方面。公德规范，即人们在公共生活中所应遵循的一系列道德要求，如尊老爱幼、谦让、助人、爱护社区公物及环境等。私德规范，即人们在家庭、邻里间个人行为的道德要求，如关心别人、与人为善等。

2）公共场所规范，是指为维护公共场所秩序而提出的要求，如不乱扔垃圾、不大声喧

哗、不抽烟等。

3）人际交往规范，是指在人与人相处的关系中所应遵循的基本要求，如尊重对方等。

4）礼貌礼节规范，是指在公共场合以及人们之间个别交往时的礼貌的言行举止及礼节上的特定要求，如女士优先等。

以上是社区规范体系建构的主要领域。具体规划时，可将之融为一体，形成一个"法定"文本，构成真正的"乡规民约"，使每一条都具约束力、威慑力。因此，与之相配套，就要规划相应的激励、奖惩措施，以便真正使之落到实处。

规划好的社区规范体系，应由全体成员讨论通过，并能够经常刺激人的视觉，以时时引起人们的注意，如可在醒目或大家经过之处将其书写出来，还可以印制成居民手册或宣传品。

（3）社区文化活动的组织策划与实施　社区文化规划的两大体系一旦完备，在具体操作时，要通过开展丰富多彩的文化活动来加以体现并强化。组织社区文化活动，正是秉承社区文化价值和规范的举措。

将各种各样的活动项目筛选出来，并组织成员共同参与，这并非随心所欲的行动。实际上，组织者有许多组织工作、策划工作要做，还要有周密的准备和安排。组织，是指能把人召集起来而且人们能够听从调度安排，组织也指能把活动形式与内容有机结合起来，使之变得更吸引人。策划，是指有创意的构思社区文化活动，使之别出心裁、新颖别致，该活动一推出便会令人兴趣盎然，以增进趣味性、参与性。周密的准备和安排，是指活动事先就必须有计划地做好实物、现场、人员、程序、演讲等细致准备工作，才可以推出来。

组织、策划、准备等工作在策划学中被统称为策划。社区文化活动策划，首先需要充分调研分析。也就是在全面准确了解社会环境、社区成员需求的基础上，来确定社区活动的目标和主题。有了目标和主题之后，策划者要调动源源不断的创意，推出一个又一个活动要点，使活动的每一个环节都别出心裁、新颖别致。在完善创意的基础上，整理方案，确定程序、准备及安排事项。

社区文化活动的组织策划工作，并不是一时的乐趣，它应当是长远的设想。每一活动之间都相互衔接，一个活动承接另一个活动，使所有社区文化活动都成系统、成体系地向前推进。这样一来，社区文化活动在横断面上看丰富多彩，在时序上看是一环紧扣一环、一浪高过一浪，是一种连续的文化活动。只有这样，人们才会对社区文化活动表现出浓厚的兴趣和深深的依恋。

社区文化活动的实施，应当充分调动社区成员的积极参与，调动各个方面的积极性，调动志愿者的力量。这就需要事先的鼓动、宣传、劝服、督促等大量细致复杂的工作。社区组织力量是很单薄的，仅仅依靠他们自身的力量，几乎任何一项社区文化活动都无法实施下去。因此调动人们参与的兴趣和热情，变得至关重要。一旦群众被动员起来，那就是一团高涨中的烈火，能将任何活动推向高潮。

社区文化建设任重而道远，需要踏踏实实、一点一滴地积累。因此，未来的社区文化建设在高尚道德价值锤炼、行为规范强化以及良好风气的催化上，将越显强烈。同时，人们的文化生活品味、生活方式及质量必将随着物质生活的进步而产生更高的要求。所以，社区文化将是一个不断醇化、提升的领域，它是整个民族文化、民族精神的丰富多彩的具

体形态，在居民生活中会变得日益重要。社区文化建设除要不断提升和完善体系外，最重要的是要将其融入每个居民的精神空间和一切行动领域，以便于使之成为塑造现代人的基本途径。

课间休息

世界各地的文化节

据了解，国外有很多城市办文化节，几乎不谈招商引资，却获益颇丰。

美国格莱美音乐节，每年有全球175个国家、约200个城市电视转播，20亿观众收看，仅电视转播收入就达32亿美元。

已整整举办了170届的慕尼黑啤酒节，堪称世界上规模最大的狂欢节，两周的啤酒节期间，有近100万外国游客光顾，600多万人喝掉600多万升扎啤。慕尼黑啤酒节并非各啤酒厂商借机搭台唱戏、寻找商机的商品交易会，但据统计，啤酒节每年可以为慕尼黑带来将近10亿欧元的收入。

奔牛节起源于17世纪西班牙北部的潘普洛纳小城，经过诺贝尔文学奖获得者海明威在小说《太阳照常升起》中的渲染，在全世界影响不断扩大，再加上奔牛、斗牛的惊险，拉开序幕的"冲天响"和全球电视台播放的《我好可怜》的结束曲，它很快变成了一个国际性节日，每年一次的举办给当地带来巨大收益。

用半个世纪打造出的爱丁堡艺术节，被视为世界最高水平的视听盛宴之一，一年一次的艺术节为当地旅游业带来超过11亿英镑的收入，提供了逾2.7万个工作机会。如今，爱丁堡艺术节与爱丁堡城市已经密不可分。

在西班牙巴伦西亚地区的布尼奥尔小镇，每年都举行番茄节。随着一声令下，成千上万的游客手抓熟透了的又大又红的西红柿，向身旁素不相识的"敌人"的头上或者身上其他部位投掷、搓揉，不一会儿就个个浑身上下都是红糊糊的西红柿汁，这个奇特的节日在西班牙正变得越来越盛行，吸引了大量世界各地的游客。

案例阅读

走出社区文化建设的误区

在中国社会都市化步伐日益加快的过程中，以都市社区为依托的社区文化得到了长足发展。然而，长期以来，人们脑海中形成了这样一些观念：要么将都市社区文化等同于老年棋牌室、社区图书馆等；要么认为所谓社区文化就是"老老少少，唱唱跳跳"；要么认为社区文化活动无非是"搓搓麻将打打牌，看看书报聊聊天"。这虽然有些偏颇，但不可否认的是，目前在都市社区文化的建设与管理过程中的确存在诸多问题，譬如，所拟定的社区活动计划，常常有流于形式的倾向；在所制定的管理条例中，经常将应付上级的检查放在重要地位；在实施管理条例过程中，往往带有某种强制性。这些问题都严重影响了社区文化的进一步发展。因此，需要对这些问题作进一步研究，以"对症下药"。

社区文化的建设与管理必须突出人性化追求。以人为本的思想是社区文化的核心，社区

文化建设必须要有实实在在的内容，不能只注重形式。都市社区文化的建设应该在社区管理委员会的指导下有组织地开展，强调社区居民积极主动的参与。在都市社区文化建设活动的规划中，应该将提高社区居民的文化水平、丰富社区居民的文化生活放在重要地位。

课后实训

阅读下面的材料并回答问题：

缺少"文化"的文化节

眼下全国各地各种文化活动非常活跃，很有意思的是，他们在起名的时候，往往给自己起名叫"文化节"，如"豆腐文化节"、"双胞胎文化节"，还有像"摩托车文化节"等。但是只要你仔细看一看就会发现，在里面经贸洽谈、展销促销却占了大部分日程。

问题：讨论"文化节"与招商引资的关系，思考如何正确引导文化节？

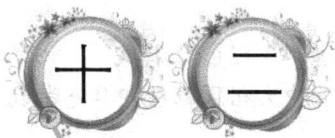

项目 十二 社区卫生环境管理

项目概述

社区卫生既可理解为社区环境卫生，也可理解为社区医疗卫生。一般而言，社区管理类书籍将这两部分在不同章节分开而论，包括社区环境管理和社区医疗卫生服务。这两个方面的工作都与社区居民的日常生活息息相关。本项目中的社区卫生环境管理是将两个概念合并而论，在任务一取其社区环境卫生之意，在任务二取其社区医疗卫生之意，要求学生实地调查社区卫生管理现状、了解和创新社区开展医疗卫生服务的方法、积极探索创建"两型社区"的模式，重点培养学生收集信息、人际沟通的能力和专业管理能力。

背景介绍

进入到一个社区的第一印象是社区的环境卫生状况，久居其中的居民更是希望社区环境能干净整洁、空气清新，这就需要社区管理者对社区环境卫生进行有效管理。同时，随着中国老龄化问题越来越严重，社区医疗服务的意义也日益凸显，让社区居民在家门口享受到高质量的医疗服务应该是社区管理者奋斗的目标。最后，创建"两型社区"的工作在全国各地纷纷开展，如何结合本社区的资源和特点创建"资源节约型、环境友好型"社区是社区管理人员应该思考的问题。

任务一　调查社区卫生管理现状

任务描述

社区环境卫生关乎社区居民的生活质量，社区管理人员必须对社区的环境卫生状况形成客观全面的认识，这样才能开展针对性工作，进一步优化社区环境卫生。因此，社区管理人员必须掌握专业恰当的方法去调查社区环境卫生管理现状。请阅读下列材料，总结该社区环境卫生管理的特点。

任务实施

创新楼道卫生管理　社区探索"3+2+X"模式

环境卫生维护一向是社区管理的难点，但近日，中大裕园社区却率先尝试"3+2+X"，探索楼道卫生管理新模式。

裕园社区是一个开放式小区，没有物业管理人员，而且，部分居民缺乏环境卫生意识和良好的卫生习惯，随处乱扔各种垃圾和废弃物，随意摆放各种杂物。楼道整体感觉脏乱差：垃圾被随处乱扔，宠物随地大小便，楼道被当成私家仓库随意堆放私人物品，过道墙壁贴满了"野广告"。

为改善和净化楼道环境，社区多次召开居民会议，研讨协商解决办法，最终决定开始探索新的楼道卫生管理模式：3+2+X。

"3"即3个保障措施：每家一封社区来信；每层一个轮流值日牌；每楼一块楼道文明公约牌。

"2"即两个监督检查队伍：每单元一个监督小组，由老中青居民或青少年居民自发组成3人监督小组；每个楼一个联合检查、管理小组，由楼长、社区、环卫所负责同志组成。

"X"即无数个参与力量：居民和保洁员。该社区居委会主任介绍，此模式旨在发动居民家家户户齐动手，共同监督、负责卫生管理，每个社区居民都参与其中。

该方案于2009年4月底开始执行。方案实行近十天后，即取得良好效果。社区楼道变得整洁清爽。每栋楼入口处整齐地张贴着文明楼道公约，挂着居民轮流值日牌。每户居民按照轮流值日牌轮流擦本层楼道及楼梯扶手，每周一次。其他人员如保洁员、居民监督员、社区负责人和环卫所负责人等，都各司其职。

"以前楼道卫生没人管，经常堆放着垃圾杂物，夏天蚊虫很多，现在责任到人，大家都看着，没人偷懒，以后都放心了。"居民刘女士笑着说。

任务引导

（1）社区环境为社区居民生活提供各种环境支持，如干净整洁的环境、适宜的气候、清洁的用水、宽敞的活动空间、良好的绿化等，优美整洁的居住观景直接关系到社区居民的生活质量。

（2）只有调查现状，才能了解需求、发现问题、为下一步工作提供指导，因此针对社区卫生管理现状的调查应该定期开展，形成长效机制。

知识链接

1. 社区环境卫生管理的内容

社区环境卫生管理是社区管理的重要组成部分，一般而言，主要包括社区环境污染治理、社区垃圾处理、社区绿化建设与管理3个方面。

2. 调查社区卫生管理现状的意义

（1）对社区卫生管理现状形成客观全面的认识　实事求是地多方面去调查、了解社区卫生管理现状，能够帮助社区管理者客观全面地认识本社区卫生管理工作所取得的成绩、所存在问题、居民尚未被满足的需求，这能对后续社区卫生管理工作提供最有力、最直接的依据。

（2）与社区居民保持良好的沟通　社区管理人员不能脱离社区居民去实施管理，与社区居民保持良好的专业关系是社区管理工作取得成功的基础。定期对社区卫生管理工作进行调查，能让社区管理人员更贴近社区居民，与社区居民保持良好的沟通。

（3）体现"居民参与社区管理"的原则　调查社区卫生管理的过程，既是一个社区管理人员自上而下了解情况的过程，也是一个社区居民的智慧与经验自下而上传递的过程。因此，开展社区卫生管理现状的调查，能激发社区居民参与社区建设与管理的积极性与主动性，体现"居民参与社区管理"的原则。

3. 调查社区卫生管理的方法

调查社区卫生管理现状包括如下步骤：①多途径、多方法地收集信息；②客观中立地分析调查所得信息；③总结归纳有效信息，形成专业客观的调查报告。具体来讲，了解信息的方法如下：

（1）实地观察法　进入社区进行实地观察，包括社区垃圾处理情况、社区绿化养护状况、社区空气清新程度、社区公共设施使用与维护情况等，并做好相关记录。此方法适合对客观外在的资料与信息进行收集。

（2）问卷调查法　针对社区居民开展问卷调查，以了解他们对社区卫生管理工作的评价与感受。此方法适合了解社区居民的需求，以及他们对社区卫生管理工作的意见与建议。需要注意的是，在针对社区居民进行问卷调查时，要平衡被调查者的年龄、性别等因素，以确保调查所得信息是全面且具有代表性的。

社区环境管理现状调查问卷

亲爱的社区居民：

您好！

为清楚了解居民环境保护意识及对社区环境管理现状的看法，我们特开展此次调研活动，本次调研以匿名方式进行，调研结果仅被用来改善社区环境卫生工作之用，我们对此问卷所反映的信息将完全保密。填写问卷可能会耽误您几分钟的时间，敬请协助，谢谢！

1. 请问您到本社区居住多长时间了（　　　）

   A. 1 年及以下　　　　　　　　　B. 1 年至 3 年以下

   C. 3 年至 10 年以下　　　　　　 D. 10 年及 10 年以上

2. 您的性别（　　　）

   A. 男　　　　　　　　　　　　　B. 女

3. 您的年龄段（　　　）

   A. 16 岁以下　　　　　　　　　　B. 16～25

   C. 26～35　　　　　　　　　　　 D. 36～45

   E. 46～55

4. 您正在攻读或者已获得的最高学位（　　　）

    A. 高中及以下   B. 大专

    C. 本科   D. 硕士以上

5. 您对社区目前的卫生环境状况满意吗（　　　）

    A. 非常满意   B. 满意

    C. 说不清   D. 不满意

    E. 非常不满意

6. 您主要通过以下哪些途径获得环境方面的知识（可多选）（　　　）

    A. 有关部门宣传   B. 报刊杂志

    C. 媒体宣传和网络   D. 工作单位普及教育

    E. 其他（请注明）

7. 您认为目前社区的绿化存在的问题有哪些（　　　）

    A. 清洁力度不够   B. 绿化面积小

    C. 不够美观   D. 其他（请注明）

8. 您是否了解本社区正在参评"全市文明社区"（　　　）

    A. 非常了解   B. 基本了解

    C. 听说过   D. 没有听说过

9. 您以为本社区存在以下哪些急需管理的行为（可多选）（　　　）

    A. 乱仍垃圾   B. 宠物随地大小便

    C. 随意粘贴野广告   D. 破坏公共设施

    E. 践踏草坪   F. 其他（请注明）

10. 您遇到社区环境问题是否马上会向社区管理部门投诉（　　　）

    A. 是   B. 否

11. 对于社区出现的环境治理问题，您认为社区管理部门能否及时发现并解决（　　　）

    A. 总能   B. 经常   C. 偶尔   D. 从不

12. 您认为目前社区环境管理存在的最主要问题是（　　　）

    A. 相关管理法规不健全   B. 社区管理人员工作不到位

    C. 居民素质偏低   D. 宣传力度不够，公民环保意识低

    E. 资金缺乏   F. 其他（请注明）＿＿＿＿

13. 您认为社区的硬件设备设施有哪些问题（如健身设施、垃圾桶等）（可多选）（　　　）

    A. 数量太少   B. 清洁不到位

    C. 种类太少   D. 更新速度慢

      E. 维护不到位   F. 其他（请注明）＿＿＿＿＿＿＿

14. 您认为社区在环境管理方面存在哪些不足，并针对这些不足提出建议

＿＿＿＿＿＿＿＿＿＿＿＿＿＿＿＿＿＿＿＿＿＿＿＿＿＿＿＿＿＿＿＿＿＿＿＿＿

＿＿＿＿＿＿＿＿＿＿＿＿＿＿＿＿＿＿＿＿＿＿＿＿＿＿＿＿＿＿＿＿＿＿＿＿＿

＿＿＿＿＿＿＿＿＿＿＿＿＿＿＿＿＿＿＿＿＿＿＿＿＿＿＿＿＿＿＿＿＿＿＿＿＿

本次问卷调查到此结束，再次感谢您的热心支持与积极配合。

（3）访谈法　针对社区居民进行访谈以收集相关信息。访谈法既可针对社区居民开展访谈小组，如针对社区业委会成员、社区楼组长等开展访谈小组，也可针对社区居民代表进行一对一个案访谈，如针对社区里德高望重的社区居民进行登门拜访，以了解他们对社区卫生管理的意见与建议。

需要注意的是，在进行访谈前，调查员需要事先列好访谈提纲，即使是进行开放性的访谈（即让被访谈者自由发挥），调查员也需要做相关引导，否则很容易导致收集所得信息缺乏针对性与系统性。

案例阅读

积极探索社区卫生管理新机制

在辽宁省本溪市，随着代市长江瑞在全市爱国卫生工作会议上发出了"大家动手，让本溪的大街小巷常年都干干净净"的倡议后，全市涌现出不少在社区卫生环境管理方面的先进典型。其中，平山区东明街道办事处群策社区、平山区人民政府、明山区北地街道办事处，探索社区卫生管理新机制、新方法。

平山区东明街道办事处群策社区组建了由离退休党员、社区居民、学生组成的 3 支志愿者队伍。他们主动参与社区卫生的清理，开展文明祭祖；宣传队积极参与社区种花种草、护花护绿活动，向社区居民进行环保卫生的宣传，提升居民爱卫生、护环境的意识；环境治安巡逻队看管社区卫生，对社区垃圾投放进行监督管理，同时社区干部、楼长对卫生工作实行包保，落实权责。社区先后荣获省"爱国卫生示范社区"等荣誉称号。

平山区作为一个老城区，成为积极创新环境卫生管理长效机制的典范。平山区积极相应政府号召，激发社区居民的参与意识，广泛动员各方力量，基本实现了环境卫生工作由侧重专项治理向抓好日常管理、由开展突击行动向实现长效管理的转变，卫生管理工作实现了事事有人抓，处处有人管，不留死角，全区环境卫生面貌明显改善。

明山区北地街道办事处率先在全市尝试城区街巷环境卫生管理新机制，积极进行民办保洁改革尝试，实现民办保洁专业化管理，组建市容环境清洁大队，对街巷卫生实行组织化、专业化管理，改变了街巷民办保洁队伍薄弱状况，为小街小巷的卫生长效管理提供了经验。

副市长张殿纯提出，要做好社区卫生工作，必须做到如下 3 点：一要提高认识，切实增强搞好社区环境卫生的紧迫感；二要认真总结经验，推动社区卫生管理长效机制的形成；三要加强对社区卫生的领导，整合资源，支持社区卫生管理工作扎扎实实向纵深推进。

任务二　开展社区医疗卫生服务的管理

任务描述

社区卫生管理是一门新兴学科，特别是进入 20 世纪 90 年代以后，我国加强了社区建设，随之社区各项管理工作也受到了普遍重视。社区卫生管理不仅是社区管理的重要内容，也是

我国卫生事业管理的重要组成部分，它既具有一般管理的共性，又具有专业管理的个性。通过加强科学管理，努力创造一种有益于社区居民健康生活的良好条件和环境，更好地为促进我国四个现代化建设服务。请利用网络、相关文献去查阅我国社区医疗卫生服务与管理历经了怎样的发展阶段。

任务实施

阅读下列材料，并按下列材料中的标准去分析你所在社区的医疗卫生服务尚有哪些欠缺。

卫生部在 2008 年 1 月 15 日发布了《社区卫生工作管理制度》（试行稿），为社区卫生机构的准入监管、人员聘任管理、财务监管、药品监管等建立了制度，力推社区卫生工作健康发展。

（1）突发公共卫生事件两小时内上报。"社区卫生服务机构应制定突发公共卫生事件应急预案。"管理制度规定，发生或可能发生传染病暴发、流行的重大食物和职业中毒事件，发生不明原因的群体性疾病，发生传染病菌种、毒种丢失的应在两小时内向所在区县卫生行政部门报告。

（2）突发公共卫生事件应急预案包括部门职责、监测、预警、报告、程序、应急处理等。社区卫生服务机构突发公共卫生事件应急预案的启动应听从政府统一指令，服从统一指挥，提供医疗救护和现场救援，书写完整病历记录，协助转送病人，采取卫生防护措施，防止交叉感染和污染。

（3）实行首诊负责制和双向转诊制。"社区卫生机构首先接诊的科室为首诊责任科室，接诊医师为首诊责任人。"根据该管理制度，首诊医师对病人进行初步诊断，并做出相应处理，不允许有任何推诿或变相推诿现象。

如遇到需要急诊抢救的危重病人，应就地抢救治疗；如设备、条件有限，首诊医师在应急对症处理的同时，与上级医院或 120 联系，并护送病人到上级医院。

因病情需要转院治疗的病人，严格按照双向转诊制度执行。社区卫生服务机构至少与一所大型医院建立双向转诊关系，签订协议，制定实施方案和服务流程，设专人负责，确保转诊渠道通畅。

（4）为每位社区居民建健康档案。社区卫生机构应与社区居民签订《社区家庭健康服务合同》，建立家庭及个人健康档案，履行合同条款，开展分类、分层的连续性健康管理和健康教育，提供主动上门服务、追踪随访。

（5）建立精神卫生三级管理网络。社区卫生机构由街道、居委会、监护人组成的精神卫生三级管理网络，成立地区精神卫生工作领导小组，制定工作计划，定期召开例会。

社区卫生机构要开展精神卫生流行病学调查，准确掌握精神病人基本情况，实行动态管理，及时准确上报精神卫生工作统计报表。

任务引导

加强社区医疗卫生服务对于缓解目前我国居民"看病贵、看病难"的现象，提高社区居

民身体健康素质都具有重要意义。发展社区医疗卫生服务必须在结合社区实际情况的基础上，积极借鉴国际或国内其他地区的先进经验，这注定是社区管理人员不断探索的一个过程。

知识链接

1．社区卫生服务的含义

社区卫生服务是直接面向人群，以健康为主，以人为中心，以家庭为单位，以社区为范围，为居民提供预防、医疗、保健、康复、健康教育、计划生育技术指导"六位一体"的综合性服务。

2．社区卫生服务的特征

（1）基层性　社区卫生服务是社区人群为其健康问题寻求卫生服务时最先接触、最经常利用的医疗、预防、保健服务。社区卫生服务能以相对方便、经济、有效的技术和方法来满足多数病人（包括部分健康人群）的卫生服务需求，也能及时将有需要的病人转介进入其他级别或类型的医疗、预防、保健服务机构。

（2）综合性　社区卫生服务并非单纯的治疗疾病，而是通过服务提供人群的健康水平。因此，它向社区居民提供的是全方位的综合性服务，其服务对象多元化，且服务内容多样性。

（3）持续性　这种持续性，一是表现为对服务对象提供从生到死的全过程服务；二是表现为对服务对象提供健康——疾病——治疗——康复等各个阶段的服务。

（4）协调性　社区卫生服务机构及其人员必须协调社区内外、各个部门、各类医疗卫生机构之间的关系，在动员各级各类医疗卫生资源服务于社区居民的过程中，发挥中介者的作用。

（5）可及性　社区卫生服务的可及性表现为：①地域上的可及性，即社区居民不出社区可享受到各种卫生服务；②经济上的可及性，即相对低廉的价格使中低收入居民也可享受社区卫生服务；③服务提供者与服务对象关系的可及性，即他们共同工作和生活在同一社区，彼此熟悉信任，具有良好的感情联系。

3．社区卫生服务现状

二战后，由于医学技术的发展、生活水平的提高等因素，导致各国难以应对医疗卫生费迅速增长所带来的巨大压力，各国政府都在寻求降低和控制卫生费用过高的有效办法。20世纪60年代，社区卫生服务的开展和实施，为解决这个问题提供了基本的思路。经过几十年的实践，社区卫生服务这种医疗模式逐步显示出其优越性，得到各国的认可和接受。

1997年，中共中央、国务院发布《关于卫生改革与发展的决定》，第一次正式把开展社区卫生服务作为我国社区建设的工作之一。1999年，卫生部、国家计委、教育部、民政部、人事部、劳动与社会保障部、建设部、国家计生委、国家中医药管理局等10部委联合下发《关于发展城市社区卫生服务的若干意见》指出，要在全国范围内初步形成以初级卫生保健为基础，以全科医疗为内容的基层社区卫生服务的体系框架。2003年1月国务院印发的《中国21世纪初可持续发展行动纲要》中，把"优化卫生资源配置，逐步形成以社区卫生服务为基础、分工合理、方便快捷的新型城镇卫生服务体系"，作为我国可持续发展的重点，并提出运用示范手段，做好重点区域和领域的试点示范工作。2005年，卫生部发布了《关于城

市社区卫生服务发展目标的意见》，从社区卫生服务中心的规范化管理、统一标识、统一挂牌、统一制度作了相关规定。2006年，国务院发布的《关于发展城市社区卫生服务的指导意见》明确规定，参保人员选择的定点医疗机构要有1～2家定点社区卫生服务机构，实现了基本医疗保险和社区医疗服务的衔接。2008年，卫生部发布了《社区卫生工作管理制度》（试行稿），为社区卫生机构的准入监管、人员聘任管理、财务监管、药品监管等建立了制度，力推社区卫生工作健康发展。

4. 我国社区卫生服务存在的问题

虽然我国在公共卫生服务体系建设和社区卫生服务方面尽管取得了一定的进步和成绩，但由于主客观条件限制，仍存在一些问题或困难。

（1）政府投入机制和补偿机制不健全　我国社区卫生服务中心主要以政府举办的非营利性机构为主，政府投入应是社区卫生服务中心经费的主要渠道。根据中央、各地方有关部门规定，对政府举办的社区卫生服务机构，要根据所承担的社区人口预防保健和基本医疗服务任务，由同级财政安排必要的工作补助经费和基本的房屋、设备等专项补助经费。但从实际情况看，除了部分地方财政补助政策落实较好以外，很多社区卫生服务中心的经费都未落实。

（2）社区卫生服务工作人员队伍建设有待加强

1）社区卫生服务工作人员的专业建设方面。现有的社区卫生服务工作人员在学历、职称、专业技术水平方面普遍偏低；由于大部分社区卫生服务机构是由基层医院转型或者上级医院设点，工作人员在某一领域专业性较强，知识结构单一，缺乏全科医学知识，无法达到社区卫生工作的要求。

2）社区卫生服务工作人员的心理建设方面。和大医院的工作人员相比，社区卫生服务工作人员的社会地位较低，工作较辛苦和繁琐，且薪金待遇、培训考核、职称评定等不如前者规范，一定程度上降低了社区卫生服务工作人员对工作的认同感和满意度，影响其工作积极性和工作效率。

（3）社区卫生医保覆盖面不宽　社区医保直接关系到社区参保职工的切身利益，也是社会保障工作的重要内容。部分地区社区卫生服务未纳入城镇职工基本医疗保险，职工患病后只能到定点医疗机构就诊。而定点医院大多为中大型医院，既不方便，也不利于卫生费用的控制。我国需要尽快落实将基本医疗保险纳入社区卫生服务的政策。

（4）双向转诊制度不完善　所谓双向转诊，即病人生病后，首先到社区卫生服务机构来，由社区医生进行检查、诊断、治疗，如果病情不严重就在社区卫生服务机构进行治疗，如果疾病较为严重，超出了社区卫生服务机构的治疗能力，就由社区卫生服务机构将病人转到有合作关系的医院去。该医院对社区转来的病人给予一定的收费优惠。在该医院治疗一段时间，经医生诊断度过危险期后，再将病人送回社区卫生服务机构进行后期观察和跟进。这是一个互相合作的办法，能统筹利用我国的医疗卫生资源。由于卫生机构布局重复，功能不合理，效率不高，"小病进社区、大病进医院"的格局尚未形成，"双向转诊"体系不健全，形成社区卫生服务机构门庭冷清、大中型医院人潮拥挤的不均衡场景。如何实现有效的双向转诊，是社区卫生服务工作一个亟待解决的问题。

（5）社区卫生服务信息化管理手段落后　部分社区卫生服务机构的信息化管理手段落后，无法适应时代的发展，具体表现为：计算机数量不多，网络设施不完善，不便于管理和

保存病人档案。

5．我国社区卫生服务的发展建议

（1）加大政府的投入和补偿机制　各级政府和有关部门要充分认识到加快发展社区卫生服务的重要意义，提高认识，转变观念，积极支持社区卫生服务的发展，建立由相关部门负责参加的社区卫生服务工作联席会议制度，研究解决存在的问题，推动社区卫生服务较快发展。政府要增加对社区卫生服务机构的投入，财政部门应将社区卫生服务支出纳入政府财政预算，并逐年扩大其在卫生事业费用支出的比例；对于疾病监控、传染病防治等公共卫生项目应由政府出资购买项目，按服务人口或按服务项目予以补偿；预防保健项目，可予以合理收费，或由劳保部门纳入基本医疗保险项目。

（2）加强社区卫生服务人才队伍建设

1）社区卫生服务工作人员的专业建设方面。鉴于社区卫生服务人才力量相对薄弱的实际情况，可协调引导社区卫生机构与大医院合作建立人才培训和交流制度，安排社区医院的医护人员轮流到大医院培训进修，也可安排大医院的医护人员到社区卫生机构实习，促进卫生服务队伍整体素质的提高。加强社区卫生服务人才队伍建设，关键点要壮大全科医生人才队伍。一方面，医学类高等院校可以设立全科医学专业，培养全科医学的人才，在就业阶段直接向社区卫生服务机构输送专业人才；另一方面，对社区卫生服务机构中长期从事医疗服务但学历较低的工作人员进行专业培训，通过全科医生的资格考试，以适应社区卫生服务的需要。

2）社区卫生服务工作人员的心理建设方面。规范社区卫生服务工作人员的薪金待遇、培训考核、职称评定等福利，逐渐与大中型医院的医生相接轨，形成吸引人才进社区的良好环境，从而提升社区卫生服务工作人员的社会地位、自我价值感，其工作积极性和工作效率也必定会得以提高。

（3）从政策上加快医保进社区的速度　组建专业的评估专家团队，对社区卫生服务机构进行客观、科学、全面的评估，将符合条件的社区卫生服务机构纳入医保定点单位，把符合基本医疗保险有关的社区卫生服务项目纳入医保支付范围，制定在社区卫生服务机构就诊的医疗费用个人自付比例、医保处方结算及家庭病床费用结算等方面的优惠政策，将老年人、残疾人等特殊群体的护理、保健、康复及家庭病床等项目纳入医保支付范围。

（4）建立完善双向转诊机制　卫生部门可以与社会保障部门进行协调，把双向转诊制度作为重要的内容纳入医疗保险的管理条例中，通过医疗保险建立制约机制，明确规定哪些病种、何种程度必须在哪一级医疗机构就诊，并制定出相应的保证措施。若上级医院故意延长病人入院日，则可对其实行一定处罚。鼓励社区卫生服务机构和大型综合医院建立定向协作关系，医院对于由社区卫生服务机构转入的患者实行一定的费用优惠，或设社区病房，专门接待社区转诊的患者。专科医生可经常到社区进行会诊，社区医生也可到医院参加科室对由社区转入的患者的会诊、查房及治疗方案的制定等。

（5）加强社区卫生服务信息化建设　为社区卫生服务机构配备工作电脑，安装专业工作软件，以便于及时保存和管理病人档案，也可将患者信息通过网络与专家网上会诊，节省时间，提高工作效率。

案例阅读

新城市卫生服务管理办法实施　社区医疗"政府买单"

去大医院"看病贵、看病难"，去小医院又不放心，是广大市民面临的矛盾。为此，广西政协委员林日华在 2010 年的广西"两会"上提交了《关于完善社区卫生服务体系》的提案，提出应该修改之前实施的《广西壮族自治区社区卫生服务管理办法》，让社区卫生服务真正惠及于民、服务于民，让居民享受价廉优质的基本医疗服务。对此，自治区完成了《广西壮族自治区城市卫生服务管理办法》（以下简称新《办法》）的修改，新《办法》于 2011 年 1 月 1 日实施，明确社区卫生服务机构以政府举办为主，坚持公益性、非营利性，社区医院业务用房、设备购置等经费都将得到政府的财政保障，这将大力促进城市社区卫生服务发展，有效解决"看病难、看病贵"的现象。

提案　应完善社区卫生服务体系

林日华在调研中发现，自治区人民政府于 2002 年 12 月颁布的《办法》，已经无法体现城市社区卫生服务机构提供公共卫生和基本医疗服务的主要功能，也不利于近期实现医改目标。

《办法》中规定社区卫生服务可以是营利性的，全区已建成的 311 所社区卫生服务机构，绝大部分依靠社区力量举办，这就使医疗创收成为维持社区卫生服务机构运转的最主要甚至唯一经济来源，"以药养医""以医养防"的负担直接转嫁在老百姓身上。

对此，林日华建议修订《办法》，完善城市社区卫生服务体系。严格界定政府举办的城市社区卫生服务中心（站）的服务功能，增强服务能力、降低收费标准、提高报销比例等措施并举，引导一般诊疗下沉到基层，逐步实现社区首诊、分级医疗和双向转诊。严格核定人员编制，实现人员聘用制；建立能进能出和激励有效的灵活人力资源管理制度；同时，明确规定社区卫生服务机构收支范围和标准。

办理情况　新《办法》1 月 1 日开始实施

针对林日华委员的提案，自治区法制办以及卫生厅在前期调查的基础上，把修订 2002 年实施的《办法》列入了 2010 年自治区人民政府立法计划；经多次修改后，在 5 月初，形成了新《办法》，经由自治区人民政府常委会审议，新《办法》于 2011 年 1 月 1 日正式实施。

新《办法》明确规定社区卫生服务机构为公益性、非营利性基层医疗卫生机构，其功能是提供公共卫生和基本医疗卫生服务；强调发展社区卫生服务以政府为主导；政府负责拨付其举办的城市社区卫生服务中心（站）按国家规定核定的基本建设经费、设备购置经费、人员经费和其承担公共卫生服务的业务经费等。

规定社区卫生服务机构不再姓"私"而姓"公"，社区医院要给老百姓提供物美价廉的医疗服务，进而有效缓解"看病贵"的问题。

同时，社区卫生服务机构还要施行国家基本药物制度，必须配备和使用国家基本药物目录药品和自治区增补的基本药物。

结果　在家门口就能看上病

杨先生年过七旬，患有高血压和风湿病，需要经常服用药物，离家最近的凤岭卫生服务中心是他的首选，虽然步行仅 10 多分钟路程，但对体弱多病的他来说还是不太方便。

新《办法》实施后，社区卫生服务机构不仅免费为辖区居民建立健康档案，对高血压、糖尿病等慢性病患者进行体检，健康教育，诊疗，护理和治疗，还可以提供为辖区居民上门看病等服务，逐步承担起居民健康"守护人"的职责。杨先生这样存在实际需求的居民足不出户就能享受医疗服务了。

业内人士认为，新《办法》最大的好处是明确了由政府出钱买社区卫生服务机构的服务给居民。由于新《办法》刚刚实施，具体成效尚不明显。相信在资金到位的情况下，社区卫生服务机构的整改将会迅速进行，居民在社区就能享受价廉的基本医疗服务。

课间休息

明城新苑居委会 2010 年健康教育工作计划

为了更好地贯彻落实奉贤区健康教育工作要点精神，积极参与创建国家卫生区，进一步完善社区健康教育与健康促进工作体系，组织开展多种形式的健康教育与健康促进活动，广泛普及重大传染病和常见、多发慢性非传染性疾病防控知识，进一步提高社区居民群众健康知识水平和自我保健能力。根据我社区实际情况，制定了社区 2010 年健康教育工作计划，内容如下：

一、健全组织机构，完善健教工作网络

完善的健康教育网络是开展健康教育工作的组织保证和有效措施，今年我们将结合本社区实际情况，调整充实健康教育领导小组，进一步健全健康教育组织机构；明确健康指导员的工作职能，组织人员积极参加市、区、街道组织的各类培训，提高教导员自身健康教育能力和理论水平；加强健康教育管理基础工作，定期召开健康教育领导小组成员会议，进一步完善健康教育资料和工作台帐；将健康教育工作列入社区工作计划，加强各类人员健康教育；进一步建立健全集预防、保健、健康教育、计划生育工作计划等为一体的社区卫生体系，把健康教育工作真正落到实处。

二、突出防病重点，开展健教活动

充分发挥健康教育网络作用，组织网络员、重点人群有计划、有步骤、分层次开展预防控制艾滋病、结核、人感染高致病性禽流感、乙型病毒性肝炎等重大传染病的健康教育与健康促进工作，同时广泛普及预防心脑血管疾病、恶性肿瘤、糖尿病等慢性非传染性疾病的卫生科普知识，积极倡导健康文明的生活方式，促进人们养成良好的卫生习惯。结合实际，制定应对突发公共卫生事件健康教育、健康促进工作预案与实施计划，对公众开展预防和应对突发公共卫生事件知识的宣传教育和行为干预，增强公众对突发公共卫生事件的防范意识和应对能力。

三、普及科学健康知识，提高居民群众"两率"

利用本社区的健康教育基地，采用群众喜闻乐见的健教方式，开展一些寓教于乐的健康教育活动。

1）利用"爱卫月"、"科普宣传周"、"学习日"进行卫生法规、健康知识宣传和普及，正确引导社区居民积极参与各项有益身心健康的活动，引导居民把被动的"为疾病花钱"转变为主动的"为健康投资"，从根本上提高居民自身的健康知识水平和保健能力。

2）充分发挥社区的标语、专栏、板报等宣传卫生常识、"慢四病"的防治知识，普及健康相关知识。

3）抓好社区健身队伍的健身互动。利用活动室等健身场地，定期开展老年健身、棋牌赛等活动，组织开展秧歌表演、健身晨练活动，丰富居民的业余文化生活。

4）对居民广泛开展控烟教育，做到办公室、会议室有明显的禁烟标志，努力落实禁烟制度。

5）以老年人、妇女、青少年、流动人口 4 种人群为重点，广泛开展老年保健、老年病防治与康复等多种形式的健康教育和健康促进活动，免费为老年人测量血压和健康咨询；做好计划生育工作，提倡晚婚晚育、少生、优生、优育，提高人口素质，组织妇女病体检，为她们提供优质服务，保护妇女的合法权益；做好青少年的健康教育，配合学校组织开展寒暑假公益活动、心理健康教育、青春期卫生保健教育等活动。

同时把重点人群教育与普及教育有机结合起来，全面提升社区居民群众的健康教育知识知晓率和健康行为形成率。努力使我社区居民的健康意识和自我保健意识上一个新台阶。

2010 年 3 月 15 日

任务三　创建 "两型社区"

❂ 任务描述

节约资源、保护环境、寻求人与人之间及人与自然之间的和谐、坚持可持续性发展，已经成为社会建设的重要原则和指标，构建"两型社区"以助力"两型社会"的建设是社区管理人员应该具备的工作思路。请阅读下列材料，结合你所居住社区的实际情况，撰写一份创建"两型社区"的活动方案。

❂ 任务实施

两型社会创建活动实施方案

（1）创建范围：在芦江社区全面开展。

（2）创建标准：

1）广泛开展节能环保宣传。利用宣传栏、黑板报、海报和传单等载体，张贴两型社会建设相关的标语、口号、条幅等。向社区居民发放宣传资料和科普读物，增强居民在节水、节电、节材和社区环境卫生等方面的意识，形成良好的卫生环保习惯。在社区举行活动组织居民进行节能环保的经验交流。

2）推进垃圾分类回收。向社区居民传授垃圾分类相关知识，在社区内建立分类精准的回收处理系统，引导居民积极参与废旧资源回收和垃圾减量分类工作，重点做好废旧电池、废旧家电和危险废品回收工作，对垃圾实行分类集中妥善处理。

3）推进社区节能和新能源利用。紧急将社区公共灯具更换为紧凑型节能灯，加强公共

区域照明节约用电管理，并引导社区居民更换家用灯具为节能灯。

4）优化社区综合环境。完善社区内道路、绿化等基础设施建设，加大管理力度，实现社区路面无污水漫溢、无裸露垃圾、无乱贴乱画，楼道无私人物品堆放，积极开展社区油烟、噪声污染的治理工作，保障社区居民的环境权益。

5）建设节能环保家庭。向社区居民推广环保绿色的家庭生活消费新模式，反对使用塑料袋，提倡使用布袋或菜篮等。倡导选购节能家电、器具和环保产品，拒绝过度包装，使用无磷洗衣粉等。在社区公开评选两型示范家庭，并予以表彰，带动社区两型创建工作。

任务引导

（1）创建两型社区的前提是要深刻领会两型社区的内涵和精神，不可光做表面功夫，实际上违背了创建两型社区的初衷。

（2）创建两型社区没有统一的模式，应结合社区自身的特点和资源，努力探索适合社区的模式。

知识链接

1. 两型社区的内涵

"两型社区"的概念源自"两型社会"，"两型"指的是"资源节约型、环境友好型"。资源节约型是指整个社会经济的发展建立在节约资源的基础上，建设节约型社会的核心是节约资源，在生产、流通、消费等各领域各环节，不断提高资源利用效率，在尽可能减少资源消耗和环境代价的同时满足人们日益增长的物质文明需求。环境友好型是一种人与自然和谐共生的社会形态，其核心内涵是人类的生产和消费活动与自然生态系统协调可持续发展，谋求人类社会的发展与自然生态环境保护的共同实现。

"两型社区"是建设"两型社会"的重要组成部分，社会是由众多社区单元构成，那么两型社会的形成，必须以两型社区为基础，只有通过一个个两型社区的建立，并不断拓展，才能构建两型社会。

2. 资源节约型社区标准

随着绿色环保的概念日益深入人心，节约能源、低碳生活也逐渐成为流行的生活方式。要构建一个资源节约型社区应该包括如下标准：

（1）资源节约型建筑　资源节约型建筑要力求"四节"：节能、节地、节水、节材。

我国人均资源相对贫乏，但在建筑的建造和使用中，却长期处于消耗高、利用效率低的状况。我国的煤炭、石油、天然气、可耕地、水资源和森林资源的人均拥有量仅为世界平均水平的约 1/2、1/9、1/23、1/3、1/4 和 1/6。从这些数字看来，不难发现对建筑"四节"不能简单地从节约几度电、几吨水来认识其意义。

1）节能。不仅要重视建设时的节能，更要重视降低建筑长期使用时的总能耗。因此，重点要研究建筑使用过程中的能源结构和供应方式，特别是新型可再生能源的开发利用、供

热体制与供热方式改革问题。

2）节水。首先是强化通过节水器具的推广应用来减少用水量，减少供水与排水管网漏损实现节水，还要着重研究污水再生利用问题。

3）节材。要重点研究新型工业化道路，走建筑产业化发展的新路子，推广应用高性能、低材耗、可再生循环利用的建筑材料。

4）节地。目前的状况是村镇建设用地总量是城市建设用地总量的 4.6 倍，通过推进城镇化，合理规划布局，提高土地利用的集约和节约程度，到 2020 年可实现城乡新增建设用地与节约用地的动态平衡。

（2）资源节约型家庭—— 打造节约生活

1）节水光荣。养成良好的用水习惯，节约用水。例如：洗手擦肥皂时要关上水龙头，洗完手要关紧水龙头，看见漏水的水龙头一定要赶快关上；不要开着水龙头用长流水洗碗、洗衣服；一水多用，尽量使用二次水；水龙头有滴漏现象，尽快维修；洗淋浴比盆浴用水少，擦肥皂时关上水龙头，冲洗时间也不要太长；尽量使用节水龙头；少量衣服用手洗，不用洗衣机。

2）保护水源，减少水污染。不在饮用水源地游泳、捕鱼和划船；不往河里、湖里乱扔东西；不在河边、湖边倾倒垃圾和废弃物；剩菜里的油腻物，应倒入垃圾箱，洗碗盘时尽量不用或少用洗涤灵；选购无磷洗衣粉和洗涤剂；见到污染水源的现象，要及时制止，或报告有关部门。

3）节约用电。随时关掉不用的灯，不开长明灯；白天尽量利用自然光，在自然光线充足的地方学习；不同时开启多种家用电器，不用的电器应关掉，不要让它处在待机状态白白耗电；尽量用扫帚和抹布打扫卫生，减少吸尘器的使用；尽量不装空调或少开空调；要经常清洁灯管、灯泡或冰箱后面散热器上的灰尘；集中存取冰箱食物，减少开关次数；尽量使用节能灯具。

4）平常出行尽量乘坐公交车辆，或骑自行车。有汽车的人应使用无铅汽油。

5）使用再生纸。在打印材料时，力求使用二手纸。

6）使用绿色产品。绿色产品是指在生产、运输、消费、废弃的过程中不会给环境造成污染的产品。要尽量选购、使用绿色产品。我国的环保产品有无氟冰箱和不含氟的发用摩丝、定型发胶、领洁净、空气清新剂等，还有无铅汽油、无磷洗衣粉、低噪声洗衣机、节能荧光灯，以及无镉、汞、铅的环保普通电池和充电电池。不要选购过度包装的商品。

7）少用一次性制品。自带饭盒用餐，少用一次性快餐盒；积极响应国家的"禁塑"号召，在商店购物，少领取塑料袋，上街购物自备购物袋；重复使用已有的塑料袋；少用一次性筷子；少用纸杯、纸盘、塑料保鲜膜等；少用木杆铅笔。

8）做好垃圾分类回收。在家里设置几个垃圾筐，把垃圾分为废纸、废塑料、废玻璃、废金属和废弃物几类；如果所住小区没有实行垃圾分类，可建议居委会与有关部门联系，上门回收清运；如果所在小区实行垃圾分类，则一定要按分类垃圾桶的标示分类投放垃圾。

9）爱护动物，保护自然。不吃用野生动物做的菜肴，如熊掌、猴脑、鱼翅及各种珍稀鸟禽；不穿珍稀动物毛皮服装，不使用野生动植物制品，如象牙、虎骨、红木家具等；看到偷猎或偷卖野生动物，要劝阻或向有关部门报告；在动物园要尊重动物的安宁，不要恫吓或乱投食物；

不捕捉和饲养野生动物，遇到受伤害的野生动物，要及时报告有关部门，设法救护。

10）参加植树护林等环保活动。爱护绿地，积极参加绿化造林活动；看到毁树毁林行为要及时劝阻、制止或向有关部门报告；去郊外游玩时，不攀折践踏花草树木，不随便采集标本；参加领养树木的活动。

3．环境友好型社区标准

《2001～2005 年全国环境宣传教育工作纲要》提出了创建绿色社区的主要标志，即绿色社区的基本标准：有健全的环境管理和监督体系；有完备的垃圾分类回收系统；有节水、节能和生活污水资源化举措；有一定的环境文化氛围；社区环境要安宁，清洁优美。

社区环境保护设施和污染防治控制措施是社区环境硬、软件建设的主要内容，大体可以分为以下几方面：

（1）社区绿化

1）绿化覆盖率：社区绿化覆盖率≥30%，2003 年以后新建城区内的社区绿化覆盖率须≥35%；

2）社区内的古名树应挂牌，使之得到有效的保护。

（2）污水处理设施

1）社区内的雨水与污水管道要分流；

2）社区内产生的污水应全部进入城市污水收集管网或社区自有的污水处理设施，社区内无污水漫溢现象；

3）社区内有一定的无害化粪便处理系统；

4）位于旧城区的排水管网要逐步实现干管截污；

5）社区基本上无向江、河、湖、塘排放污水的现象；

6）位于社区内的企业、事业单位均应有一定的污水治理设施并运转良好。

（3）垃圾收集管理

1）社区内应配置便利的垃圾分类收集设施，社区居民都能够按照要求分类投放垃圾；

2）社区内有专职的垃圾清扫人员，经常清扫，社区内无暴露垃圾；

3）社区无向江、河、湖、塘倾倒垃圾的现象；

4）有毒有害废弃物有妥善处理地点。

（4）噪声与大气污染防治

1）社区内的企业、事业单位所有的噪声污染均得到了治理并实现达标排放，无噪声扰民等环境问题；

2）居民装修、文娱活动、机动车夜间均不影响周边环境；

3）社区内无小三轮摩托车等噪声大的机动车非法营运现象；

4）社区内的餐饮、娱乐服务业和单位对餐饮油烟、高硫煤烟尘污染均进行了治理并实现达标排放，社区内无油烟、烟尘扰民及扬尘污染等环境问题。

（5）其他

1）在社区内应积极推广使用绿色建筑装饰材料；

2）积极推广使用液化气、管道煤气等清洁能源；

3）公共设施要普及推广使用节能灯、节水龙头（一般使用率应≥70%）；

4）社区内的景观用水和花木草坪灌溉应提倡利用回用水（其中，景观用水的循环使用率≥50%）。

4．如何建设"两型社区"

（1）建设"两型社区"的原则

1）广泛宣传原则。构建"两型社区"需要动员社区所有力量参与，首先必须唤醒社区居民的意识，因此必须做好前期的宣传工作，如通过社区的橱窗、信息广场、社区报刊等受众面广、居民熟悉的途径进行多方位宣传。

2）发动本地领袖原则。在社区居民中寻找和发掘有号召力或德高望重的本地领袖参与建设"两型社区"，会起到事半功倍的作用。鉴于社区本地领袖有良好的群众基础，若能争取到本地领袖的支持和理解，他们能给其他居民起到良好的示范和宣传功能，能有效发动其他居民的参与。

3）社区工作人员的身体力行原则。社区工作人员必须将构建"两型社区"的理念转化为实际行动，做到言行一致，为社区居民树立行为榜样。

4）依靠社区居民原则。构建"两型社区"的真正力量在于社区居民，需要结合社区居民的兴趣与需求，激发他们参与社区建设的动机，发挥他们的潜能，将他们纳入决策、执行等过程，成为构建"两型社区"的主力军。

5）持续工作原则。构建"两型社区"并非易事，不可能一蹴而就，要居民改变传统的生活观念并转化为实际的行动需要一段时间。因此，不能为单纯响应政府号召或者赶潮流在某段时间"轰轰烈烈"构建"两型社会"，等时间一过就偃旗息鼓。一定要设定长远目标，做好长期规划，系统全面地坚持构建"两型社区"工作。

（2）建设"两型社区"的方法　在建设"两型社区"方面，各地都有不同的经验，应该结合社区特征和资源因地制宜建设"两型社区"。

1）在社区中组建"社区环境卫生管理联席会"的模式是社区环境卫生建设的一种很好的方法。"社区环境卫生管理联席会"是社区环境卫生管理工作的核心，可以由政府的有关部门、居委会、物业公司、民间组织、居民代表等组成。社区环境卫生管理联席会作为社区环境卫生管理体系的核心，负责社区的环境卫生管理和具体实施。

2）引导社区家庭成为建设"两型社区"的主体。"两型社区"的建设主体并非社区管理人员，或者"社区环境卫生管理联席会"，他们扮演的只是领导者和倡导者的角色，真正的主角必须是社区居民，而社区居民又以家庭为单位。必须让社区家庭意识到他们既是"两型社区"的建设者又是受益者，应该激发他们的主观能动性，通过社区宣传和教育，倡导他们树立节约资源、绿色环保的意识，养成绿色生活习惯。

3）建立健全社区卫生环境监督机制。建立健全社区卫生环境监督机制是建设"两型社会"不可缺少的一个环节。严格地说，社区的每一个公民都应该成为社区环境卫生监督的主体，我们在工作设计上不应该排除任何一个社区公民对社区环境卫生工作监督的权利。

在实际操作中，很多社区的社区环境卫生监督都是由环保志愿者来承担的。环保志愿者积极组织和参与各种环保活动，是社区环保的骨干力量。志愿者队伍的负责人，一般还应该是社区环境卫生管理联席会的成员，可以主动参与社区的环境管理。另一方面，社区环保志愿者由于绿色环保意识比较高，并且容易得到社区居民的认同，最适合充当社区环境卫生监

督的主体。

另外，从社区环境卫生监督工作的实际来看，社区里的孩子也是一支社区环境卫生监督的积极力量。可以通过对他们进行专门培训教育，组织他们参加形式多样的环保活动，从而担负起社区环境卫生监督的重要任务。让孩子来担当社区环境卫生监督工作的另一个重要意义在于，在社会环境卫生建设实践中，通过宣传教育孩子，再通过孩子带动家庭，而家庭是社区的细胞，通过家庭影响社区，是一条行之有效的社区环境卫生建设的有效途径。另外，组织孩子参与社区环境卫生监督工作，还可与校园环保结合起来，社区附近的中、小学可以和社区联起手来，学校的环境教育与实践可以走进社区，社区开展环保活动也可请学校来参加。

搞好社区环境卫生的监督，从根本上来说，就是要建立以社区为基础的公众环境参与机制，一个行之有效的做法是在社区设立多个环保意见箱，发挥居民的监督作用，保障公民的环境权益。社区环境卫生监督体系的建立，可以有力地保障环保目标落实，充分体现群众对环保的权益，同时也是居民积极参与社区建设的重要表现，是我国今后社区环境卫生建设的重点和难点所在。

4）建立和健全社区卫生工作评估机制。社区环境卫生建设的最后一个重要环节，就是社区环境卫生评估工作。社区环境卫生的评估，就是对于社区环境卫生建设现状的摸底，既是肯定成绩，也是寻找差距，更是为社区环境卫生建设的进一步工作寻找科学的依据。

在进行社区环境卫生评估时，首先要有科学严格的评估标准，应该根据"两型社区"的标准，确定一个科学明确的评估体系。其次，要有一个科学的评估主体，一般而言，这个评估主体，不能是社区环境卫生管理的主体，由政府组织或者民间组织来充当比较合适。

在具体的评估过程中，还要注意客观评价和主观评价相结合。既要看建设成就，也要听百姓口碑；在听取意见的时候，更要注意听取多方面的意见，听取意见的对象应该能够包括社区居民的各个群体。同时强调，科学的调查研究方法可以为社区环境卫生评估提供良好的指导。

案例阅读

落实科学发展　创建两型社区
——砂子塘街道白沙社区经验分享

为积极响应创建"两型"社会的号召，砂子塘街道白沙社区充分发挥社区、物业公司、业主委员会、辖区单位和辖区居民各自资源优势，现已形成社区与企业、社区与居民、企业与居民共驻、共建、共享的社区治理模式，在"两型"社区的创建中不断取得成绩。

白沙社区是一个非常典型的单位型社区，节能降耗一直是企业和社区共同的奋斗目标，为实现这一目标，社区和企业在"十五"期间，制定了计划去逐步完成内部锅炉改造，实现改燃煤为燃油，再以燃油改为燃气并将蒸汽、热水循环利用，并在"十一五"期间完成改造并投入使用。

在"十五"期间，企业逐步将原来的 6 台 30t 生产燃煤锅炉改成燃油锅炉，大幅度改善了生产区周围的空气质量；在"十一五"期间，企业进一步将燃油锅炉改造成为燃气锅炉，不仅降低了生产成本，也真正实现了清洁、干静、环保、节约能源的目的。

此后，企业在生产过程中，有 10 台大型柴油锅炉，分别为 6 台 30t 生产锅炉、4 台 20t 生活锅炉，锅炉生产蒸汽经各部门使用后产生大量的余汽，过去由于设备技术不完善和缺乏循环利用资源的意识，造成这些资源被大量浪费。为积极贡献于建设"两型"社会，企业把资源循环利用作为重点工作，并列入年度工作计划。2008 年由企业投资对 6 台 30t 锅炉进行改造，将生产过程中锅炉产生的蒸汽，通过管道导入车间、食堂、办公楼、社区卫生保健站、幼儿园用做生产、生活、医疗使用后，再次将回收蒸汽经收水器冷凝后进入冷凝器，将蒸汽凝聚成热水，进一步利用余汽加热再用管道输送到居民生活区、生产区、集体宿舍、办公楼等进行循环利用，同时充分回收、重复利用蒸汽转化为热水后输入各用水部门。

目前，每台生产锅炉年均节约柴油约 100t，生产锅炉完全能满足生产和生活的需求，且保证了生活所用的热水干净、稳定，办公楼 2 台生活锅炉已停止使用，暂作为备用锅炉。同时，冷凝水的一部分热水再次输送至生产锅炉减少冷水量，也降低了成本和燃气的消耗量。

课 后 实 训

1. 请利用课余时间调查你所在社区的卫生环境管理现状，并撰写一份社区卫生环境现状调查报告。

2. 请了解目前你社区为创建"两型社区"做了哪些工作，并针对此主题策划一次宣传活动，即向社区居民宣传创建"两型社区"的理念，与你社区的管理人员讨论此策划书的可行性。

项目十三

社区治安环境管理

项目概述

　　社区的治安环境是社区居民生命财产安全得以保障的基本条件，社区治安环境管理是社区管理人员的重要工作内容。本项目要求学生通过实地调查社区治安环境现状，发觉和调节社区民事纠纷，防控管理社区重点人群等，着重培养学生收集信息、人际沟通能力和专业敏感力。

背景介绍

　　如果你即将入住一个社区，请问你最重视此社区的哪个方面？可能大部分人的答案都是"社区的治安情况"，因为生命财产安全是社区居民安身立命、安居乐业的基本条件。社区治安是社区居民群众最为关注、反应最为强烈的问题之一，也是社区治理的重要内容之一。抓好社区治安综合治理，维护社区安全，保持良好的社区社会秩序，是社区居民和单位进行正常生活和工作的必要条件，是改革开放和经济社会建设的重要保证。那么，如何调查社区治安环境现状、如何调解社区居民的民事纠纷、事关社区治安的重点人群包括哪些人等，都需要从社区管理工作的实践中得到答案。

任务一　调查社区治安环境现状

任务描述

　　社区管理人员在开展社区治安工作前必须对社区治安环境现状有个客观认识，即需要对社区治安环境现状进行调查，并形成书面调查报告。请阅读下列材料，从中获取启示，尝试归纳和总结调查社区治安环境现状的方法。

任务实施

为老社区居民架设安全网

——锦州市 老社区治安情况的调查

2007年，锦州市政府深入到古塔、凌河两个老城区进行社区治安情况调查，获取了大量一手资料，为确定后续工作方向和工作重点奠定了坚持基础。

锦州市共有20个街道109个社区，人口76万，其中，老社区90个，人口63万。由此可见，老社区是社区的主体，老社区的治安状况好坏与全市的稳定与和谐直接相关。

近年来，为做好老社区的治安工作，各部门密切配合，采取各种有效措施，不断加大老社区的治安工作力度。2007年，市政府调研室有关人员深入到古塔、凌河两区，对老社区的治安情况进行了专题调研。调研结果显示老社区的治安状况明显好转，社区居民的安全感不断提高。

（1）社区治安组织得到健全。一是设立社区调节委员会，有效化解了居民之间的民事纠纷。二是组建了由区财政拨款开支、由区政法部门负责管理的治安联队。有效地制止和预防了抢劫、盗窃等案件的发生。三是各社区组建了以老党员、老干部、退休教师、低保户等为主要成员的义务巡逻队。他们主要在白天义务巡视，为百姓看门望锁，被小区群众亲切称为人民财产的"保护神"。

（2）驻区警力得到增强。一是下沉警力，强化社会治安。截止调研之时，锦州市公安部门在新老社区共建警务室347个，下沉警力732名，为社区治安工作提供了坚强的保障。二是加大了技防建设。古塔和凌河分局分别投资近70万和200余万，根据社区治安工作的需要安装了1000多个监控探头，提高了社区治安的能力和现代化水平。

（3）照明设施得到完善。通过多方筹措资金，老社区内的照明设施都已安装完毕，并正常使用，既方便了市民夜间出行，也减少了社区治安案件的发生。

从古塔、凌河两区实地调研的情况看，当前影响锦州市老社区治安管理的主要问题有流动人口管理难度大、失业下岗人员集中、聚赌现象等，同时个别社区警力不足。针对上述问题，应采取相应的对策和措施。

一方面，加强对流动人口和出租房的管理。制定并出台锦州市流动人口和出租房屋管理办法，实现流动人口和出租房屋管理的法制化、规范化和制度化。

另一方面，做好再就业工作。区、街道和社区各级力量应该采取切实可行的措施，大力开展再就业援助活动，积极做好失业下岗人员的再就业工作，尤其是要特别关心两劳释放人员和"4050"人员的就业和再就业工作。

任务引导

（1）要定期对社区治安环境进行调查了解，才能发现社区治安工作中存在的漏洞和不足，以进一步改进工作。

（2）在调查社区治安环境时既要注重对客观现状的评估，也要关注社区居民对社区治安环境的主观感受。

知识链接

1. 社区治安的含义

社区治安是指在一定地域内对社会治安问题的治理,是指社区政府和自治组织依靠社区群众,协同公安、司法机关,对涉及社区的社会秩序和人民群众生命财产安全依法进行治理的公务活动。

2. 社区治安工作的主要内容

(1)法制教育 主要通过法律知识的宣传教育,使社区居民提高依法办事的意识和能力,强化法制观念和遵纪守法的自觉性。

(2)人民调解 通过做好人民调解工作,防止民间纠纷激化,促进邻里和睦与社会稳定。

(3)治安防范 通过加强巡逻、运用科技手段等途径,防止和打击违法犯罪活动。

(4)社会矫治 运用社会工作的理论方法,对社区范围内的违法犯罪人员及刑满释放人员提供专业服务,实现矫正其思想和行为,防止再违法犯罪。

(5)维持秩序 通过对社区内的市场、繁华场所和学校门前的维护和管理,营造更好的社区生活和工作环境。

(6)事故预防 通过对社区内的交通车辆管理以及防火设备的维护、保养、更新,提高对突发事故的预防与处理能力。

3. 当前社区治安工作面临的挑战

(1)居住人口结构发生变化,使得社区治安更加复杂化 近年来,随着社会经济的迅猛发展及城市发展进程的加快,大量的农村人口涌入城市,流动人口急剧增加,给社区治安管理带来新的问题。由于流入人口的居住不稳定,给治安管理增加了一定的难度。

(2)无业人员闲散于社会,增加了社会不稳定因素 这类人群以青少年为主体,也有部分下岗人员,人数逐年呈上升趋势。部分人终日无所事事,收入无着落,就干起犯罪勾当。还有些浪迹社会的青少年,本身思想意识有偏差,再加上受外来腐朽思想的侵袭,为追求享受,没钱花就去偷去抢,有些甚至结成团伙,犯科作案,危害群众,破坏社会稳定。

(3)群众居住格局改变,给盗窃作案有更多的可乘之机 当前城市居民大多以居住商品楼房为主,且大多没有实行封闭式管理,同一楼层或同一楼道的居民间联系和交流甚少,这就给不法之徒提供了犯罪得手的机会。

(4)社会防范体系不完善,不能及时有效遏止犯罪事件的发生 首先是认识上有偏差,有些部门、有些人认为抓治安是公安机关和居委会的事,因此参与齐抓共管的主动性和积极性不够。其次是管理力量不足,就派出所来说,目前 1 名民警负责联系 1~2 个居委会,其单枪匹马要承担起指导一个社区的治安工作,在时间和精力上显得不足。

4. 社区治安的测量指标

在调查社区治安环境时,应紧扣客观性和主观性测量指标,以求全面评估和了解社区治安环境现状。

(1)社区治安的客观性测量指标

1)社区范围内犯罪案件的发生率,如抢劫、盗窃、杀人、强奸等。

2）社区内违法行为的发生率，如打架、斗殴、赌博、吸毒等。

3）社区范围内刑满释放人员、缓刑假释人员、劳改劳教人员的矫治服务状况，以及重新违法犯罪率。

4）社区范围内事故发生率，如火灾事故、交通事故、触电事故、煤气泄漏事故等。

5）社区范围内居民之间及居民与机构之间纠纷、投诉事件发生率。

6）社区范围内青少年成长环境安全状况，如：网吧、电子游戏厅、卡拉 OK 厅、歌舞厅等娱乐场所的管理；"黄、赌、毒"等现象的治理；上学、放学的路途安全等。

7）社区生活环境安全状况，如：社区周围工作、工地生产施工噪声治理；社区道路修整（有无水坑和无盖井）；晚间照明设施的维护；有无私建乱建房屋，随意堆放杂物等。

8）社区保安设施和人员的配备情况，如防盗装置、防火设施的数量及维护更新状况；保安人员的数量、素质及培训情况等。

9）社区治安管理制度。有无相关的规章制度以及规章制度的执行情况。

（2）社区治安的主观性测量指标

1）居民对社区治安的满意率和满意度。

2）居民出行时，对家中财务安全的放心度。

3）居民（尤其是女性）夜晚出行时的安全感。

4）居民对孩子生活、学习环境的安全感。

5）居民对邻里关系的满意度。

5．调查社区治安环境现状的材料来源

社区管理人员在调查社区治安环境时需要多方面了解和收集相关材料。

（1）调查人员客观观察　社区治安环境的某些方面通过调查人员的客观观察即可获得结果，包括社区范围内青少年成长环境安全状况、社区生活环境安全状况、社区保安设施和人员的配备情况。

（2）社区工作人员的反馈　社区治安环境某些方面的情况询问社区工作人员即可，包括社区范围内事故发生率、社区范围内居民之间及居民与机构之间纠纷、投诉事件发生率、社区治安管理制度。

（3）相关公安部门的反馈　某些特别的信息可向社区所属地的派出所、相关公安部门问讯，包括社区范围内犯罪案件的发生率，社区内违法行为的发生率，社区范围内刑满释放人员、缓刑假释人员、劳改劳教人员的矫治服务状况，以及重新违法犯罪率。

（4）社区居民的反馈　社区居民对社区治安环境的主观感受，即社区居民对于居住于此社区感觉到的安全程度，需要得到居民的亲身反馈。

6．调查社区治安环境现状的方法

调查社区治安环境现状的常用方法包括：

（1）实地观察法　调查人员深入社区一线进行客观观察。

（2）访谈法　针对社区工作人员、相关公安部门工作人员以及社区居民进行访谈以收集相关信息。这种方法的好处在于能和被访谈的社区居民进行深度沟通，而且能捕捉其在沟通过程中的情绪表现和肢体语言等，这在一定程度上保证了所收集信息的真实性和深度性。

（3）文献分析法　根据社区工作相关记录、相关公安部门文献记录进行分析，总结出有关社区治安环境现状的信息。

（4）问卷调查法　在针对社区居民开展大面积的社区环境安全感的调查时，可以采用填写问卷的方式收集信息。这种方法的好处在于能在短时间内收集大量社区居民的反馈信息。

案例阅读

中小学校幼儿园周边治安环境情况调查表

学校、幼儿园章：

措施名称	有、否	采取安全措施办法	措施名称	有、否	采取安全措施和办法
迪吧			烟花爆竹		
歌舞厅			化工厂		
酒吧			加油站		
游戏厅			高压变电所		
网吧			液化器供应站点		
台球厅			集贸市场、早市		
公共娱乐场所			商服网点		
环境噪声			传染病院所		
无照经营商店			太平间		
小吃部			看守所		
宾馆			教养院		
小商小贩			收容所		
收缴管治刀具情况	主动上交：　　把			集中收缴：　　把	
填表人：			学校法人签字：		

任务二　调解社区民事纠纷

任务描述

有人的地方就会有矛盾，在社区中也不例外。当社区居民因为一些民事纠纷发生矛盾时，除了通过司法诉讼的途径以外，还可以通过什么方式来平息纠纷？社区管理人员又可以做些什么？请结合下列材料思考上述问题。

任务实施

社区民事纠纷调解案例

2010年的某一天，某社区建筑工地发生农民工猝死事故。事后农民工家属与施工单位发生了经济纠纷，社区工作人员得知后迅速到达事故现场，积极配合公安机关进行事故调查并及时同死者家属沟通思想，当时死者家属情绪相当激动，社区工作人员和派出所同志以及街

道司法机关人员运用法律法规，耐心细致地对其进行教育劝导工作，平息事态，及时召集当事人洽谈赔偿事宜，叫死者家属方派2名人员作为代表，再由建筑承包商和建房户，按程序分别给予解决，最后调解为施工方向死亡家属赔偿8万元，使事故得到圆满解决。事后死亡家属激动地说"我们对这起事故调解很满意，如果打官司的话，不但耗时长，而且还要请律师，交诉讼费。公道的调解，使我们少费口舌，少花钱。"

任务引导

（1）社区居民间的纠纷无处不在，而且层出不穷，并非所有纠纷都需要诉诸法律手段才能解决。成功的社区调解不仅能节约国家资源，而且能在尽可能短的时间内，解决社区民事纠纷，将事态解决于萌芽状态，有助于构建社会主义和谐社会。

（2）在调解社区民事纠纷时，调解员最重要的是要立足公正客观的立场，换位思考。

知识链接

1. 社区调解内涵

社区调解是指对社区内公民之间、公民与法人、法人与法人以及其他社会组织之间的有关民事权益纠纷在平等自愿的基础上，用说服、教育、疏导的方法，通过平等协商来解决双方或多方当事人的矛盾纠纷，维护社区社会秩序的活动。

2. 社区纠纷调解原则

依据《人民调解委员会组织条例》，社区民间纠纷调解有以下3条原则：

（1）依法原则　社区民间纠纷调解工作，要按照国家有关法律、法规的指导，有序、合法地开展，而不得和国家的法律、法规、规章、政策相抵触。经过调解达成的和解协议，要符合法律、法规、规章、政策和社会主义道德规范作为是非标准，协议的具体内容也要体现我国的法律法规。

（2）自愿平等原则　社区民间纠纷调解是社区居民内部的自我和解，因此除了要依法进行调解以外，还要在居民平等协商的基础上自愿达成和解协议，人民调解组织在调节纠纷时，不能采用压制、逼迫、威吓、辱骂甚至体罚等违法违纪的行为进行调解，不能出现一方强制逼迫另一方达成和解的行为。最后，和解协议也需要纠纷双方自觉自愿履行。

（3）尊重纠纷双方诉讼权的原则　社区民间纠纷调解，不是起诉的必经程序，不得因未经调委会调解或者调解不成而阻止当事人向人民法院起诉。具体来说，当事人有权选择解决纠纷的方式。在调解过程中，双方当事人或一方当事人有权放弃调解，而向人民法院起诉。经调解达成的协议，是在纠纷双方平等自愿的基础上执行的，如果当事人或一方不愿意履行调解协议，有权向人民法院起诉，必须尊重他们的诉讼权，不能强行和解而阻止他们向法院提出自己的法律诉求。

（4）属地调节原则　属地调节原则指按纠纷发生地组织调解活动。

3. 人民调解员工作职责

1）负责本辖区内所发生的民间纠纷，并做好纠纷调解登记和对纠纷当事人的回访工作，

防止民间纠纷激化。

2）通过宣传国家法律、法规、规章和政策，教育公民遵纪守法，尊重社会公德，预防民间纠纷发生。

3）向居员会、所在单位和基层人民政府反映民间纠纷和调解工作情况。

4）传达、贯彻、落实党委、政府、司法行政部门对人民调解工作的要求、工作安排部署等。

4.民事调解制度的内容

1）社区矛盾纠纷调解小组要切实发挥防范作用，注意了解社区内的各种矛盾纠纷。

2）对社区内的矛盾纠纷要接照不同的类型和对居民的影响程度进行归类划分，登记在案。各社区要把当月的调解意见及调解结果汇报给街道司法调解中心。

3）属于社区职权范围内的日常矛盾纠纷，调处人员要主动上门帮助其解决，做到大事化小，小事化了，使调解成功率达到95%以上。

4）人民调解要以法律、法规、规章和政策为依据，法律、法规、规章、政策没有明确规定的，以社会公德为依据。

5）调解实行自愿的原则，同时要发挥调解组织的积极性，及时发现纠纷，迅速解决争端，防止矛盾激化，预防违法犯罪的发生。

6）调解应摆明事实，分清是非，充分说理，耐心疏导，消除隔阂，并尊重当事人的诉讼权利。

7）落实治安承包责任制，做到一般民间纠纷调解不出居民小区、疑难民间纠纷不出社区。

8）调解纠纷要逐一进行登记，对调解疑难的纠纷要做好笔录，制作调解协议书，各持一份。由双方当事人及调解人签名，并加盖人民调解委员会印章。

9）调解人员要定期学习，交流工作，分析和掌握民间纠纷的情况及解决问题的措施，不断提高业务水平。

5.纠纷调解工作机制

（1）领导接访机制 健全规范领导信访接待日制度，进一步畅通与群众的交流与沟通，体察民情、了解民意，切实解决群众反映的实际困难和问题。

（2）排除分析机制 定期集中组织开展不稳定因素的排查、摸底、调处、监控工作，对本社区存在的不稳定因素，尤其是可能引发群体性事件的苗头性事端，进行全面彻底的梳理，做到底数清、情况明、措施实，将矛盾纠纷解决在萌芽状态。

（3）信息预警机制 加强矛盾纠纷调解信息员队伍建设，建立多层次、多渠道、覆盖整个社会的情报信息网络，将信息的触角延伸到各个领域、各个行业、各个家庭。依靠信息预警机制，及时发现可能影响社会稳定的苗头性、倾向性问题，真正做到早发现、早报告、早预警。

（4）责任追究机制 按照"属地管理、分级负责"和"谁主管、谁负责"的原则，严格落实责任制，对因措施不落实而发生重大群体性事件等严重影响社会稳定的单位和个人，严格按照有关规定严肃追究有关领导和当事人的责任。

6.社区纠纷调解流程

（1）当事人申请 根据纠纷当事人的书面或者口头申请受理调解民间纠纷，对社区内易引起矛盾激发的民间纠纷应主动介入调解。

（2）纠纷受理　对符合受理条件的纠纷，应当及时受理调解，并填写民间纠纷受理调解登记表。

（3）纠纷调查　调解纠纷应当事先对纠纷的事实和情节进行调查核实，做好调解前的准备工作。

（4）纠纷调解　调解纠纷时应当指定一名社区调解员为调解主持人，指定若干社区调解员参加。调解纠纷前应告知当事人社区纠纷调解的性质、原则和效力，以及当事人在调解活动中享有的权利和承担的义务。

（5）签订调解协议　经社区纠纷调解委员会解决的纠纷，有民事权利义务内容的，或者当事人要求制作书面调解协议的，应当制作调解协议。

（6）履行调解协议　当事人达成的调解协议应当自觉履行，当事人不履行的，调解人员应当督促其履行。

（7）回访　调解委员会对其主持达成的调解协议履行情况应当适时回访，听取当事人和有关群众的意见，并就履行情况做好回访记录。

7．人民调解的方法和技巧

（1）法治与德治相结合的方法　人民调解员在调解民间纠纷时，应坚持法制教育与社会主义道德教育相结合的原则，一方面应当向当事人宣讲国家现行法律、法规、政策，增强其法制意识，另一方面应当在调解中提倡社会主义道德规范和伦理标准，弘扬和继承中华民族善良、宽容的优良传统，进行社会伦理道德的教育。

（2）抓住主要矛盾进行调解的方法　民间纠纷广泛存在，而且错综复杂，在调解的过程中，调解员不能被纷繁的纠纷表象缠绕，应当区分纠纷双方的主要矛盾和次要矛盾。力求在最短的时间内找出主要矛盾，并集中精力解决主要矛盾，然后兼顾到次要矛盾。

（3）解决思想问题和解决实际问题相结合的方法　调解工作一般是对当事人进行说服教育，但并非对所有当事人都有效，有时候耐心地说教并不能触动当事人。有些民间纠纷产生原因并不是源自当事人在思想认识上的偏差或不足，而是在生产生活中确实存在一定实际困难。调解员必须找出实际困难所在，分析导致困难的原因，结合可以利用的资源，协助当事人解决实际困难，矛盾也就迎刃而解了。因此，在社区调解工作中，调解员应当重视纠纷当事人面临的实际困难，否则，一味的说教说服工作就变得脱离当事人实际了，不仅不能调解纠纷，反而会引起当事人的抵触和反感。

（4）换位思考的方法　调解员若要与当事人之间建立良好的专业关系就离不开换位思考。在调解社区民事纠纷时，调解员若要从当事人处获得全面真实的资料，就必须获取当事人的信任，这是成功进行人民调解工作的基础。调解员只有力求做到"换位思考"，即站在当事人的角度去思考其感受，才能对当事人给出适当的反应，才能和当事人有良好的沟通和互动，当事人会有一种"调解员真的很理解我"的一种感觉。

调解员在提出调解方案或引导当事人达成调解协议时也需要换位思考。在进行调解工作时，调解员切忌简化工作，从主观角度提出自认为很合理很公正的调解方案，应力求做到当事人利益最大化。这要求调解员站在当事人的立场，将心比心去思考矛盾产生的原因、解决问题的关键和所能接受向对方让步的底线，这样才能提出合情合理解决纠纷的方案。

（5）苗头预测的方法　现实生活中，矛盾往往会经历从无到有、从小到大、从缓和到激

化的一个过程，只有认识了矛盾的特点，掌握了矛盾发展的规律，有预见性地做好矛盾调解准备工作，才能有效地防止矛盾激化。苗头预测的方法要求调解员针对纠纷当事人思想和行为不断变化的特点，抓住带有苗头性、倾向性的问题，及时分析现状、原因，提出解决纠纷的对策，把纠纷解决在萌芽状态，防止矛盾的扩大和深化。

案例阅读

"春语调解协会"温暖化解邻里纠纷
新中西里76名热心居民当起了社区调解员

东直门新中西里社区是老旧小区，以前任何诸如合用厕所、占用过道等琐碎事都会令邻里之间经常产生纠纷，如今，"365"春语调解协会的成立，使得这些让居民挠头的矛盾都能一一得到化解。协会中有一群热心的居民，他们为了邻里间的和睦、打造和谐社区积极贡献着自己的力量。

据社区居委治保主任雷××介绍，建立"365"春语调解协会，旨在打造和谐社区，通过向居民宣传法律、法规和国家政策，以增强居民的法律意识，及时化解邻里纠纷，防止矛盾激化，将矛盾解决在萌芽状态。

新中西里社区共有76个单元门，居委会在每个单元门都选出了一名居民作为调解员。挑选调解员的标准有两条：一是比较熟悉居民的情况，二是在居民中比较有威信。2010年4月，居委会就在这些调解员的基础上成立了"365"春语调解协会，并从中选出一名会长、一名副会长和三名委员。

"365"春语调解协会这个名称不是随意而取的，而是有深刻的含义。首先，"365"是希望社区居民在一年365天都和谐相处，"春语"意指每位调解员都能用春天般温暖的语言化解居民之间的矛盾，让居民生活得舒心、快乐。在为社区居民调解矛盾的同时，"365"春语调解协会还要为居民普及法律知识。在76名调解员中，16名成员作为社区法律宣传志愿者，为居民普及法律常识。

为了更好地开展今后的工作，社区居委会制定了协会活动的形式及内容。首先，协会要定期组织开展法律咨询讲座，发挥专业律师的作用，为居民提供法律服务。其次，每季度开展一次法律宣传活动，进一步增强居民的法律意识。第三，要加强对楼门长、积极分子的法律法规培训，充分发挥他们在法律宣传和日常调解中的带头作用。最后，还要加强对社区重点人员的监控等。

任务三　社区重点人群的防控管理

任务描述

如果你作为一名社区管理人员负责某社区的治安工作，请问你会选择重点关注和服务于社区中的哪些人群？原因是什么？你将针对这些人群做什么工作？请阅读下列案例，总结该

社区在重点人员防控管理方面的可借鉴之处。

任务实施

泉山社区治安防控体系建设实施方案

为了进一步加强社会治安综合治理工作，切实提高社会治安防控能力，努力营造长期和谐稳定的社会环境，确保我辖区全面建设小康社会奋斗目标的顺利实现，根据淮办发【2004】28号和区综治办发关于《社会治安防控体系建设实施意见》文件精神，结合我社区工作实际，制定本实施方案。

一、指导思想

以"三个代表"重要思想为指导，认真贯彻落实党的十六大精神，在区委、区政府、区综治委的统一领导下，充分发挥政法机关的职能作用，各部门齐抓共管，全社会广泛参与；坚持"打防结合、预防为主"的方针，严密防范和打击各种违法犯罪活动；坚持以人为本，加强宣传教育，增强人民群众的治安防范意识和参与综合治理的自觉性；加强治安防控体系的制度化、规范化、科学化建设，夯实基层基础，建立治安防范的长效工作机制。

二、工作目标

按照"任务明确、重点突出、人员到位、保障有力、责任落实、奖惩分明"的工作思路，进一步健全党政统一领导，综治部门组织协调，以公安机关为骨干，以群防群治队伍为依托，以社会面、居民区和内部单位的防范工作为基础，以案件多发的人群、区域、行业、时段为重点，发挥各种组织的作用，形成点线面结合、人防物防技防结合、专群结合的治安网络。通过努力，在辖区构建起覆盖全面、反应迅速、打击有力、防范严密、控制有效的社会治安防控体系，力争辖区内可预防性案件明显下降，治安秩序显著改观，群众满意率进一步提高，为建设"四首之区"、实现"两个率先"的奋斗目标创造长期和谐稳定的社会环境。

三、工作重点

1. 大力加强辖区各个层面的治安防范工作

（1）严密对社会面的防控，包括社区的主要街面、主次干道的防范。

（2）严密对居民区的防控：小区要求实行封闭或半封闭管理，由社区看楼护院安全员实行24h全天候看护；对散户小区，要大力组织居民开展自治防护，组织好义务看护。

（3）严密对单位内部的防控，做到"看好自己的门，管好自己的人，办好自己的事"，杜绝重大灾害事故和安全事件的发生。

2. 切实加强治安防控的基层基础工作

（1）加强对重点人群的管理。社会闲散青少年、吸毒人员、刑释解教人员、流动人口等"四类重点人群"，以及躁狂性精神病人和其他可能危害社会治安的人员，是我街道治安防控体系建设的重点防控对象，有关部门要分别制定专门方案，严格进行管理，坚决做到底数清、情况明、管得住、控制得牢。

（2）做好对重点场所的防控。要按照"谁主管、谁负责"的原则，由主管部门或单位逐个制定防控对策，健全管理、联系制度。

（3）加强对重点行业的管理，及时发现打击违法犯罪活动，依法取缔非法经营。

（4）做好对重点时段的防控。重大节假日期间，坚决做好安全保卫工作，适时开展专项打击活动，对抢劫、盗窃等案件多发的夜晚和夜间，要及时调整加强治安力量，强化治安巡逻。

3. 认真组建治安防控工作队伍

（1）充分发挥公安机关治安防控体系建设的主力军及核心骨干作用，以实施社区警务战略为契机，把工作的重点转移到治安防范和管理上来。

（2）组建社区治安巡逻队，预防和制止违法犯罪，做好治安防范的宣传工作，协调有关单位发现和整改安全隐患，接受群众安全求助等。

（3）强化居民楼"点"上的安全防控，组建守楼护院队，实行24h值班守护，建立群众性自治组织，派出所、社居委进行业务指导，并加强检查督促，确保防范措施落实。

（4）组建单位内保队伍，落实专门的保卫人员，建立相应的治安保卫制度及各种防范措施，形成以内促外、以外保内的防范格局。

（5）组建治安信息员队伍，最大限度地获取治安信息，及时进行梳理分析。

（6）充分发挥相关部门职能作用，宣传、教育、文化、工商、卫生、信访、环卫、城管等部门，立足部门实际，切实履行职责，积极参与治安防控体系建设。

四、防控机制

（1）建立健全社会治安防控体系建设的组织领导机制。街道成立社会治安防控体系建设领导小组，街道主任任组长，街道综治办主任任副组长，综治办人员及三个社居委主任为成员，街道综治办、辖区派出所、三个社居委具体负责组建防控力量，构建防控体系，加强队伍管理，负责防控体系的有效运作等工作。

（2）健全工作责任机制。社居委、各部门把开展治安防范工作纳入综治目标考核，进行定期和不定期的检查和考核，实行领导责任制和一票否决制度。

泉山社区社会治安综合治理委员会

○ 任务引导

（1）社区治安工作中针对重点人群的防控管理并非出于对他们的歧视，对这些人群也不能一味采用监视、控制的方法，而要针对不同人群的独特需求，提供相应的工作和服务。

（2）在针对社区重点人群开展防控管理工作时，需要发动广大居民，营造一个温暖、宽容和接纳的社区环境。

○ 知识链接

1. 社区治安工作重点人群

（1）社区矫正对象。根据我国现行法律规定，社区矫正的适用范围主要包括下列5种罪犯：被判处管制的，被宣告缓刑的，被暂予监外执行的（具体包括有严重疾病需要保外就医的、怀孕或者正在哺乳自己婴儿的妇女、生活不能自理的，适用暂予监外执行不致危害社会的），被裁定假释的，被剥夺政治权利，并在社会上服刑的。在符合上述条件的情况下，对

于罪行轻微、主观恶性不大的未成年犯、老病残犯，以及罪行较轻的初犯、过失犯等，适用上述非监禁措施，实施社区矫正。

（2）社区帮教工作对象，主要指有违法犯罪嫌疑的青少年及劳改释放、解除劳教人员。

（3）社区吸毒群体。

（4）其他重点人群，尤其是外来流动人口。

2. 针对社区重点人群的防控和管理

（1）针对社区矫正对象　在公安、司法机关的指导下成立社区矫正工作小组，按照我国刑法、刑事诉讼法等有关法律、法规和规章的规定，协助司法、公安实施对社区服刑人员的管理和监督，确保刑罚的顺利实施。全面、客观地考察矫正对象遵纪守法、认罪态度、学习劳动等方面的情况，通过多种形式，加强对社区服刑人员的思想教育、法制教育、社会公德教育，矫正其不良心理和行为，使他们悔过自新，弃恶从善，成为守法公民。帮助社区服刑人员解决在就业、生活、法律、心理等方面遇到的困难和问题，以利于他们顺利适应社会生活。对矫正对象有悔改或立功表现、符合减刑条件或违反监督管理规定、应当撤销缓刑、假释收监执行的，向司法部门提出建议。

（2）针对社区帮教工作对象　在公安机关指导下，成立由帮教对象的家长、居住地区的群众积极分子、单位（学校）的骨干、社区民警参加的帮教小组，实施亲属帮教、专人帮教、小组帮教、跟踪帮教和两头帮教。要认真贯彻"教育、感化、挽救"的方针，"帮"和"教"相结合，因人施教。对帮教对象开展道德教育、法制教育和人生观教育；对帮教对象的日常表现和所处的环境状况进行认真全面的考察，考察他们是否认识到自己错误，考察他们日常主要交往人员，彼此往来情况，考察他们主观心理因素和客观环境因素的变化，坚持每月与帮教对象见面，及时掌握活动情况；要从思想上尊重他们的人格，充分发挥社区的优势，在生活上、工作上、婚姻家庭上给予关心和帮助，让社会的温暖感化他们，摒弃恶习，重新做人；要加强与司法、公安部门的联系，互通信息，形成齐抓共管的格局。

（3）针对吸毒群体　在公安机关的指导下，积极实施创建"无毒社区"工作。要在社区群众，特别是社区青少年中开展禁毒宣传教育，让群众了解毒品的危害性；协助公安机关开展禁毒基础工作，排摸吸毒人员，排查吸、贩毒信息，建立社区吸毒人员台账；组织对吸毒人员开展帮教工作。

（4）针对外来流动人群

1）要做好防控管理工作，做好外来人口登记工作，对社区内外来人群的基本情况有大致了解，对其行踪有基本的掌控，当发现有形迹可疑者时，需要提高警惕。

2）要做好服务工作，必须积极从构建社会主义和谐社会的要求出发，力求以人为本，最大限度为他们在城市社区的生活创造条件，最大限度消除不和谐因素。

① 开展人文关怀，对外来流动人群给予更多的关注和关心。可以由社区管理人员、楼组长或者党员与外来流动家庭结对，及时了解他们工作和生活中面临的困难，并给予力所能及的帮助；通过策划和实施社区活动，鼓励本地居民与外来流动群体的互动和交往，帮助他们更好地融入社区。

② 强化教育培训。一方面提升外来流动群体的知识水平、技能水平等，以提升他们的就业竞争力；另一方面，通过培训让他们掌握基本的法律知识，形成依法办事的意识，养成依

法办事的习惯。

3. 社区矫正的含义

社区矫正，又称社区矫治，英文翻译为 Community Correction 或 Community-based Correction。《上海法院参与社区矫正工作的若干意见（试行）》中将法院参与社区矫正解释为，"是指人民法院在审理假释、暂予监外执行和判处管制、剥夺政治权利、缓刑等非监禁刑案件中，坚持惩罚与教育、改造相结合的原则，适当运用刑罚，并配合社区矫正组织从事教育转化工作，以达到预防犯罪和减少犯罪，实现维护社会稳定目的的活动。"2003 年 3 月的两会期间，司法部部长张福森对社区矫正做了这样的阐释："我们所讲的社区矫正，是与监禁矫正相对的行刑方式，是指将符合社区矫正条件的罪犯置于社区内，由专门的国家机关，在相关社会小组和民间组织及志愿者的协助下，在判决或裁定规定的期限内，矫正其犯罪意识和行为恶习，并促进其顺利回归社会的非监禁刑罚执行活动。这项制度虽然在我国尚未广泛采用，但在一些国家这是普遍适用的一种法律制度，有的国家非监禁刑的比例还很大。"还有学者指出，社区矫正是一种不使罪犯与社会隔离并利用社区资源改造犯罪的方法，是所有在社区环境中管理教育罪犯方式的总称。

4. 社区矫正的原则

（1）改革创新原则　社区矫正是一项开创性的工作，是对传统的行刑制度的改革创新，在我国还是一个新生事物，没有固定的模式和成功经验可做参考和借鉴，需要在现行法律框架内，在坚持社会主义法制思想、法制原则、法制理论的前提下，对符合国际行刑制度发展趋势、符合国情和立法精神的，法律没有明文禁止的，按照有利于社会稳定的原则，建立一整套严密规范的工作制度和运行机制，逐步实现社区矫正在机构设置、队伍管理、业务开展和设施装备等方面的制度化和规范化，不断总结经验，促进法律的逐步完善。

（2）以人为本原则　刑罚的最终目的是将罪犯改造成为守法公民。从罪犯自身的角度看，将罪行轻、主观恶性程度不大的未成年犯、老病残犯、过失犯、职务犯罪等罪犯放到社区中去改造，一方面可以减少狱内交叉感染，避免"监狱人格"的出现，有助于他们形成"社会人格"，矫正对象在与社会的密切交往中，顺利地融入社会，有效地防止其重新犯罪。另一方面，罪犯在社会上服刑，改造环境更加宽松，有利于维护罪犯婚姻的稳定和家庭的完整，减少了因被关押而产生的来自婚姻、家庭等方面不确定因素的影响，有利于发挥他们的改造积极性和主动性，从而提高罪犯教育改造质量，体现出对罪犯的人权尊重和保护，符合刑罚人道主义原则。

除此之外，社区矫正组织可以针对每一名矫正对象的犯罪原因、思想状况、社会关系，根据其犯罪类型、心理特征等具体情况，制定矫正个案，并充分利用社会力量对其帮教，不仅有利于提高教育改造质量，也是以人为本原则的具体体现。

（3）社会参与原则　矫正对象不必脱离原生活环境，在居住地即社会上服刑，接受矫正罪犯的监督管理，依托社会对其进行帮教。社区矫正与监狱矫正相比，在利用社会力量和社会资源方面具有很大优势。社区矫正工作作为一项综合性的社会系统工程，需要建立以政府为主导、全社会共同参与的工作格局，走专门机关与群众路线相结合之路。要通过积极的舆

论宣传，动员和组织社会各方面力量积极参与社区矫正工作，整合并利用社会资源，发挥各自优势，对矫正对象开展工作，提高教育矫正质量和水平。

（4）维护稳定原则　将非监禁刑罚罪犯交给专门的社区矫正力量监控，可以防止和减少监禁刑罚执行中的弊端，有助于矫正对象顺利的融入社会，有效地防止其重新犯罪，实现维护社会稳定的最终目的。因此，社区矫正工作的开展，是对社会治安综合防控体系的进一步加强和完善，体现了"打防结合，预防为主"的方针要求，有利于建立起维护稳定的长效机制，进而保持社会的长治久安。

5．社区矫正的内容

（1）管理　按照我国刑法、刑事诉讼法等有关法律、法规和规章的规定，加强对社区服刑人员的管理和监督，确保社区矫正工作的正常秩序，确保非监禁刑罚的有效执行。

（2）教育　加强对社区服刑人员的思想道德教育、法制教育、心理健康教育、文化和职业技术教育等，使矫正对象提高对所犯罪行的认识，接受矫正组织的教育矫正，矫正其不良心理和行为，逐步养成良好的行为习惯，使他们在思想上、素质上、行为习惯和道德习惯上都能适应社会的需要，实现人格的重新社会化，顺利回归社会。

案例阅读

沧浪区社区矫正案例

2006年5月的一天上午，双塔街道司法所张××所长在唐家巷社区庄重宣告：矫正对象刘自强（化名）矫正期满，即日解除社区矫正。

双塔街道于2005年6月启动社区矫正试点工作，刘自强是双塔街道开展社区矫正试点工作的第一批矫正对象之一。2005年11月沧浪区成立心理矫治中心，双塔街道司法所邀请心理矫治专家对刘自强进行心理测试，并根据他的个人情况，进行了主题为"面对面、心贴心解除心理疙瘩"的心理谈话，积极鼓励刘自强善待自己，善待他人，趁年轻多学点技术，争取自食其力。

一年来，刘自强在各方面很大进步，思想走上正轨，积极就业，现在一家汽车修理厂做学徒，刘自强表示："在解矫后会自觉遵纪守法，不做违法乱纪的事情，同时，努力掌握一门手艺，将来可以自食其力，不辜负帮助和关心过我的人。"

课 后 实 训

1．请利用课余时间调查你所在社区的治安环境现状，并撰写一份社区治安环境现状调查报告。

2．请访谈你所在社区负责民事调解的人民调解员，了解并记录某一个她/他调解社区民事纠纷的大致过程，分析她/他调解的思路是什么，并提出你的个人建议，即如何改进效果可能会更好。

参 考 文 献

[1] 史铁尔. 社区建设理论与实务[M]. 长沙：中南大学出版社，2006.

[2] 王玉兰，唐忠新. 社区管理实务[M]. 北京：北京大学出版社，2009.

[3] 袁继红. 社区管理实务[M]. 北京：电子工业出版社，2009.

[4] 郭学贤. 城市社区建设与管理[M]. 北京：北京大学出版社，2010.

[5] 汪海粟. 社区合作经济论[M]. 北京：经济科学出版社，1996.

[6] 鲍日新. 社区管理理论与实践[M]. 大连：大连海事大学出版社，2004.

[7] 王名. 中国民间组织 30 年[M]. 北京：社会科学文献出版社，2008.

[8] 黎熙元，何肇发. 现代社区概论[M]. 广州：中山大学出版社，2005.

[9] 张真理. 社区流动人口服务管理[M]. 北京：中国社会出版社，2010.

[10] 史柏林. 社区管理[M]. 北京：中央广播电视大学出版社，2004.

[11] 朱国云. 社区管理与服务[M]. 天津：天津大学出版社，2010.

[12] 于燕燕. 社区居委会工作手册[M]. 北京：中国法制出版社，2006.

[13] 于雷，史铁尔. 社区建设理论与实务[M]. 北京：中国轻工业出版社，2008.

[14] 舒扬. 动态环境下的治安防范与控制[M]. 北京：中央编译出版社，2007.